西藏高原水文特征及其数学模拟

程根伟　王小丹　等　著

科 学 出 版 社
北　京

内 容 简 介

西藏高原是我国自然环境非常特殊的地区，气候高寒严酷，冰川积雪广布，湖泊湿地集中，是亚洲重要江河的发源地和水源补给地。西藏河流的径流特征及其变化特点对于本区域及其周边地区的水资源安全具有重要的意义。本书介绍西藏高原的主要地理和自然环境特征，特别是高原主要河流和湖泊湿地的水文特性，重点分析西藏的水热气候背景，探讨了冰雪冻融作用及其对径流形成的影响，介绍基于GIS信息技术和分布式结构的反映高原土壤冻融作用的大尺度流域水文模型，模拟分析不同气候和植被变化情境下的河流径流变化趋势。本书比较系统地阐述影响西藏河流径流变化的气候、植被和人类活动因素，介绍国内这方面的最新观测和研究结果，汇集有关西藏高原河流水文方面的重要数据资料，有关成果对于从事高原（高寒）地区环境变化和水资源评价研究的人员具有较大的参考价值。

本书可供从事工程水文学、水资源评价与环境变化研究的科技人员参考，也可作为相关专业研究生教学辅助用书。

图书在版编目(CIP)数据

西藏高原水文特征及其数学模拟 / 程根伟等著. — 北京：科学出版社, 2016.1

ISBN 978-7-03-047049-2

Ⅰ.①西… Ⅱ.①程… Ⅲ.①青藏高原-水文特征-数学模拟-西藏 Ⅳ.①P344.27

中国版本图书馆 CIP 数据核字（2016）第 013508 号

责任编辑：张　展　李　娟 / 封面设计：墨创文化

责任校对：陈　靖 / 责任印制：余少力

科学出版社 出版

北京东黄城根北街16号

邮政编码：100717

http://www.sciencep.com

四川煤田地质制图印刷厂印刷

科学出版社发行　各地新华书店经销

*

2016年3月第　一　版　开本：B5（720×1000）

2016年3月第一次印刷　印张：15

字数：300 千字

定价：180.00 元

序　　言

西藏自治区地处祖国西南边陲，国土面积120多万平方公里，是我国西南的地理屏障。西藏也是青藏高原的主体，集中了喜马拉雅山、喀喇昆仑山、冈底斯山、念青唐古拉山、横断山等世界上最高大雄伟的山系，孕育了长江、恒河、湄公河、印度河、萨尔温江、伊洛瓦底江等亚洲的重要河流，被称为"亚洲水塔"。

西藏还是受全球气候变化影响最为显著的地区，近几十年来，西藏地区的气温持续升高，降水的差异性逐渐增大。气候变化和人类活动对高寒生态系统产生了深刻的影响，同时也影响到这个地区原来的径流形成条件。变化环境下的高原河流径流演变趋势如何，未来西藏的水资源变化趋势怎样，这些问题的解决对于西藏未来的发展和亚洲主要江河的水资源安全都具有重要的作用。

受高原地形及大气环流的影响，西藏的降雪和融雪作用空间差异明显，冻土的形成和消融也是影响高原流域径流形成的关键因素，而春季的冰雪融水对江河补给作用很大，对西藏河流的径流变化具有直接的影响，研究西藏高原的水文特征必须掌握高寒环境下的地面冰雪冻融规律。

在中国科学院西部行动计划项目"西藏高原生态安全屏障监测评估方法与技术研究（KZCX2-XB3-08）"的支持下，中国科学院成都山地灾害与环境研究所西藏生态环境与发展研究团队开展了有关西藏生态评估的理论和技术研究。其中，对生态安全屏障的生态水文效益的分析是一个关键，需要在准确认识西藏江河主要水文特性的基础上，对环境变化下的径流演变趋势进行定量评价。生态水文数学模型是重要的研究手段。项目组结合西藏生态水文特点，解决了大尺度流域分布式水文模型的建模和冰雪冻融的作用机制及其模拟等问题，研究了不同气候和植被变化情景下的径流变化趋势，对西藏高原水文特征和变化规律提出了比较好的评价方法与模型，填补了这方面研究的一些空白，有关成果对于从事高原（高寒）地区环境变化和水资源评价的人员具有参考价值。

本书介绍西藏高原的主要地理和自然环境特征，特别是高原主要河流和湿地的水文特性，重点分析西藏的水热气候背景，探讨冰雪冻融作用及其对径流形成的影响，研发基于GIS信息技术和分布式结构的反映高原土壤冻融作用的大尺度流域水文模型，模拟分析不同气候和植被变化情境下的河流径流变化趋势。其中介绍的分布式水文模型已经在中国科学院成都山地灾害与环境研究所网页上共享（http://www.imde.ac.cn/kxcb/kpdt/201506/t20150611_4372516.html），可供有兴趣的研究人员下载使用。

各章的主要编写人员如下：

第一章，王小丹。

第二章，程根伟，王小丹。

第三章，沙玉坤。

第四章，刘伟龙。

第五章，范继辉，李卫朋。

第六章，范继辉，程根伟。

第七章，程根伟，范继辉。

第八章，沙玉坤，程根伟。

程根伟和王小丹对全书进行了统稿和修订，博士生陈有超、李卫朋对本书进行了文字校订。本书在编写过程中，参阅和引用了大量相关研究者的论述（已在正文中或参考文献中列出），这些前期研究工作对本书的写作提供了重要的参考和支持，中国科学院山地表生过程与生态调控重点实验室对本书的出版给予了经费支持，特此表示感谢。由于西藏高原人口稀少、观测数据缺乏、气候变化和人类活动交互影响，对正确认识高原地区的水文特性和变化规律造成了一些实际困难。加之我们自己的理论水平和科学积累不够，本书中存在不少的问题和缺陷，欢迎有识之士批评指教。

程根伟

2015 年 5 月于成都

目　　录

第一章　西藏高原环境特征及全球变化影响

西藏地处祖国西南边陲，位于北纬 26°50′～36°29′和东经 78°15′～99°07′，国土面积 120 多万平方公里，约占全国陆地面积的 1/8。西藏北部以昆仑山、唐古拉山山脊为界，东隔金沙江，与四川相望，东南与云南相邻，西邻克什米尔地区，南界为喜马拉雅山脉，与尼泊尔、印度、不丹和缅甸等国接壤，是我国西南边疆的重要门户和地理屏障，战略地位十分重要。

西藏还是青藏高原的主体，集中了喜马拉雅山、喀喇昆仑山、冈底斯山、念青唐古拉山、横断山等世界上最高大雄伟的山系，孕育了长江、恒河、湄公河、印度河、萨尔温江等亚洲的重要河流，被称为“亚洲水塔”。

西藏也是我国除新疆北部和东北-内蒙古地区外的主要积雪分布区之一，受高原地形及下垫面情况的影响，降雪和融雪过程空间差异明显，而春季的冰雪融水对江河补给作用很大。该区域还是世界上海洋性冰川(又称季风温冰川)的集中分布区，海洋性冰川具有极高的物质(能量)交换水平以及对气候变化的高度敏感性。气候变暖导致了山地冰川的迅速退缩，尤以海洋性冰川退缩最为剧烈。冰雪融水对西藏河流的径流变化具有直接的影响。

西藏是受全球气候变化影响最为显著的地区，近几十年来，西藏地区的气温持续升高，降水的差异性增大，对高寒生态系统产生了深刻的影响，同时也逐渐影响到这个地区原来的径流形成条件。气候变化下的高原河流的径流演变趋势如何，对西藏未来的发展和亚洲主要江河的水资源安全都具有重要的作用，因此阐明西藏高原水文变化机制具有重要的科学价值和实际意义。

第一节　自然环境特征

一、地质地貌

(一)地质构造

西藏高原是青藏高原的主体，是印度洋板块与欧亚板块相互作用的结果。距今 4500 万年以来，印度洋板块向北推进与欧亚板块发生强烈碰撞和挤压，在上新世末至第四纪初出现强烈的新构造上升运动，在近 340 万年间，上升幅度达 3500～4000m，形成今天西藏高原平均海拔达 4000m 以上的“世界屋脊”。印度洋板块向北推移迄今没有停止，目前仍以每年 5cm 的速度向北移动，整个高原处在强大的南北向挤压之中，地壳变形作用加强，岩石圈挤压变形强度在加大，并导致其塑性变小、刚性增强、脆性增大。高原隆升过程表现为整体性、差异性和阶段性特点。在整体隆升过程中出现断裂、差异升降和断块掀升，导致高原内部形成大量的断陷盆地和断块山地。在第四纪的强烈构造活动中，噶尔藏布—雅鲁藏布江断裂带、班公错—色林错—怒江断裂带和龙木错—玛尔盖茶卡—金沙江断裂带等东西向大断裂带以及羊八井—那曲断裂等北东—北北东向断裂带等，在地形上形成明显的凹陷带。

西藏高原地质构造以雅鲁藏布江大断裂为界，分为南北两部分。北部以昆仑褶皱系、唐古拉准地台及冈底斯—念青唐古拉褶皱为基础组成藏北高原。其地质特点是岩层产状较平缓和火成岩大面积出露。南部由喜马拉雅褶皱系组成藏南山地，受强烈褶皱作用的影响，岩层产状一般较陡，许多地方岩层呈直立状态，而且裂隙发育、岩层破碎、稳定性差、风化剥蚀作用强烈。此外，弧形构造形迹遍布，是多旋回岩浆岩构造作用的结果。西藏断裂构造发育，其中雅鲁藏布江断裂带、班公错—色林错—怒江断裂带、龙木错—玛尔盖茶卡—金沙江断裂带及羊八井—那曲断裂带等对山脉与河流走向、沉积建造以及地层岩石的稳定性等产生重大影响。

西藏地质构造大致可分为五个单元：①喜马拉雅褶皱系，发育了从震旦系到新生界的地层，有一系列由北向南逆掩的推覆体；②拉萨—波密褶皱系，泥盆系地层厚度大，并有大片石炭二叠系海相碎屑岩石出露；③唐古拉山地区褶皱系，侏罗系地层广泛分布；④藏北与新疆毗邻地区褶皱系，出露志留系火山岩、泥盆系和石炭系砂页岩等；⑤昌都地区线状褶皱系，发育了古生代和中生代陆相地层，并伴有复杂的走向断层和挤压破碎带。

青藏高原从晚更新世以来一直处于快速上升阶段，大约 160 万年间上升了 1500m，平均上升速度为 10mm/a。依据大地水准测量资料，自 1960 年到 1970 年，高原平均上升速率为 5～8mm/a，其中狮泉河—萨嘎—拉萨—邦达一线平均上升速度为 8.9mm/a，而拉萨—邦达一线达 10mm/a。高原的持续上升，带来侵蚀动力作用增加，进而导致侵蚀速率加快与加大。此外，高原的持续上升，高原地形屏障作用得到加强，使高原内部干旱加深，导致内流区内部的水系进一步衰亡。在藏东南高原边缘地带，地面抬升和河流下切作用都很强，河谷侵蚀加快，形成高山峡谷地貌。

(二)地层与岩性

西藏境内地表出露地层复杂多样，自元古代以来各地质时期的地层均有出露，最古老地层为寒武纪的变质岩系，石炭纪、二叠纪、三叠纪和侏罗纪地层在西藏各地均有分布，其中以三叠纪地层分布最广，古近纪紫红色砂页岩见于内陆拗陷盆地中。出露于地表的主要岩石类型有砂岩、页岩、碳酸盐岩、碎屑岩、大理岩、板岩、片岩、千枚岩、火山岩、泥岩、泥灰岩、砾岩等，不同岩石类型的抗风化和抗侵蚀能力有显著差异，作为成土母质的第四纪松散沉积物分布广泛，主要有冲洪积物、残积坡积物、冰碛物和风积物等。

以片岩、千枚岩、大理岩为主的变质岩系主要分布于喜马拉雅山区、念青唐古拉山等地；以砂岩、碳酸盐岩、页岩、碎屑岩等为主的海相沉积主要分布在日喀则—拉萨—那曲一线以东地区、雅鲁藏布江以南的喜马拉雅山北坡、昌都—安多—改则一带的西藏东部至西部地区；藏北高原有较大面积的火山岩出露；残坡积物广泛分布于山脊和较缓山坡地带。冲洪积物指第四系河流与沟谷洪积、冲积而成的沉积物，主要分布于雅鲁藏布的宽谷、藏北高原湖滨以及藏东南“三江”河谷地带。冰川堆积物分布广泛，在藏东南山地、藏北高原、喜马拉雅山、冈底斯—念青唐古拉山和昆仑山等均有分布。

西藏地区残坡积物以寒冻风化作用形成的细粒状和块砾状松散物质为主，土质含砂、石砾和碎石等，粗骨性强、较松散、细粒物质易遭强风吹蚀，故稳定性差。分布于河谷地带的第四系冲洪积物，主要由泥沙和砾石等未胶结的松散堆积物组成。一般土质疏松，透水性较强，地下水补给条件较好，适宜植物生长。因此，冲洪积分布区是当地较好的农耕地和放牧地。但是，由于土地农耕和过度放牧带来的土壤侵蚀和土地沙化问题较突出，因而成为沙尘天气和沙尘暴物质的主要来源地之一。区内冰碛物广布、冰碛物分选性差、多呈松散状态。此外，在藏南宽谷和藏北高原内陆湖盆地区分布有较大面积的风积物，它们以流动沙丘、固定和半固定沙地等多种形式覆盖于地面甚至谷坡和半山腰处，成土作用极弱，稳定性极差，成为西藏沙尘暴发生的主要沙源地。

(三)地貌基本形态与类型

西藏的宏观地貌格局是由辽阔的高原面、高耸的山脉、棋布的湖盆、众多的内外流水系等大的地貌单元在平面上的排列和组合。整个地势由西北向东南倾斜，地理上南北纵跨八个纬度，纬度的水平地带性所影响的水热状况，一定程度上影响着地貌的发育；而高原的巨大高度所带来的垂直地带差异，往往掩盖了水平方向上水热分布的差异，使高原地貌具有它自身的独特性、形态多样性和类型复杂性。根据西藏境内地势变化和地貌类型组合特点，可将西藏地貌环境归纳为如下四大特征：高亢辽阔的高原、巍峨高峻的群山、长而宽广的山间平地、幽深狭窄的峡谷。

藏北羌塘高原，地域辽阔，是由许多坡度和缓的高原丘陵山地和湖盆宽谷所构成的高海拔高原，高原面形态保存完整，海拔为4500～5000m；在高原面上及其边缘分布有一系列绵延耸立的高大山脉。根据山脉走向，大体可分为东西向和南北向两组；东西向山脉从北到南有昆仑山、喀喇昆仑山、唐古拉山、冈底斯山—念青唐古拉山和喜马拉雅山。南北向山脉自西向东有伯舒拉岭—高黎贡山、他念他翁山—怒山、宁静山—云岭。南北向山脉与南北向深谷相间排列，自西向东分别有怒江深谷、澜沧江深谷和金沙江深谷。高山深谷南北延伸、相间排列引起的气候生态效应十分典型和独特。

在藏南和藏西高原山地间，宽谷发育、平地面积大，长度较长和宽度较大的宽谷平地主要分布于雅鲁藏布江干流中游及其主要支流拉萨河、年楚河、尼洋河等中下游，其次为朋曲、雄曲、狮泉河、象泉河等中游。

西藏东部和东南部发育了世界上罕见的幽深狭窄的峡谷地貌类型，其中雅鲁藏布大峡谷长约200km，相对高差达5000～6000m，河床落差达2300m，河床平均坡降超过10‰，最大达62‰，为世界上最著名的峡谷；此外，在昌都地区的“三江”并流区，岭谷高差达2000～3000m，为世界上所少见。

（四）现代地貌作用外营力

在西藏地区独特而复杂的自然环境中，塑造地貌的各种外营力无论在历史上或现在情况下，都随着自然地理条件在水平和垂直方向上的变化，它们的主要活动方式也相应出现各种变化。但是必须指出，青藏高原自上新世末以来的强烈上升是决定高原地貌的主导因素，随着高原不同阶段的隆升，塑造高原地貌的外营力在地域的水平及垂直方向上曾发生了巨大的变化，大部分反映古外营力作用的地貌形态受到彻底改造，当今高原的主要地貌类型及其分布是完全反映了现代外营力的分布和作用特点的。仅有某些反映古外营力作用的地貌形态残遗到今天，如古岩溶、古冰缘、古夷平面等。与此同时，随着高原上升到现今这样巨大高度所塑造的垂直方向上的变化往往被突出，而水平方向上的变化则被掩盖。因此，在地貌发育上，不同时代形成的地貌互相穿插，水平地带性被调和，垂直地带性鲜明，从而使高原地貌的研究显得十分复杂。

以水热状况为基本前提的地貌作用外营力，叠加在内营力所形成的地质构造的基础上，产生了各种各样的地貌类型，并且以不同的方式展布在不同地域上。印度洋靠近青藏高原的格局使它成为高原水汽的主要供给来源，加上纬度地带性的因素，共同构成了高原地貌水平地带性分异的基础。另外，高原在第四纪中、晚期强烈上升所达到的巨大高度，是以绵延数千公里的喜马拉雅山为主的强烈上升山脉，它所造成的地形对气候的屏障作用，明显地影响到水热条件的再分配，这对地貌作用外营力的再分配也是十分重要的因素。

就整个高原来看，水平方向上由东南向西北，由高原边缘深入到高原内部，温度和降水都在逐渐下降，地貌作用的外营力由强烈的流水作用逐渐减弱而代之以冰缘气候的寒冻剥蚀作用为主。在这总规律作用下，垂直地带性的分异及地形、水热状况的一些具体特点复杂化了水平地带性的规律。高原地貌的垂直地带性规律以藏东南及藏南地区那些受到深切割的山地最明显，带谱齐全。从上而下大致可以分为冰川冰缘带、流水侵蚀带和山麓堆积带。此外，随着高原在隆升过程中所造成的众多构造湖泊，形成以湖泊为中心的内流水系，它们以自己的水体侵蚀和堆积塑造自己独特的地貌类型，成为高原现代地貌作用外营力不可忽视的一个方面。

二、气象与水文

（一）现代气候特征

西藏在全国气候区划中属青藏高原气候区，其基本特点是太阳辐射强烈、日照时间长、气温低、空气稀薄、大气干洁、干湿季分明、冬春季多大风。

(1)辐射强烈，日照时间长。西藏太阳总辐射值全国最高，其西北高原面上每年每平方米的总辐射值大于 6300MJ，索县—嘉黎—错那一线以东小于 6300MJ，同纬度的中国东部地区约为 2440～4620MJ。西藏除东南部外年日照时数一般在 2000 小时以上，日照百分率超过 50%，呈现东南低、西北高的特点。

(2)气温低，昼夜温差大，积温少。西藏气温地域差异明显，自东南向西北递减。高原东南部河谷地区气温高，并表现出明显的垂直变化。温度最高的地方分布于雅鲁藏布江大拐弯以南低山区和横断山脉地区的“三江”并流区，年均气温分别在 16℃和 10℃以上，最热月均温分别在 22℃和 15℃以上。藏西北高原温度低，多数地区年均气温 0℃以下，最冷月均气温低于－10℃，极端最低温度达－44.6℃，一年中月均气温在 0℃以下的月份长达 6～7 个月，大部分地区无霜期只有 10～20 天。气温日较差大，表现出一天中升温和降温迅速，在冬季尤为显著，藏北高原 1 月平均日较差达 10℃以上。西藏大部分地区地势高寒，积温较少，不足 1500℃·d。札达盆地、朋曲冲积平原、雅鲁藏布江中游、澜沧江河谷海拔 3400～3800m 的地区大于 0℃积温为 2000～3000℃·d。尼洋河中下游、帕隆藏布、怒江下游等河谷为 3000～3500℃·d。察隅、墨脱、错那 3 个县海拔 2400m 以下地区高于 4000℃·d。

(3)降水少，季节性明显，夜雨率高。西藏年降水量为 66.3～894.5mm，呈东南向西北递减分布规律，大部分地区年降水量在 400mm 以下，区域差异明显。藏东南低山平原区年降水量达 4000mm 以上，是我国降水量最多的地区之一。由此向高原西北地区逐渐减少，藏北羌塘高原为 300～100mm，藏西北改则、日土县北部不足 100mm，局部地区只有 50mm 左右。降水随时间变化的不均匀性，最明显地表现在降水量的季节分配上。西藏年内降水高度集中在 5～9 月，占年降水量的 80%～95%。雨季开始期总的分布呈东南早、西北迟的规律。夜雨率高是西藏气候的又一特色，年夜雨量为 42.0～598.9mm，占年降水量的 51%～84%，其中沿雅鲁藏布江一线较高，为 67%～91%；以拉萨最高，达 84%，是西藏高值中心。

(4)大风多且强度大，夏季多冰雹和雷暴。西藏不仅大风多、强度大，而且连续出现的时间长，那曲、申扎、改则和狮泉河年均大风(≥8级)出现日数均在100天以上。大风多出现于12月至次年的5月，此期间大风日数占全年的75%左右，以2～4月最为集中，占全年大风日数的50%左右，是沙尘暴和沙尘天气最易发生的季节。大风集中于冬、春两季，加之降水极少，对农牧业生产极为不利。西藏冰雹多，居全国之首。它有两个多雹中心，一个在藏北的申扎、班戈、那曲、索县一带，年冰雹日数为21～34天，最多年份可达64天，是我国雹日最多地区之一。另一个多雹中心在浪卡子、定日、隆子等藏南山原湖盆一带，为10～20天。那曲、雅鲁藏布江中游地区年雷暴日数在60天以上，为强雷暴区。

(二)水文特征

西藏是我国河流最多的省区之一，流域面积大于1万km^2的河流有20多条。亚洲著名的长江、萨尔温江、湄公河、印度河、布拉马普特拉河都源于或流经西藏。河流分外流与内流两大系统，内流水系区主要分布在藏北高原，外流水系区分布在内流区的东、南、西外围。内流区和外流区之间的界线大致南以昂龙岗日—冈底斯山—念青唐古拉山为界，东至青藏公路附近，西至国界附近。需要指出，西藏内流河与外流河之间往往无明显的分水岭相隔，分水线在平面上呈犬牙交错状。高原内流水系总面积达62.4万km^2，占西藏总面积的50.7%，其中，藏北内流区为59.7万km^2，藏南内流区为2.7万km^2。藏北内流区由数以百计的彼此相隔的小流域组成，区内的各内流河均是以湖泊或洼地(可能是干涸的湖盆)为最终侵蚀基准面而发展起来的。藏南内流河流主要分布于喜马拉雅山北侧降水较少的雨影区内，亦是以湖泊为中心而发育的(如佩枯错、羊卓雍错等)，且为彼此不相联系的内流区。外流区总面积为58.1万km^2，占西藏总面积的49.3%。亚洲主要大河长江、雅鲁藏布江、印度河、恒河等都发源于此。

西藏不仅是世界上海拔最高的高原湖沼分布区，而且是我国湖泊、沼泽分布最集中的区域之一。据不完全统计，西藏境内面积大于1km^2的湖泊有819个，约占全国湖泊数量的27.8%，总面积为24949km^2，约占全国湖泊总面积的26.3%；西藏境内拥有各类湿地约600万hm^2，占全区土地总面积的4.9%。

西藏是世界上山地冰川最发育的地区，有海洋性冰川和大陆性冰川22468条，冰川面积为28645km^2，分别占全国冰川条数、面积的48.5%和48.2%。冰川融水径流325亿m^3，约占全国冰川融水径流的53.6%。全区75%的冰川分布于外流水系流域，25%分布于藏北内陆水系流域。

三、土壤与植被

(一)土壤特征

西藏自然条件的特殊性，反映在土壤特征上具有成土过程的年轻性和土壤发生的多元性。成土条件复杂，土壤发育类型众多，约有 28 个土类、67 个土壤亚类。由于高寒、干燥(或半湿润)的成土环境占据优势，全部土类中近 1/4 为西藏所特有的高山土壤类型，且占各类土壤总面积的 66%左右。土壤的地带性与区域性分布规律十分显著，藏东南山地生物作用旺盛且淋溶强烈，主要分布酸性森林土壤。藏西北的生物作用与淋溶作用逐渐减弱及钙化，盐分积累作用增强，依次分布有高山草甸土壤、高山草原土壤、高山寒漠土壤等。受经度、纬度和海拔的制约，土壤的地带性分布呈现特殊的表现，具有水平地带性和垂直地带性的双重特征，且两种分布规律交织在一起，构成复杂分布，这是西藏土壤分布的突出特征。

西藏南北约跨纬度 10°，东西横贯经度近 20°，南北水热条件虽有一定差异，但由于独具一格的高原地貌，破坏了延续亚洲南部的土壤地带结构，土壤水平地带的分布界线多半受山脉与河流走向控制，常发生偏转。除高原南部边缘山地的基带土壤(如砖红壤、黄壤、黄棕壤、褐土等)可以与相邻地区的土壤地带相衔接外，其余则成为一个以土壤垂直地带性为主的独特单元。全区土壤的水平地带带谱组成虽与邻区相异，但与区内土壤垂直地带带谱组成却相类同。大致从东南向西北水平地带分布为：砖红壤—赤红壤—黄壤—黄棕壤带、褐土—棕壤带、黑毡土带、草毡土带、巴嘎土带、莎嘎土带、高山漠土带和寒漠土带。

西藏高原地形复杂，空间跨度大，单就山地类型可分为高原边缘大斜面上的山地、耸立于高原面上的山地和高原面遭切割而形成的山地，它们又分别处于山地热带、山地亚热带、高原温带、高原亚寒带和高原寒带等不同气候带，形成了不同组成和特点的土壤垂直带谱，大体可归纳为湿润垂直带谱型、半湿润垂直带谱型、半干旱垂直带谱型和干旱垂直带谱型四大类。

1. 湿润垂直带谱型

湿润垂直带谱型主要分布在东部和中部喜马拉雅山南翼，山地热带和山地亚热带地区，基带土壤分别为砖红壤与黄壤(或黄棕壤)，主要建谱土壤为暗棕壤和漂灰土。土壤垂直带谱结构一般为

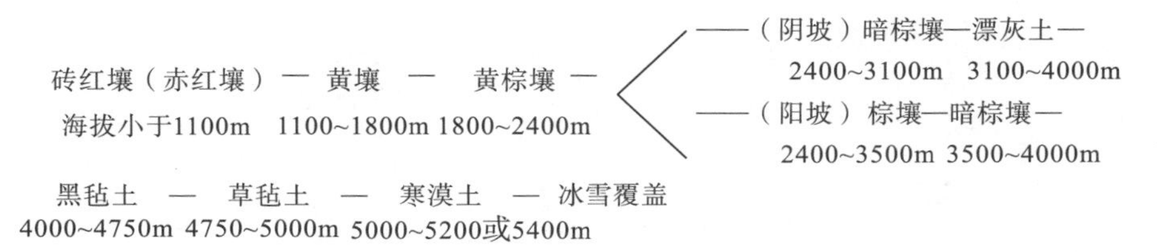

2. 半湿润垂直带谱型

半湿润垂直带谱型主要分布在藏东和藏东北的高原温带、高原亚寒带地区，基带土壤为褐土，主要建谱土壤为棕壤、黑毡土和草毡土。土壤垂直带谱结构一

般为

褐土 — 棕壤 — 黑毡土 — 草毡土 — 寒漠土 — 冰雪覆盖

海拔2500~3500m 3500~4300m 4300~4700m 4700~5000m 5000~5500m

3. 半干旱垂直带谱型

半干旱垂直带谱型主要分布在西藏中、西部，喜马拉雅山北侧高原温带及藏北高原亚寒带等高原内部地区(冈底斯山、唐古拉山等)，基带土壤为巴嘎土，主要建谱土壤为莎嘎土。土壤垂直带谱结构为

巴嘎土 — 莎嘎土 — 寒漠土 — 冰雪覆盖

2800~4500m 4500~5000m 5000~5700m

4. 干旱垂直带谱型

干旱垂直带谱型主要分布在藏西北的森格藏布、噶尔藏布和喀喇昆仑山等高原温带、高原亚寒带和高原寒带地区，土壤垂直带谱结构一般为

4500~5200m（阳坡）

莎嘎土 — 高山漠土 — 寒漠土 — 冰雪覆盖

4500~4700m（阴坡） 4700~5200m 5200~5800m

(二)主要植被类型

西藏植被的显著特点是植物区系成分复杂、植被类型多样和高山植被发育等。其拥有属于泛北极植物区中青藏高原植物亚区的草原、荒漠和草甸及中国-喜马拉雅植物亚区的多种森林，这两个亚区的分界约在芒康—朗县—嘉黎—丁青一线。随着西藏各地水热条件水平空间分异，植被分布呈现了从东南向西北相继为热带、亚热带山地森林—山地灌丛草原—高寒草甸—高寒草原—高寒荒漠等植被带。在藏东南山地区随海拔变化从下而上依次出现雨林、常绿阔叶林、针阔混交林、暗针叶林、亚高山灌丛草甸及高山草甸等垂直植被带。第二节将对主要生态系统详细论述，这里不再赘述植被特征。

第二节 主要生态系统

一、草地生态系统

(一)类型与分布

草甸与草原生态系统是西藏草地的主体生态系统类型，占全区草地面积的80.45%，草地类型丰富多样，草甸与草原草地类型有7个，其中草甸草地类有

高寒草甸草地类、高寒草甸草原草地类、山地草甸草原类、温性草甸草原草地类、低地草甸草地类等；草原草地类主要有高寒草原草地类和温性草原草地类。按草地面积大小以高寒草原草地类分布面积最广，有3158.8万hm^2，占全区草地面积的38.5%；其次是高寒草甸草地类，面积2536.7万hm^2，占30.9%；第三是高寒草甸草原草地类，面积593.9万hm^2，占7.23%；第四是温性草原草地类，面积178.6万hm^2，占2.18%；第五是山地草甸草原类，面积132.8万hm^2，占1.62%。

1. 高寒草原草地类

该类型是在高山和青藏高原寒冷干旱的气候条件下，由耐寒的多年生旱生草本植物或小半灌木为主所组成的高寒草地类型。高寒草原草地植物组成简单，一般每平方米植物种的饱和度为10～15种，少者仅5种左右。该类草地面积3158.8万hm^2，占西藏草地面积的38.5%。平均每公顷产可食鲜草676.5kg，理论载畜量726.7万个绵羊单位，占西藏草地载畜量的21.5%，本类草地是西藏重要的畜牧业生产基地。分布面积最大的是那曲、阿里地区，其面积分别占全区高寒草原草地面积的43.1%和39.7%；其次是日喀则地区，占15.6%，分布面积最小的是山南地区和拉萨市，分别占1.23%和0.36%，林芝、昌都地区无此类草地分布。

2. 高寒草甸草地类

该类型是在寒冷而湿润的气候条件下，由耐寒的多年生中生草本植物为主而形成的一种矮草草地类型，该类草地面积2536.7万hm^2。植物种类组成较简单，主要由莎草科的嵩草属和苔草属的植物组成。高寒草甸类草地生长期短，植株矮小，草层低矮，产草量较低，平均每公顷产可食鲜草750kg。草层分化不明显，草群覆盖度大，一般多在80%～90%。适口性好，营养价值高，耐践踏，适于放牧利用，在西藏草地资源中占有极为重要的地位。分布面积最大的是那曲地区，占全区高寒草甸草地面积的32.7%；其次是日喀则地区，占22.7%；再后依次为昌都、山南、阿里、林芝地区，分别占16.09%、7.90%、7.69%和6.80%，分布面积最小的是拉萨市，占6.12%。

3. 高寒草甸草原草地类

该类型是高寒草甸与高寒草原的过渡类型，是由耐寒的旱中生或中旱生多年生草本植物为优势而组成的草地类型，草地植被组成较高寒草原草地类复杂。本类草地面积593.9万hm^2，平均每公顷产可食鲜草690kg，理论载畜量156.6万个绵羊单位，占西藏草地理论载畜量的4.63%，每个绵羊单位需草地面积5.31hm^2。该类以那曲地区分布面积最大，占全区高寒草甸草原类草地面积的

72.7%；其次是日喀则地区，占20.3%；再后依次是山南、阿里地区和拉萨市，分别占2.82%、2.38%和1.86%。林芝、昌都地区无此类草地分布。

4. 温性草原草地类

该类型是在温暖半干旱气候条件下，由中温性旱生多年生草本植物或旱生小半灌木为优势种组成的草地。该类草地平均每公顷产可食鲜草1416kg，理论载畜量115.1万个绵羊单位，占全区草地理论载畜量的3.4%，每个绵羊单位需草地1.45hm²。温性草原草地类以日喀则地区分布面积最大，占全区温性草原草地面积的34.5%；其次是山南、拉萨、昌都地区，分别占26.2%、17.9%和17.6%；林芝和阿里地区分布最小，仅占1.56%和2.16%。

5. 山地草甸草原类

该类型是在山地温带、寒温带温暖湿润、半湿润气候条件下，由多年生中生植物为优势而组成的草地类型。该类草地植物种类组成复杂，种的饱和度大，是西藏自治区内分布的各类草地中植物种饱和度最大的类型。该类型草地面积132.8万hm²，理论载畜量201.8万个绵羊单位，占西藏草地理论载畜量的5.96%。牧草产量高，平均每公顷产可食鲜草15.5kg，是西藏牧草产量较高的草地之一。多宜于秋季牲畜抓膘及冬春放牧利用，有些草地还是良好的刈割草地，对于解决草畜供求季节不平衡的矛盾具有重要作用。山地草甸草地类分布面积最大的是昌都地区，占西藏山地草甸草地面积的81.3%；其次是林芝、山南、那曲、日喀则地区，分别占7.6%、4.0%、3.36%和3.35%；分布面积最小的是拉萨市，仅占0.40%；阿里地区无此类草地分布。

6. 温性草甸草原草地类

该类型是在温暖半湿润的气候条件下，由中温性中旱生和旱中生多年生草本植物为优势种、中生植物大量渗入而组成的草地类型。草地植物组成较丰富，杂类草成分较多、盖度大，产草量较高，草群中以丛生禾草和蒿属植物占优势。该类草地面积13.3万hm²，平均每公顷产可食鲜草3018kg，草地理论载畜量15.5万个绵羊单位，占全区草地理论载畜量的0.46%，每个绵羊单位需草地面积0.8hm²。多宜做冷季放牧草地，且生境水热条件相对较好，适宜进行草地改良，建立人工或半人工草地，是发展林、农区畜牧业生产的重要草地资源。温性草甸草原类草地以昌都地区分布面积最大，占西藏温性草甸草原类草地面积的73.3%；其次是林芝、山南、日喀则地区，分别占10.1%、8.78%和7.87%；拉萨、那曲、阿里地区无此类草地分布。

7. 低地草甸草地类

该类型是在土壤水分适中的条件下，由多年生中生的草本植物为主，生长发育的一种草地类型。该类草地植物组成简单，禾本科和莎草科等一些喜湿的中生植物占优势。草群生长茂密，总盖度较大，平均在80%以上。产草量较高，平均每公顷产可食鲜草3498kg，平均0.57hm^2草地可养1个绵羊单位，该类草地面积5.60万hm^2。低地草甸类草地日喀则地区分布面积最大，占西藏低地草甸类草地面积的60.4%；其次是林芝地区和拉萨市，分别占20.1%和19.5%；其他地区无此类草地分布。

（二）生态功能

西藏天然草地是维护西藏乃至全国生态安全的重要绿色生态屏障，是我国重要的绿色基因库。主要生态功能有调节气候、涵养水源，防风固沙、保持水土，改善环境、净化空气，保护生物多样性，促进物质生产。

1. 调节气候、涵养水源

草甸与草原生态系统调节气温和空气中湿度的作用明显。据研究，大片面积的草地与裸地相比，草地上的湿度一般较裸地高20%左右，小片面积的草地也比空旷地的湿度高4%～12%。夏季地表温度草地比裸地低3～5℃，而冬季则高6～6.5℃。草原-草甸生态系统还具有较高的透水性和保水能力，这可减少地表径流量，增加贮水量，对涵养土壤中的水分有积极作用。在同等气候条件下，草原土壤的含水量较裸地大约高出90%，涵养水源能力也比森林高0.5～3倍。

2. 防风固沙、保持水土

草甸与草原生态系统具有防风固沙、保持水土的生态功能。草甸与草原上的许多植物根系较发达，根冠较大，根部一般是地上的几倍乃至几十倍，它能深根于土壤中，牢牢地将土壤固定。研究表明，土壤表层草地植被遭受破坏，地表径流的冲刷加快，干季风蚀严重，以致出现草地沙化和荒漠化。据资料表明，草地比裸地的含水量高20%以上，在大雨状态下草原可减少地表径流量47%～60%，减少泥土冲刷量75%～78%。同时，草地防止水土流失的能力明显高于灌丛和林地。例如，生长3～8年的林地，拦蓄地表径流的能力为34%，而生长2年的草地拦蓄地表径流的能力为54%，高于林地20个百分点。草地和林地减少径流中的含沙量分别为70.3%和37.3%，草地拦蓄径流量和减少含沙量的能力也比林地分别高58.8%和88.5%，可见草原在维护区域生态安全方面具有至关重要的作用。

3. 改善环境、净化空气

草甸与草原生态系统在生命代谢过程中吸收二氧化碳、释放氧气，对于为高海拔地区提供高质量空气和提高人居环境舒适度起重要的调节作用。同时草原生态系统还可以吸收其他许多有害气体，如二氧化硫、二氧化氮、氟化氢等，起到改善环境、净化空气的作用。当然，草原生态系统除可以改善大气质量外，还可以去除空气中的污染物，如吸附粉尘等。

4. 保护生物多样性

西藏草甸与草原生态系统是由伴随高原隆起而逐步演化形成的适应于高寒特殊环境的特有生物种群，为人类提供着丰富的基因资源。随着人类活动不断深入和环境日益破坏，许多物种都不断地减少甚至濒危灭绝。因此，草甸与草原生态系统保护生物多样性这一生态功能就更显重要。只有生物多样性得到保护，整个生态系统才能处于平衡的状态，为人类提供更加多样的服务，而且生物多样性也可以作为科学研究的基地，为我们人类的科研工作做出贡献。

5. 促进西藏畜牧业和经济社会发展

西藏草原不仅具有重要的生态功能，还具有重要的经济功能。首先，西藏草原是西藏畜牧业赖以生存和发展的物质基础，与藏族人民的生产、生活、文化息息相关，是广大农牧民赖以生存的基本生产生活资料，而且畜牧业又是西藏国民经济的支柱产业，畜牧业在农业中的比重居全国之首。在西藏的外贸出口总额中，畜产品出口额约占 80%以上。其次，草原上生长着种类繁多、经济价值极高的藏药材，为藏医学和藏药开发事业的发展奠定了物质基础，如虫草、贝母、北柴胡、山莨、龙胆、麻黄、大黄等。维护西藏良好的草原生态环境，也就保护了这些珍稀的藏药材资源。再次，草原还是发展西藏旅游事业的物质基础，清新、辽阔的草原是人们向往的旅游胜地，草原上的数千种植物和动物以及游牧民族的传统文化和风土人情更成为现代生态旅游的特色，为人类提供了旅游休闲、文化娱乐等不可估量的非实物型生态服务。因此，西藏草原是促进西藏经济社会全面协调可持续发展的重要保障。

二、荒漠生态系统

(一)类型与分布

荒漠生态系统是藏西和藏西北地区最主要的生态系统类型，主要类型有温性荒漠和高寒荒漠两类。主要分布在狮泉河、象泉河、班公湖流域一带及藏北高原和西藏西部湖盆、宽谷之中，所属的行政区划包括阿里地区的改则、革吉、日土、噶尔、札达等几个县和那曲地区西部。

1. 温性荒漠

温性荒漠集中分布在阿里地区狮泉河河谷、象泉河河谷与班公湖流域一带，植被主要由强旱生的半灌木和灌木构成。依据其植被群落类型划分为半灌木荒漠生态类型，主要有驼绒藜、灌木亚菊、藏沙蒿等草地型。该草地类大多分布在阿里地区日土县的北部地区，海拔在4300～4500m。

2. 高寒荒漠

高寒荒漠是在寒冷和极端干旱的气候因素下发育形成的，是我国和世界上分布海拔最高、最干旱的草地群落。高寒荒漠集中分布于藏北高原和藏西湖盆、宽谷之中，在藏西北的改则县西北部也有分布，下向与温性荒漠接壤，分布海拔大多在4200～5400m，最高可达5500m。依据其植被群落类型划分为半灌木荒漠和高寒匍匐矮半灌木荒漠两种生态类型，半灌木荒漠有驼绒藜、垫状驼绒藜、灌木亚菊砂砾漠3种。驼绒藜集中分布在班公湖南北台地和狮泉河两岸的山体强烈石质化的山上，海拔4300～4600m。垫状驼绒藜则是青藏高原上面积最大的高寒荒漠类生态系统类型，成为青藏高原上“高原地带性植被”的一部分，广泛分布于羌塘高原北部的高原面上，与新疆境内的同一类型连成一片，分布于海拔5000～5400m。灌木亚菊则主要分布于班公湖周围的洪积扇和山坡上，由于对土壤质地的变化敏感，多集中分布在海拔4300～4700m的质地较粗的洪积扇之上。

（二）生态功能

荒漠生态系统是一个最脆弱且分布广泛的陆地生态系统的子系统，具有特定的结构和功能。分布在藏西北地区的荒漠生态系统，是重要生态屏障，具有水源涵养、阻挡风沙等基本生态功能，同时又是重要的物种栖息地和物种保护的重要基地。荒漠生态系统还是藏西北地区草地畜牧业的物质基础，为家畜提供最基础的植物产品。此外，独特的环境孕育了独特的文化，藏西北荒漠生态系统孕育了象雄文化，是西藏古文明的重要发源地之一。

1. 水源涵养和水土保持

荒漠生态系统是藏北高原生态系统的主体和重要生态屏障，具有水源涵养和水土保持功能。其中班公湖为西藏第三大湖，富藏盐矿资源。此外，那曲西部各水系、双湖东南部诸水系、双湖西北部诸水系属于藏北地区的内流水系，其中，象泉河、孔雀河为国际河流。这里的草地生态系统是重要的水源涵养地，对这些河流水源稳定发挥了重要的作用。

2. 物种多样性保护

高寒荒漠为藏羚羊、野牦牛、藏野驴等大批珍贵野生动物提供了繁衍生息之地，如藏北双湖特别区的“可可西里无人区”，野生动物资源十分丰富，主要野生动物有藏野驴、野牦牛、黑颈鹤、藏羚羊、雪豹、雪鸡等，这里被称为“野生动物的乐园”，颇具经济价值的是喀什米亚尔山羊绒和扎加藏布河中特有的无鳞鱼。

3. 牧业生产

藏西北地区是西藏自治区的主要畜牧业生产基地，其草地面积、牲畜存栏、畜牧业产值均占全区的1/3以上，是西藏重要的牧区，畜牧业生产和畜牧产品的销售是当地牧民的主要经济收入来源。草地作为畜牧业生产的物质基础，其质量的好坏直接关系到畜产品的质量和数量，从而影响当地经济的发展。

4. 文化保护

藏西北地区的人民，在高原上辛勤劳作，创造了历史悠久的高原文化，是藏文化乃至中国民族文化宝库的重要组成部分。例如，日土县保存有一种古老的舞蹈——协巴协玛，并有许多神话传说、谚语、民歌等，内容丰富多彩，可谓民间文化研究的宝库，在该县还发掘了大量洞窟、岩画等古代人类遗址。又如，有“世界屋脊的屋脊”之称的革吉县，有说唱格萨尔民间艺人多人，并有扎西曲林寺、扎加寺和热普寺等多座较大寺庙。地处西藏西部的札达县境内有著名的古格王朝遗址，是全国重点文物保护单位。象泉河两岸土山林立，在土林中发现藏族先民遗留的400多座洞窟，形成了以象泉河流域为主的古建筑群。

三、灌丛生态系统

(一)类型与分布

西藏各地均有灌丛分布，它们所占面积不大，但是类型多样，主要有河谷热性、干暖、温性灌丛生态系统，山地冷湿灌丛生态系统、高原干冷灌丛生态系统等。

1. 河谷热性灌丛生态系统

该类生态系统在西藏分布较少，主要集中于喜马拉雅山南麓局部受焚风效应影响的河谷地区，主要物种为旱生、喜热组分，如霸王鞭、通麦栎和树形杜鹃等，土壤为黄棕壤，不少区域为原始森林破坏后的逆向演化生态系统。

2. 河谷干暖灌丛生态系统

分布在海拔4000(4100)m以下的河谷，其中藏东“三江流域”和雅鲁藏布江中游地区河谷地带，主要由白刺花和沙生槐等落叶阔叶灌丛以及常绿针叶灌丛等灌丛组成。

3. 高原干冷灌丛生态系统

典型的高原干冷灌丛主要分布于高原河谷与高原面过渡地带的高山至亚高山

带，海拔4000(4100)～4400(4500)m，主要有以绢毛蔷薇、薄皮木、小蘖、锦鸡儿、刺柄雀儿豆为主形成的多种灌丛和以芒草、丝颖针茅、蒿等为主的草本植物群落。

4. 高山冷湿灌丛生态系统

在西藏森林区的外缘或林线上，海拔4400～4800(5000)m处分布着以耐寒适冷、喜湿至稍耐旱的高山冷湿灌丛生态系统，大体上可分为湿润型高山灌丛和半湿润型高山、亚高山灌丛两种类型。其中，湿润型高山灌丛是西南季风影响下的湿润高山带特有的植被类型，主要由中型叶杜鹃、小型叶杜鹃等常绿革叶灌丛植物组成。半湿润型高山、亚高山灌丛是西藏分布较广的一类灌丛，群落组成以小型叶杜鹃或落叶灌木为优势种，如髯花杜鹃、雪层杜鹃、金露梅等。

(二)生态功能

1. 涵养水源，保持水土功能

西藏灌丛-草地生态系统分布区域以雅鲁藏布江中游为核心，包括两岸主要支流，分布的西界是萨嘎县，东界是加查县与朗县的交界处，东西长约600km，南北宽约300km。灌丛-草地生态系统分布的主要区域位于雅鲁藏布江大断裂带上，属新生代褶皱区，区内东西向与南北向线性构造交错，地层较为破碎，区域水土流失明显，土壤沙化、荒漠化趋势突出，同时这一地区又是西藏经济发展水平最高的地区，也是西藏主要的农牧业发展区，人口密度大，灌丛-草地生态系统的健康是区域经济发展的基本保障，具有重要的涵养水源、保持水土功能。

2. 物种多样性保护

干暖河谷、高山冷湿、高原干冷等灌丛生态系统是西藏所特有的，在独特的气候、地形等自然条件的影响下，其物种具有独特性和多样性。在西藏灌丛-草地生态系统中有很多稀有种和特有种，生态系统内有国家一级保护动物12种，二级保护动物54种，拉萨河、澎波河成为斑头雁、赤麻鸭、黑颈鹤等珍稀动物的越冬地，该类生态系统的健康为西藏生物多样性尤其是中小型动物保护奠定了基础。

3. 农牧生产服务

雅鲁藏布江中游谷地是西藏主要的农牧区，其农业生产总值占全区50%以上，同时这里也是历史上种植业发展最早的地区之一。灌丛-草原生态系统一方面为本区牧业发展提供饲料、场所，另一方面有效保持了区域农田不受或少受风沙危害，保障了农牧业的发展。

4. 文化娱乐服务

西藏灌丛-草地生态系统类型区不仅是重要的农牧业发展区，也是藏文化发祥地，这一区域拥有萨迦寺、桑耶寺、昌珠寺、藏王墓群、敏竹林寺、布达拉宫、扎什伦布寺等众多的文物古迹，同时还有拉萨市、日喀则市及泽当镇等主要城镇。灌丛-草原生态系统为这一区域人类生产生活提供了娱乐场所，为文物景点提供了庇护所。

四、森林生态系统

(一)类型与分布

1. 森林资源概况与特点

西藏是我国的三大林区之一，森林资源十分丰富。西藏的森林主要分布于藏东、藏东南及喜马拉雅山南坡的山地与河谷地带，主要包括以横断山“三江”流域为主体的藏东森林分布区、藏东南雅鲁藏布江中下游森林分布区、喜马拉雅山脉南坡外流水系森林分布区和雅鲁藏布江中游及拉萨河、年楚河宜林区四大森林分布区。西藏共有林业用地面积1657.9万hm^2，活立木总蓄积量22.9亿m^3，分别居全国第5位和第1位。全区实控线内林业用地面积1116.5万hm^2，其中有林地面积444.8万hm^2，灌木林地628.2万hm^2，疏林地28.8万hm^2，其他14.7万hm^2。森林类型丰富，林内生物组分极为多样，与生态环境的相互作用奇特而深远，许多类型尚处于自然或近自然的状态，不但具有很高的科学价值，而且在高原东南部及毗邻地区发挥着重要的生态屏障作用。

由于西藏复杂的地形和多样的气候条件以及独特的地质历史和复杂的生境空间，形成了西藏森林资源结构与分布的独特性，主要表现如下。

1)森林类型的丰富性和物种的多样性

西藏森林类型有热带雨林、热带季雨林、亚热带常绿阔叶林、山地落叶阔叶林、硬叶常绿栎叶林、山地温带松林、山地柏树林和亚高山落叶针叶林、亚高山暗针叶林。西藏几乎拥有北半球从热带到寒温带的各种森林类型，西藏是我国森林生态系统中生物多样性非常丰富和典型的地区之一，也是保障地球生物多样性的重要基因库。

藏东南山地和藏东“三江”流域是西藏森林生态系统生物多样性最丰富性的区域。在藏东南山地热带、亚热带湿润区分布有国家重点保护动植物107种，其中国家保护植物10种、国家保护野生动物97种。其中，墨脱县是全国最具生物多样性保护价值的区域之一。墨脱县特殊的地理位置以及丰富的植被类型，为从南方到北方的多种动物提供了极其优良的栖息场所。完整的垂直自然带谱和丰富的生物区系，使墨脱县成为我国热带北缘的天然博物馆，而且是热带生态系统在地球上分布最北的一个区域，是自然与物种的宝库，其保护价值无与伦比。

藏东“三江”流域，是世界上岭谷高差悬殊、河流最为密集，垂直自然带谱最为完整、生物多样性非常丰富的区域，孕育了众多高原山地独有的生物物种，是世界上高海拔地区生物多样性最集中区。区内复杂的地形地貌和气候环境，不仅造就了完整的垂直植被带，也构成珍稀物种的栖息地和灾害避难所。许多生物至此已达边缘分布和极限分布，“三江”流域是许多动植物的分布和分化中心，且绝大多数物种为本区域所特有且数量较少。

2)森林在水平空间分布上的差异性和垂直方向上的梯度性

西藏森林生态系统在空间分布上的差异性和梯度性特征明显。喜马拉雅山东段南翼丘陵山地发育了以热带雨林为基带的多层次森林生态系统类型，从南往北随着海拔的升高，河谷基带森林类型随之发生变化，在帕隆藏布和尼洋河中下游发育分别以亚热带阔叶林为基带和以针阔叶林为基带的山地多层次的森林生态系统类型。而低海拔森林覆盖率高的地区，森林、树种带状层次分布尤为鲜明。从山体下部到林线以上，依次是河谷灌丛、有林地、灌木林地或高山灌丛。并随干旱程度增加，带谱构成趋向单调，且中生-旱生成分增加，同一类型植被带状分布趋疏。

3)森林生境的脆弱性和不易恢复性

西藏森林分布区处于地质构造强烈活动区，森林立地条件较差，大部分为高山峡谷，坡度陡、土层薄，森林生态系统处于生境不稳定的易变状态。西藏森林生态系统动植物物种系列是经历高原强烈隆升对特殊生境逐步适应的结果，目前这些地区还处于强烈的上升中，其森林生境异常脆弱，生态系统平衡极不稳定，一旦遭到破坏，就很难甚至无法恢复。

2. 主要森林生态系统类型

1)低山丘陵热带森林生态系统

西藏低山丘陵热带森林主要分布于察隅县、错那县和墨脱县南部，为海拔1000m以下的低山丘陵地带，是我国和世界上分布最北的热带森林，它是一个天然的基因库，保存了完整的山地热带生态系统及大量的生物种质资源。山地热带森林的类型很多，主要包括山地热带常绿雨林和热带季雨林两大类型，其中以山地热带常绿雨林最具代表性。西藏的山地热带常绿雨林，是世界三大雨林群系之一——印度—马来西亚雨林群系的一部分，以含有龙胆香料植物为标志，是该群系在北半球分布最北的群落类型。西藏山地热带季雨林主要分布于东喜马拉雅山南坡海拔600～1100m地带。

热带雨林和季雨林的动物种类十分丰富，并以东洋界成分为主，常见的有大狐蝠、球果蝠、熊猴、大灵猫、云豹、绯胸鹦鹉、赤红椒鸟、银耳相思鸟、渔游蛇、双斑树蛙等；昆虫和无脊椎动物种类也相当丰富。

2)低中山亚热带森林生态系统

低中山亚热带森林主要分布于中、东喜马拉雅南翼及雅鲁藏布江大拐弯以北部分地区以及察隅河下游，海拔1100～2500m，包括常绿阔叶林、常绿-落叶阔叶混交林、落叶阔叶林和云南松林四大类型。亚热带常绿阔叶林是西藏湿润山地亚热带地带性具有代表性的植被类型，是西藏森林资源的重要组成部分。

山地亚热带常绿阔叶林，主要分布于山地下段1100～1800m，在喜马拉雅山南坡墨脱以南的地区分布较为集中，群落组成上接近我国东部地区中亚热带南部的常绿阔叶林。山地亚热带常绿阔叶林植物区系成分十分丰富，包括许多珍贵的用材树种以及大量的经济林木和野生药用植物；不仅有许多当地特有的成分，同时也包含许多被子植物中的原始类群。山地亚热带常绿阔叶林有相当部分尚保持着天然状态，应认真加以保护，并使其成为科学研究的基地。

山地亚热带常绿-落叶阔叶混交林，是亚热带典型林分向暖温带、温带过渡的植被类型，主要分布于喜马拉雅山南坡和横断山脉南段海拔1800～2400m。群落主要由樟、楠等典型亚热带的常绿成分和中生的落叶阔叶树种组成。其中通麦栎阔叶混交林是西藏特有的类型之一；西藏的青冈栎林是我国青冈栎林类型分布的西部界限，在群落地理学的研究上具有重要意义。

山地亚热带落叶阔叶林，为由冬季落叶的阔叶树种组成的森林群系的总称，主要科属有泡花树、桤木、朴、鹅耳枥和槭、桦等，其中有些是稳定的原生群落，有些是在原始植被遭到破坏后而产生的次生群落。其中山地亚热带尼泊尔桤木林是泥石流滩地和溪边碎屑崩积物常见的先锋群落，具有显著的护坡保土的生态功能。

山地亚热带云南松林，主要分布于察隅河谷阳坡和宽阔的阶地，一般为纯林。

3)中山温带森林生态系统

中山温带森林属于山地湿润亚热带与亚高山带之间的过渡类型，包括喜温湿的针阔混交林、松林、桧柏林、硬叶常绿阔叶林及偏暖性少量云杉林五类。

针叶林主要有云南铁杉林和长叶云杉林。云南铁杉林是我国暖温带-温带地区山地垂直带上的标志植被之一，长叶云杉林是西喜马拉雅地区特有类型之一，我国仅在西藏吉隆县有分布。桧柏林有巨柏林和西藏柏木-阔叶混交林等类型，巨柏为西藏特有的珍贵树种，西藏柏木为中国-喜马拉雅特有种，具有重要的科研和保护价值。松林包括华山松林、乔松林、西藏长叶松林和喜马拉雅白皮松林，乔松林是喜马拉雅地区分布最广、最具特色的群落之一，集中分布于海拔2000～3000m的地带，喜马拉雅白皮松林和华山松林为中国-喜马拉雅地区所特有；西藏长叶松林是喜马拉雅中西部地区特有的群落类型，系较珍稀的速生用材及水土保持树种，已被列入《中国植物红皮书》，具有较高的保护价值。硬叶常绿阔叶林和针阔混交林是相对稳定的植被类型。

4)亚高山寒温带森林生态系统

该生态系统是西藏森林生态系统的主要类型，主要分布于藏东南海拔3000~4500m的山体中上部，包括暗针叶林、桧柏林、松林、硬叶常绿阔叶林和落叶阔叶林及落叶松林等森林类型。

暗针叶林包括冷杉和云杉两大类。冷杉林主要有墨脱冷杉林、喜马拉雅冷杉林、急尖长苞冷杉林、鳞皮冷杉林等森林类型，大多为西藏特有或中国-喜马拉雅地区特有的森林植被类型。云杉林包括川西云杉林、林芝云杉林、西藏云杉林等类型，其中后二者均为西藏自治区特有森林植被类型。

桧柏林是西藏亚高山带上部的重要森林类型之一，分布较广的类型有大果园柏林和密枝圆柏林，其中密枝圆柏林是藏东“三江”流域北部特有的群落类型。

落叶松林均为红杉组的种类，主要有西藏红杉和大果红杉，均为西藏和喜马拉雅地区所特有。落叶松更新生长能力较强，从生态景观上看，是较珍贵的荒地绿化速生树种，应注重保护其种质资源。

亚高山地带的落叶阔叶林大体上包括三类：一类是沿河岸分布的，以藏川杨、沙棘等为主；一类是次生杨、桦林，多为暗针叶林破坏后形成；一类是分布于森林区外围或森林上限的桦林，这些植被有的是较稳定的原生群落，有的属于原始植被遭破坏后形成的次生群落。

亚高山硬叶常绿阔叶林建群种由高山栎类植物组成，是青藏高原东南部边缘山地独具特色的生态系统类型。亚高山寒温性高山栎矮林，地处森林上限，与高山灌丛接壤，应加以保护，以免造成森林界限的退缩。

(二)生态功能

森林生态系统服务功能是指生态系统与生态过程所形成及所维持的人类赖以生存的自然环境条件与效用。它不仅为人类提供了食品、医药及其他生产生活原料，还创造与维持了地球生态支持系统，形成了人类生存所必需的环境条件。森林生态系统服务功能的内涵可以包括有机质的合成与生产、生物多样性的产生与维持、调节气候、涵养水源、营养物质贮存与循环、土壤肥力的更新与维持、环境净化与有害有毒物质的降解、植物花粉的传播与种子的扩散、有害生物的控制、减轻自然灾害等许多方面。西藏森林生态系统在西藏高原生态安全屏障保护与建设中具有重要战略地位。

1. 在调节大气和气候方面的重要作用

森林生态系统具有调节大气和气候的功能，占据西藏东南半壁的大面积森林生态系统是重要的碳汇，对调节大气中的CO_2浓度发挥着重要的作用，在地球温室效应日趋增强的情况下，保护该地区森林生态系统调节大气和气候功能的正常发挥，显得非常重要。

2. 水源涵养功能作用突出

青藏高原是我国和南亚、东南亚地区主要江河的发源地和上游流经地区，素称“江河源”。西藏森林资源主要集中藏东南地区(林芝地区和昌都地区)，该区域是亚洲许多大江大河(如雅鲁藏布江、怒江、澜沧江、金沙江)的上游和水源涵养中心，而这些地区又属于脆弱生态环境地区，其森林资源的保护和森林环境的维护，具有极其重要的水源涵养生态功能。据初步测算，全区森林水源涵养量约355亿m^3，在调节江河水文方面发挥重要作用。西藏森林植被的局部破坏，已经直接导致了水土流失、洪涝灾害、湖泊水位下降、耕地减产等恶果。

3. 物种多样性保护的重要基地

西藏森林生态系统分布区集中分布了许多特有的珍稀野生动植物，既是世界山地生物物种最主要的分化与形成中心之一，又是世界上生物多样性最为丰富和全球25个生物多样性热点地区之一。中国生物多样性保护的17个关键地区中有2个位于西藏，中国生物多样性保护行动计划将西藏的4个区域列为中国优先保护区域，特别是雅鲁藏布大峡谷被誉为“青藏高原的植物王国和种质基因库”。大量物种在保持食物链的完整、能量和物质循环以及整个生态系统的平衡中扮演着重要角色，并具有实际和潜在的食用、药用价值。丰富的物种多样性，大多储存在被称为“生物基因库”的森林生态系统中，西藏森林资源是发展其单薄的生物链、促进农牧业发展的基础和动力，并具有十分重要的科研价值。

4. 旅游业存在和发展的前提与基础

西藏森林资源在区内旅游业发展中具有重要的“基础”地位。森林资源是旅游资源的重要组成部分，森林资源是自然风景旅游资源核心范畴，森林资源是旅游资源的“载体”。

5. 群众生活质量提高的保证

农牧业是西藏的重要支柱产业，森林生态系统与之相制约的关系已由生态农业实践所证明。森林生态系统为人们营造了相对适宜的自然环境，西藏高原大部分地区生存条件较差，森林生态系统则提供给人们相对适宜的饮用水、空气、气温、湿度等。林下资源及旅游资源开发，能提高农牧民收入，改善生活质量。如果局部森林植被遭破坏，人们的生存环境就受到威胁。

五、湖泊(湿地)生态系统

(一)类型与分布

西藏境内拥有各类湿地约600万hm^2，占全区土地总面积的4.9%，主要分为湖泊型(250万hm^2)、河流型(23万hm^2)和沼泽型湿地(323万hm^2)三大类。西藏湖泊、湿地不仅是黑颈鹤、赤麻鸭、斑头雁等多种珍稀鸟类的迁徙走廊和繁殖地，还提供了裸鲤、高原裸裂尻鱼等多种高原特有鱼类的采食场、产卵场、育幼场和洄游路线，也是藏羚羊、野牦牛等国家级珍稀野生动物种群栖息、繁衍、迁徙的主要场所及走廊。

目前，西藏建立了拉鲁湿地自然保护区、纳木错自然保护区、色林错黑颈鹤国家级自然保护区、麦地卡湿地(43496hm^2)和玛旁雍错湿地(73782hm^2)，2004年被列入《国际重要湿地名录》。拉鲁湿地自然保护区主要保护自然湿地和水禽；纳木错自然保护区主要保护湖泊湿地生态系统；麦地卡和玛旁雍错两个国际重要湿地所在流域不仅影响着周围赖以生存的野生动植物，而且影响着人们的生产、生活，并孕育了西藏西部四条大河(狮泉河、象泉河、孔雀河、马泉河)，对维护高原生态平衡起着重要作用；色林错黑颈鹤国家级自然保护区和珠穆朗玛峰国家级自然保护区里还包括了大量的湿地、水禽，目前已得到了很好的保护。

(二)生态功能

作为西藏生态系统的主要组成部分，西藏湖泊、湿地的资源地位和生态功能主要体现在以下四个方面。

1. 调节、缓冲水资源，保障水资源持续利用

湖泊是流域基本汇水单元，湿地是地下水的储存库，无论是冰雪融水还是河川径流，一般只有通过湖泊、湿地的调节和缓冲后，水资源才可能充分被生物以及人类利用，可以说湖泊湿地既起到调蓄水资源的作用，又能够突显涵养水源的生态功能。

2. 维持高原生态平衡，促进人类社会和谐发展

水是生命之本，高原其他自然条件相对恶劣，湖泊、湿地构成了高原生态平衡以及生态安全的基本保障，一方面为湿地生态系统的维持、发展和平衡提供物质基础，另一方面为人类畜牧业及农业发展提供保障。

3. 改善局地生态环境条件，维持生物多样性

无论是迁移、迁徙的动物，还是长期依赖湖泊、湿地生存发展的水生生物群

落，由于湖泊、湿地可以改善局地小气候，改善生态环境质量，从而为生物种群的进化以及正常演替提供保障。

4. 对亚洲区域生态安全具有先锋指示作用

青藏高原是全球变化响应的最敏感和最强烈的区域之一。无论是气候变暖还是降水量变化，首先在湖泊、湿地这样的生态系统中得到反映，并可被人类感知，进而对整个高原乃至亚洲生态安全起到指示作用。

第三节 西藏高原的气候变化特征

一、温度与降水变化

(一)温度变化

据西藏自治区气象局气候变化监测数据，近50年(1961～2010年)年平均气温(18个站点统计)以0.32℃/10a的速度显著升高，那曲升幅最大，为0.52℃/10a。与我国其他区域比较，西藏升温率略低于东北和西北，高于全国其他区域。近30年(1981～2010年)增温强烈，增温率为0.50℃/10a(38个站点统计)，略低于西北，高于其他区域。近20年(1991～2010年)增温更为强烈，增温率达0.79℃/10a，明显高于全国其他区域，增温率分别是全国的2.0倍和东北的6.6倍。

冬季和秋季变暖趋势突出。近50年，冬季升温幅度为0.46℃/10a，秋季为0.32℃/10a，春季为0.28℃/10a，夏季为0.23℃/10a。特别是近30年冬季增暖更显著，达0.75℃/10a。

近50年，年平均最高气温增温率为0.03～0.47℃/10a，近30年增温趋势增强，年平均最高气温升温率达0.27～0.80℃/10a。近50年，年平均最低气温在西藏高原呈一致升高趋势，增温率为0.18～0.83℃/10a，近30年最低气温增温更明显，升温率达0.25～1.09℃/10a。就季节变化而言，四季平均最低气温均呈现出升高趋势，以冬季升温最明显，升幅为0.20～1.51℃/10a。近50年西藏平均最低气温升温率明显高于最高气温升温率，前者是后者的1.5～2倍。

(二)降水变化

近50年，狮泉河、日喀则和江孜地区的降水呈减少趋势，为−0.9～−4.7mm/10a。其他各站表现为不同程度的增加趋势，平均每10年增加2.2～19.3mm，以申扎增幅最明显为18.0mm/10a。那曲地区大部、林芝增幅在10.0mm/10a以上。近30年，狮泉河、普兰和聂拉木趋于减少，为−0.6～−75.2mm/10a，以聂拉木减幅最大。其余站点倾向于增加趋势，为1.7～60.2mm/10a。以芒康增幅最大，达

60.2mm/10a，其次是申扎，为49.8mm/10a。总体上，年降水量近50年呈增加趋势，平均每10年增加7.57mm，尤其是近30年降水量增加较为明显，增幅达19.36mm/10a。

从降水量季节变化看，夏季呈减少趋势(−1.4mm/10a)，其他三季表现为增加趋势。春季增幅最大，为5.3mm/10a；秋季次之，为2.9mm/10a；冬季为0.8mm/10a，略有增加。

西藏≥0.1mm年降水日数在10年年际变化尺度上，20世纪60年代和80年代偏少，70年代、90年代和21世纪偏多。近50年间，80年代是最少的10年，21世纪初是最多的10年。在30年年际变化尺度上，1981～2010年平均值较1961～1990年、1971～2000年的平均值分别偏多1.7天和0.5天。

二、气候变化对生态系统影响

西藏高原属于气候变化的敏感区和生态脆弱带，高寒生态系统对气候变化反应敏感。气候变化对西藏植被生物量、盖度、物候和生长季等参量的影响受到广泛关注。2000～2010年，西藏草地净初级生产力总量略有增加，增幅约为5%。森林地上生物量呈增加趋势，增长率为21%。总体上，气候暖湿化趋势促进了植被生长，尽管区域间和年际差异显著。

近40年的气候数据与净初级生产力(net primary productivity，NPP)的分析表明，20世纪70年代气候“冷干”，NPP偏低。90年代之后，气候“暖湿”，NPP偏高。气候变化情景模拟显示，“暖湿型”气候对西藏NPP增加有利，平均增产6%～13%，“冷干型”气候对西藏NPP不利，平均减产6%～14%。未来西藏以“暖湿型”气候为主，到2050年NPP将增加11%～26%。

为揭示气候变化对高原草地生态系统的影响及其生态适应机制，许多研究用多年归一化植被指数(normalized difference vegetation index，NDVI)数据和对应的气候资料，分析西藏草地植被覆盖变化及其与气候因子的关系。1982～2010年，草地生长季NDVI年际变化呈现上升趋势，上升速率为0.009/10a，期内累积增长率为15.2%。在空间上，NDVI呈上升趋势的草地面积占草地总面积的71.8%。生长季提前和生长季生长加速是西藏草地生长季NDVI增加的主要原因。春季为NDVI增加率和增加量最大的季节，夏季NDVI的增加对生长季NDVI增加的贡献相对较小。春季NDVI的增加是由春季温度上升所致，夏季NDVI的增加是夏季温度和春季降水共同作用的结果。

植物物候变化是一种植物对气候与环境变化最敏感且易观测的综合标志，气候变化对植物物候的影响及其响应研究成为全球变化生态研究的热点问题之一。目前，气候变化对高寒草地物候的影响并没有一致的结论。有研究认为，1982～2006年，气候变暖使原高寒草甸和高寒草原生长季推后、生长期缩短，这可能会导致在一年中的某些时期出现牧草短缺现象。随后，有学者基于数据源精度，提出了质疑，认为1982～2011年，青藏高原草地生长季以每年1.04天速率提前。据纳木错流域10种代表性植物物候观测对比表明，同2007年相比，2008年雨季提前，气温偏低，大部分植物花期和果期普遍缩短5天左右，但物候期提前约20天，高海拔植物物候的年间波动较大，对气候变化、特别是降水的季节变化非常敏感。

西藏的人口密度低，处于相对的半自然状态，人为影响因素相对较少，地表环境变化主要受气候系统控制，其中降水量和气温是两个主要影响地表覆盖特征变化且相互制约的气候要素。在气温没有出现异常变化的年份，降水为植被的生长提供水分，植被生长覆盖状况与降水量呈正相关特征；气温代表了植被生长所需的能量强度，在降水充分的条件下，气温与植被覆盖也呈现正相关特征。正是由于降水和气温的这种相互制约和互补关系，植被生长对降水和气温的响应具有季节性和空间性差异。在干旱区域，植被对降水非常敏感，与气温呈现反相关；对于那些降水非常充足的地区，降水对植被的生长影响就会减弱，而这时气温会成为影响植被生长的主要因子。另一方面，高原植被变化对区域气候产生影响。高原西部感热与NDVI的正相关关系明显好于高原东部，而高原东部潜热与NDVI的正相关关系则远好于高原西部。高原植被改善后各季节地表热源以增加为主，夏季地表热源增加最为明显。高原植被变化不但使地表的有效热通量改变，同时感热与地表潜热间的比值也发生明显变化，冬、春季植被变化后，感热对地表热源增量贡献最大，潜热贡献较小；夏、秋季植被变化后，地表潜热和感热对地表热源增量贡献同等重要。高原夏季NDVI与中国同期降水的相关系数从南到北，呈“+/－/+”带状分布。高原NDVI大时，中国华南、华北等夏季降水偏多，长江流域降水偏少，反之亦然。高原植被改善后，地表反照率减小，地表吸收净短波辐射增大，地温升高，地表粗糙度增大和植被蒸腾作用增强，有利于地表向大气的感、潜热输送，高原地表热源将增强，并可能影响高原的热源作用，引起大气环流发生，特别是季风环流的变化，最终影响中国夏季降水。

三、气候变化对冰川与积雪影响

近百年来，青藏高原的冰川呈明显的波动退缩趋势，特别是自20世纪90年代以来，青藏高原冰川基本上转入全面退缩状态，强于20世纪任何一个时期，特别是喜马拉雅山冰川、藏东南山地和横断山区冰川以及昆仑山与喀喇昆仑山冰川普遍处于消融退缩状态。20世纪80年代，在测定的612条冰川中退缩冰川已占90%，前进冰川只占有10%，而到90年代退缩冰川达到95%，前进冰川只占5%；推算近似的冰川储量减少为452.77～486.94km^3。气温和降水与冰川进退变化的关系最为密切，其中支配冰川进退变化的气象要素关键是温度。冰川对气候变化的响应是一个滞后的过程，山地冰川末端变化滞后气候变化约十几年。冰川对气候变化响应滞后，其时间长短受多种因素的影响，但主要是受冰川类型和性质、冰川规模(以长度为主)的影响。海洋型冰川比大陆型冰川对气候变化响应灵敏，同等规模冰川的滞后时间要短；中小型冰川比大型冰川对气候变化响应灵敏，而且滞后时间也短。

用500m分辨率的EOS/MODIS遥感卫星产品(2001～2010年)对西藏积雪的时空分布特征和变化趋势进行分析表明，常年积雪面积为48624km^2，占全区总面积的3%，主要分布在东部恰青冰川、岗日嘎布周围、西部昆仑山脉以及喜马拉雅山脉、冈底斯山脉、念青唐古拉山脉。稳定积雪区面积为772819km^2，占全区总面积的65%，主要分布在西藏东部、西南部和藏北地区。不稳定积雪区面积为370032km^2，占全区总面积的31%，主要分布在雅鲁藏布江流域、三江流域、羌塘南部和墨脱县。无雪区面积很少，仅占全区总面积的1%，主要是河流、湖泊等水面，如西藏中部的“一江两河”河面、藏北较大湖泊区。春秋季的积雪面积有上升趋势，冬夏两季在减少，且夏季减少趋势非常明显，表明西藏地区的常年积雪正逐步减少。采用1980～2009年每月34个气象站的数据，积雪日数与平均气温呈显著负相关，相关系数达−0.79，说明近30年积雪的减少趋势与气温的上升密切相关。冬季的积雪日数与降水总量之间呈显著正相关，相关系数为0.599。气温与最大积雪深呈负相关，相关系数为−0.45；冬季降水与最大雪深呈正相关，且相关系数较大，为0.66。温度和降水对积雪变化影响显著。

第四节　西藏高原人类活动与环境变化

一、西藏经济社会概况

据2011年统计，西藏自治区辖7个地(市)、73个县(市、区)、140个建制镇、542个乡、209个居民委员会、10个街道办事处和5254个村民委员会。农业县35个，牧业县14个，半农半牧县24个。

2011年年底，全区户籍人口303.30万人，其中男性155.29万人，女性148.01万人，农业人口总数234.42万人，占全区人口的77.29%。全区人口出生率15.39‰，死亡率5.13‰，自然增长率10.26‰，人口密度2.52人/km^2，地广人稀。2012年，西藏每百户城镇居民和农村居民所拥有的汽车和摩托车数量分别达到27.1辆和79.9辆，分别高于21.5辆和62.2辆的全国平均水平。

西藏自治区民主改革以来特别是改革开放以来，经济社会发展取得了显著成绩，各项基础设施和具有西藏特色的民族工业取得了快速发展。据统计，2011年全区国内生产总值605.83亿元，其中，第一产业总值74.47亿元，第二产业总值208.79亿元，第三产业总值322.57亿元。人均生产总值20077元，城镇居民人均可支配收入 16196 元，农牧民人均纯收入 4904 元；牲畜年末存栏总数 2185 万头(只)，其中大牲畜 690 万头，羊 1459 万只。

以青藏、川藏、新藏和拉萨至加德满都国际公路为骨干的公路网已经形成，所有县(市)均已通公路，乡镇公路通达率已达 100%，通车里程达 6.3 万多公里，第一条高速公路——拉贡机场高速公路通车，还有拉萨贡嘎国际机场、昌都邦达机场、林芝米林机场、阿里昆莎机场和日喀则和平机场 5 个民用机场。此外，全区通信网络建设步入快速发展阶段，实现了地市县的数字移动通信。

二、土地利用现状

(一)草地资源及开发利用状况

根据西藏自治区第一次土地资源调查数据，全区草地面积 8205.2 万 hm^2，约占西藏国土面积的 68.4%，占全国天然草地面积的 1/5，居全国各省(市、区)首位，在维护西藏乃至全国生态安全屏障功能作用方面发挥着重要作用。

全区可利用草地面积 5500 万 hm^2，占天然草地面积的 67.0%，草地类型丰富，全国 18 个草地类型中，西藏有 17 个，拥有从热带、亚热带到高山寒带和从湿润到干旱的各类草地类型。草地资源的开发利用在西藏国民经济发展中占有重要地位。2011 年年底，牧业总产值 54.11 亿元，占全区农林牧渔业总产值的 49.5%。

(二)耕地资源及开发利用状况

据统计，2011 年全区耕地面积 23.2 万 hm^2，占全区国土面积的 0.19%。这些耕地主要分布于雅鲁藏布江中游河谷区和藏东“三江”谷地及藏东南林芝地区尼洋河下游谷地。全区粮食产量 93.7 万 t，其中小麦 24.9 万 t、青稞 62.2 万 t、稻谷 0.60 万 t，基本能够满足当地居民生活需要。

(三)林地资源及开发利用状况

依据国家林业局公布的森林资源公告，全区实控线内林业用地面积 1116.5 万 hm^2，其中有林地面积 444.8 万 hm^2、灌木林地 628.2 万 hm^2、疏林地 28.8 万 hm^2，其他 14.7 万 hm^2。森林活立木总蓄积量达 22.9 亿 m^3，居全国各省(区)首位。现有森林中，天然林和成过熟林占多数，主要分布于藏东昌都山地和藏东南地区以及喜马拉雅山南坡，河谷地带适生多种经济林木，主要有苹果、核桃、梨、茶等。2011 年，核桃产量达 3744t，采伐木材 24.1 万 m^3，竹材 205.5 万根。当年林业产值为 2.39 亿元，占农林牧渔业总产值的 2.2%。

(四)湖泊-湿地资源及开发利用状况

湖泊型和沼泽型湿地在维系西藏生态安全发挥着重要作用，建立了以保护野生动物和水生态系统为主的若干自然保护区。来自于这些水域的渔业产值很低，2011年全区渔业产值2181万元，特色、优质冷水性鱼类养殖开始启动。

(五)国土空间格局

土地利用和土地覆被变化是人类活动对环境影响的重要方面。到2000年，西藏建设用地占本区土地总量的0.05%，随着人口和经济规模的不断增长，2010年，西藏建设用地略有增加，占本区土地总量的0.06%。国土点状城镇开发、面状生态保护的基本格局并未发生实质性变化，且呈现出土地利用结构向生态友好型转变的态势。10年间，全区各类生态系统结构整体稳定，生态格局的变化率低于0.15%。西藏地区自然生态系统类型(草地、森林和湿地)占区域总面积的90%以上，是区域主体生态系统，生态系统变化的强度和广度远低于全国其他地区，从而为该区域今后开展生态系统服务功能的保护和恢复奠定了良好的基础。西藏严格执行国土管控的相关规定，格局变化不大。

三、水资源利用

西藏地表水资源量4321.4亿m^3，约占全国的1/7，地下水资源总量约966.1亿m^3。水资源总量、人均水资源拥有量、亩①均水资源占有量、水能资源理论蕴藏量4项指标均位居全国第一。西藏水力资源理论蕴藏量10MW以上河流共363条，水力资源理论蕴藏量的平均功率约20万MW，年电量1.8万亿kW·h，占全国水力资源理论蕴藏量的29%，居全国首位。西藏是我国重要的“西电东送”的接续能源基地，也是保障能源安全和优化能源结构的战略重地。据统计，到2010年年底，西藏联网电站和农村小水电站的装机容量分别为61.89万kW和16.76万kW，年发电量为15.85亿kW·h和3.38亿kW·h。与西藏全区水能资源蕴藏量相比，开发率依然很低。

四、矿产资源开发

西藏高原作为全球三大成矿带之一的地中海-特提斯成矿带的重要组成部分，矿产资源丰富、品种齐全、规模较大，是大型-超大型矿床集中地和多金属富集区。现已发现120多种矿产资源，铬、铜、铅、锌、钾盐、锂、镁、硼、石棉矿

① 1亩=666.7m^2

产在全国名列前茅，银、金、锡、铂族元素、稀土元素等储量较多，油气资源前景看好。目前，矿产资源开发已成为西藏高原重要的产业部门，也是人类活动作用地球自然圈层最主要的方式之一。矿产开发主要集中在青海省境内，初步形成了柴达木和青东矿业经济区以及木里-热水煤炭开发带和赛什塘-德尔尼有色金属开发带。西藏已开发铜、铅锌、锑、钼、硼、铬铁、盐湖等22个矿种及地热资源，初步形成了墨竹工卡铜钼铅锌矿、谢通门铜铅锌多金属矿、尼木铜多金属矿、革吉-改则盐湖硼矿4个矿区以及罗布莎铬铁矿、玉龙铜矿、扎西康铅锌多金属矿和美多锑矿等大型矿山。总体看，西藏矿产资源开发程度较低，开采规模较小，加之空间分布相对集中，对环境的影响程度和范围有限。

五、旅游资源开发

2006年青藏铁路建成后，西藏高原旅游业步入快速发展期。2012年，西藏旅游总人次达到1058万人次，是2005年的5.9倍。旅游从业人口28.7万人，占总就业人口的15%以上。旅游总收入相当于GDP的18.04%。旅游业已经成为西藏经济发展的重要引擎和主导产业，旅游资源开发已经成为除农牧业外依托地域范围广、开发利用程度深、资源依赖性强的产业领域。旅游人口快速增长促进了西藏服务业的繁荣，但也对脆弱生态造成了一定的压力。

六、高原土壤环境与生态系统变化

为了掌握西藏高原生态系统的基本情况，依据1998年、2003年、2008年TM/ETM+等遥感影像数据，判读土地利用与覆被变化，对西藏生态安全屏障工程实施前西藏高原生态系统宏观结构的本底状况（1998～2008年）进行分析。

（一）西藏土壤类型和养分的空间格局

西藏境内土壤类型多样，具有从热带到高山冰缘环境的各种土壤类型，有9个土纲28个土类67个亚类362个土属2236个土种。西藏自然条件的特殊性，反映在土壤特征上具有成土过程的年轻性和土壤发生的多元性。

西藏土壤质地与其砂粒含量有关，一般在藏北高寒地区的土壤砂粒含量较高，土壤结构单一，养分含量和生产力较差；而在藏东南的林区土壤砂粒含量较低，土壤团粒结构好，养分、水分含量较高，土壤肥力和生产力都较高（图1-1）。

西藏土壤全氮含量为0～0.98%，全区域空间异质性较强，大体趋势从东南向西北逐渐减少（图1-2）。从分地区看，林芝地区和昌都地区土壤全氮平均值最高，分别为0.30%和0.29%，山南地区、拉萨市和日喀则地区其次，分别为0.24%、0.22%及0.16%，那曲地区及阿里地区最低，分别为0.14%及0.10%。

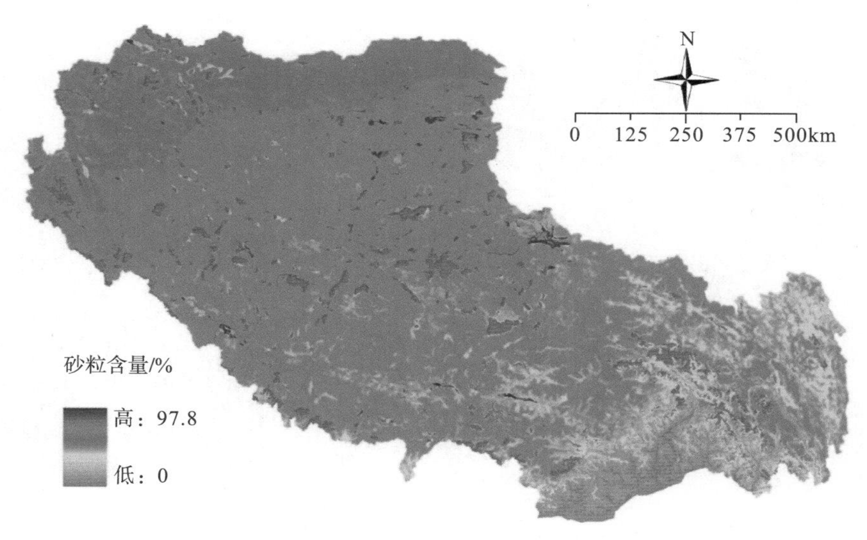

图 1-1　西藏土壤质地砂粒含量空间格局

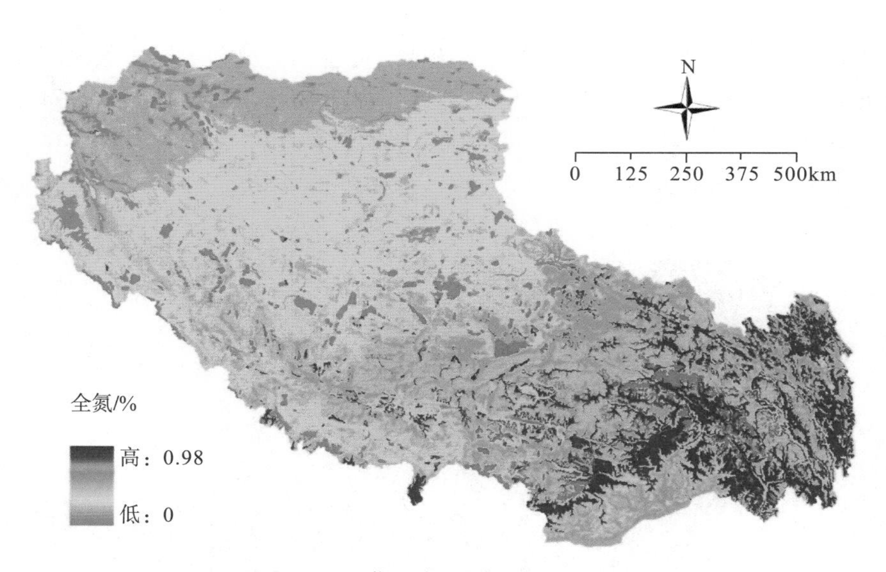

图 1-2　西藏土壤全氮空间分布格局

西藏土壤全磷含量为 0～0.21％，大体趋势同土壤全氮类似，从东南向西北逐渐减少。从分布地区看(图 1-3)，昌都地区和林芝地区土壤全氮平均值最高，分别为 0.94％和 0.92％，山南地区、拉萨市和日喀则地区其次，分别为 0.86％、0.86％及 0.84％，那曲地区及阿里地区最低，分别为 0.73％及 0.63％。西藏土壤全磷的空间异质性相比土壤全氮较弱，土壤全磷均值最低的阿里地区与均值最高的昌都地区相差 1.5 倍，而土壤全氮最低的阿里地区和均值最高的林芝地区相差 3 倍。

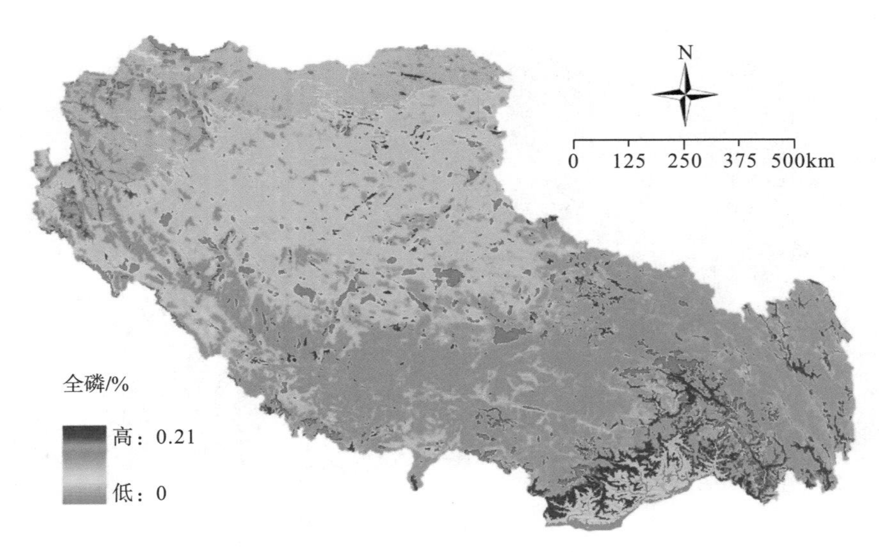

图 1-3　西藏土壤全磷空间分布格局

西藏土壤全钾含量为 0～2.99%，空间异质性较土壤全氮与土壤全磷低。从分布地区看(图 1-4)，拉萨市、日喀则地区、那曲地区、阿里地区及昌都地区较高，分别为 2.28%、2.28%、2.17%、2.16%、2.12%，山南地区与林芝地区稍低，分别为 1.87%及 1.85%。

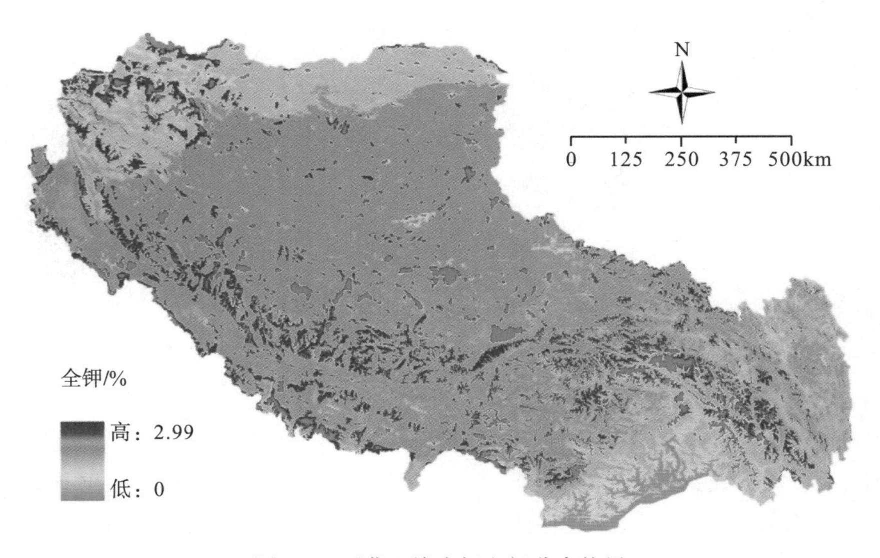

图 1-4　西藏土壤全钾空间分布格局

西藏土壤有机碳含量为 0～25.5%，空间异质性较大。从分布地区看(图 1-5)，林芝地区和昌都地区土壤有机碳含量最高，分别为 7.66%及 6.74%，山南地区与拉萨市其次，分别为 5.26％及 4.55％，日喀则地区、那曲地区和阿里地区较低，分别为 3.20％、2.74％及 1.76％。

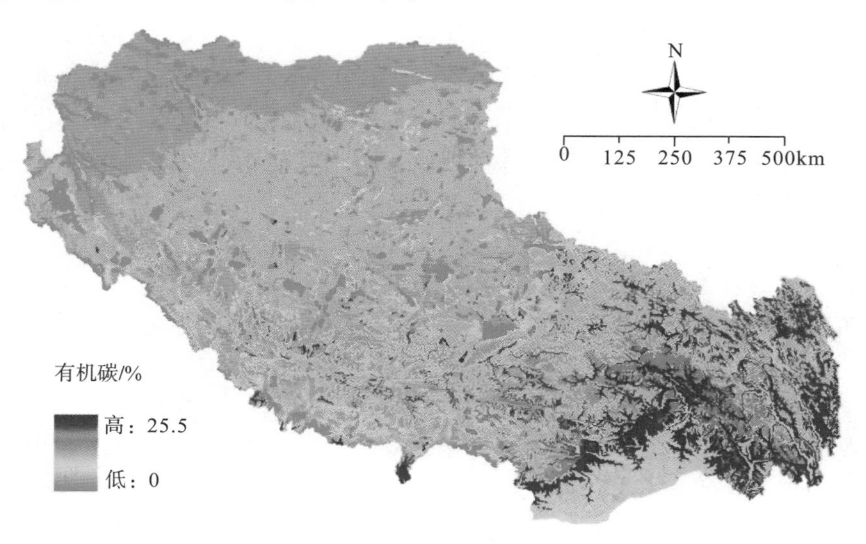

图 1-5　西藏土壤有机碳空间分布格局

（二）西藏高原生态系统结构

西藏高原作为世界上平均海拔最高的高山地区，地表植被的热量和水分状况的垂直梯度变化，导致了高原上植被分布的垂直带谱特性。最为典型的垂直分布特征是从东南部向西北部，随着海拔的上升植被类型从森林逐渐过渡到灌丛草甸、高寒草甸、高寒草原、高寒稀疏植被。西藏生态系统类型以草地为主，草

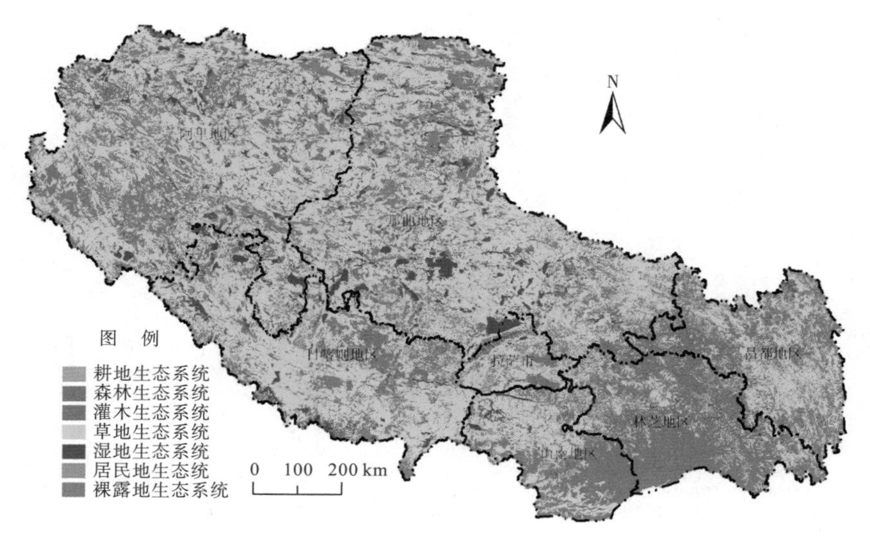

图 1-6　西藏地区各类生态系统空间分布

地生态系统面积为 85.0 万 km^2，占全区总面积的 70.7%，主要分布于藏北高原的那曲和阿里地区；其次，森林生态系统面积为 17.1 万 km^2，占全区总面积的 14.2%，主要位于海拔较低的藏东南的山南、林芝和昌都地区；湿地生态系统面积 9.04 万 km^2，占全区总面积的 7.5%，分散分布于西藏地区中部和海拔 5000m 以上的冰川积雪区域；农田生态系统所占面积比例最小，仅占 0.64%，集中分布于雅鲁藏布江流域河谷沿岸及昌都地区，图 1-6 为 2008 年西藏地区各类生态系统空间分布。

（三）西藏草地生态系统退化

在生态安全屏障工程实施之前，西藏高原草地退化呈现明显减弱的趋势。1990～2000 年[前期，图 1-7(a)]，草地覆盖度下降面积为 278575.6km^2，占西藏草地总面积的 50.36%，广泛分布于西藏中部尼玛县、班戈县、康马县、白朗县、亚东县、萨嘎县、定日县等。其中，尼玛县草地覆盖度下降面积最广，为 58634.7km^2；康马县草地覆盖度下降面积占该县草地总面积比例最大，为 95.7%。2000～2008 年[后期，图 1-7(b)]，草地覆盖度下降面积为 184484.6km^2，占西藏草地总面积的 33.33%，减少了 17.0%，主要分布于西藏西部、南部和中部个别县。其中，班戈县草地覆盖度下降面积最广，为 18734.6km^2；白朗县草地覆盖度下降面积占该县草地总面积比例最大，为 56.9%。前后两个时段相比，西藏高原草地退化态势减弱，好转态势增强。草地覆盖度下降类型均以覆盖度轻度下降为主，后期草地的覆盖度轻、中、重度下降，草地均呈减少趋势。其中，草地覆盖度中度下降，草地减少 13.56%，退化减弱的趋势明显。

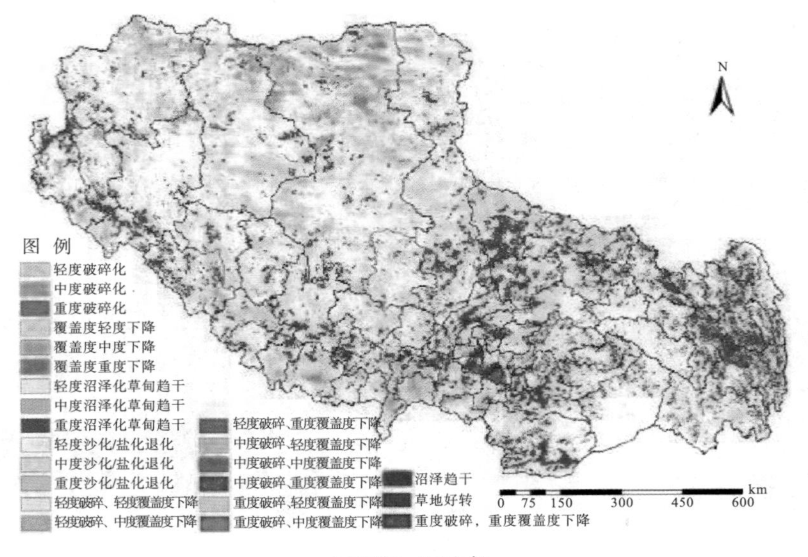

(a)1990～2000 年

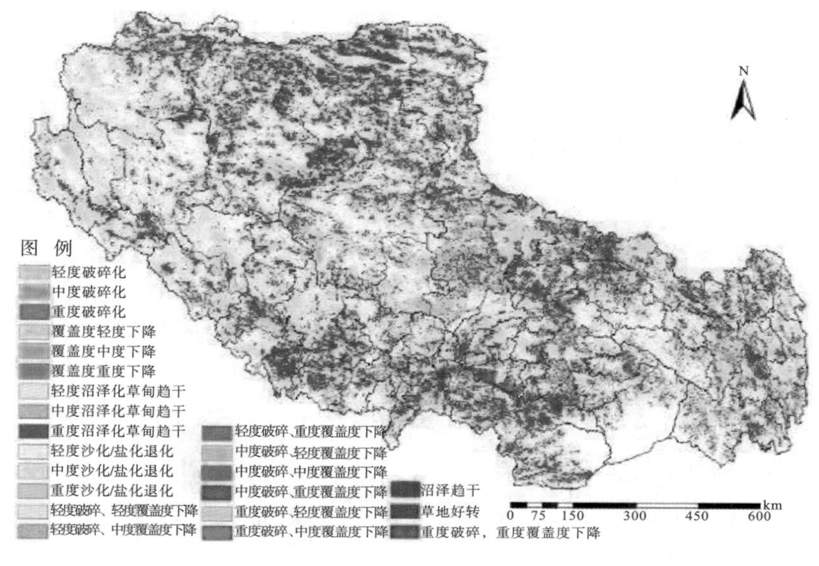

(b)2000～2008 年

图 1-7　1990～2000 年和 2000～2008 年草地退化空间格局

草地覆盖度下降和草地破碎化耦合出现是西藏高原草地退化类型之一。1990～2000 年，西藏草地破碎化/覆盖度下降面积为 16143.5km²，占西藏草地总面积的 2.92%，类型以轻度破碎化、中度覆盖度下降退化为主；2000～2008 年，草地破碎化/覆盖度下降面积为 6560.8km²，占西藏草地总面积的 1.19%，减少了 1.73%，类型以轻度破碎化、轻度覆盖度下降退化为主。与前期相比，后期的各级破碎化/覆盖度下降草地均呈减少趋势，其中轻度破碎化、中度覆盖度下降退化草地减少 0.87%，退化减弱趋势最显著，如表 1-1 所示。

表 1-1　1990～2000 年和 2000～2008 年西藏高原草地退化面积统计

草地退化动态类型	1990～2000 年		2000～2008 年	
	面积/km²	比例/%	面积/km²	比例/%
覆盖度轻度下降草地	169871.4	30.71	167278.8	30.23
覆盖度中度下降草地	91656.1	16.57	16627.3	3.01
覆盖度重度下降草地	17048	3.08	578.4	0.1
覆盖度下降退化草地	278575.6	50.36	184484.6	33.33
轻度破碎化、轻度覆盖度下降退化草地	4725.2	0.85	3813.4	0.69
轻度破碎化、中度覆盖度下降退化草地	5350.1	0.97	542.7	0.1
轻度破碎化、重度覆盖度下降退化草地	561.1	0.1	0	0
中度破碎化、轻度覆盖度下降退化草地	361.6	0.07	304.2	0.06
中度破碎化、中度覆盖度下降退化草地	4477.6	0.81	1899.1	0.34

续表

草地退化动态类型	1990~2000 年		2000~2008 年	
	面积/km²	比例/%	面积/km²	比例/%
中度破碎化、重度覆盖度下降退化草地	375.5	0.07	1.35	0
重度破碎化、中度覆盖度下降退化草地	85.7	0.02	0	0
重度破碎化、重度覆盖度下降退化草地	206.5	0.04	0	0
破碎化/覆盖度下降退化草地	16143.5	2.92	6560.8	1.19
轻度沼泽化草甸趋干化	687.4	0.12	333.1	0.06
中度沼泽化草甸趋干化	438.9	0.08	0	0
重度沼泽化草甸趋干化	2.53	0	0	0
沼泽化草甸趋干化	1128.9	0.2	333.1	0.06
轻度沙化/盐化退化	7320.5	1.32	5065.7	0.92
中度沙化/盐化退化	1204.7	0.22	176.8	0.03
重度沙化/盐化退化	383.9	0.07	0	0
沙化/盐化退化	8909.1	1.61	5242.6	0.95
沼泽轻度变干	2671.8	0.48	2298.2	0.42
沼泽中度变干	2156.6	0.39	527.1	0.1
沼泽重度变干	405.7	0.07	32.6	0.01
沼泽变干	5234.1	0.95	2857.9	0.53
草地覆盖度增加/破碎化指数降低	155213.4	28.05	334748.2	60.5
沼泽变好	2107.9	0.38	4746.3	0.86
无退化草地	85887.8	15.53	14226.7	2.57

西藏高原草地动态退化态势以草地覆盖度下降为主，存在破碎化/覆盖度耦合下降的情况。相比前期，后期的西藏草地退化态势减弱，草地覆盖度增加、破碎化指数降低。草地和沼泽变好面积和幅度都有明显增加，西藏草地和沼泽好转态势显著。

第二章　西藏高原气候与水热分布格局

第一节　区域气候特征

一、气候地带性

在高大的东西向山脉影响下，西藏气候的纬度地带性得到明显加强。在水平变化上，从南往北可划分出热带、亚热带、高原温带、高原亚寒带和高原寒带等气候带。

1. 热带

热带沿雅鲁藏布江下游河谷呈喇叭状分布，最北伸到墨脱县的格地附近。包括白则林—济罗—瓦弄一线以南地区。

2. 亚热带

亚热带南以最暖月平均气温 22℃等温线与热带分界，北以最暖月平均气温 18℃等温线与高原温带分界。包括达旺—觉拉—三安曲林—通麦—古玉一线以南和伯舒岭以西地区。

3. 高原温带

高原温带北以念青唐古拉山和冈底斯山主脊线及最暖月平均气温 10℃等值线为界。此线在湿季与高原横切变线的平均位置相对应，冷季与地面冷高压脊线的平均位置大体一致。

4. 高原亚寒带

高原亚寒带北以最暖月平均气温≥6℃和日平均气温≥0℃且持续期≥120 天的等值线与高原寒带分界。

5. 高原寒带

高原寒带位于高原亚寒带以北，包括羌塘高原北部与昆仑山脉之间的地区，以高寒著称。

青藏高原热力作用的季节变化引起高原四周风的季节变化，从而产生了高原季风。同时，西藏高原还受西南和东南季风的影响，它们的共同作用决定了西藏湿度的分布状况。

二、高寒多变性

西藏平均海拔 4000m，据测算，西藏自治区海拔 3000m 以上的面积为 112 万 km^2，占国土面积的 92.6%，海拔 5000m 以上的面积为 41.33 万 km^2，占国土面积的 33.8%。地势高亢，带来气候的寒冷，据研究，西藏日平均气温稳定通过 0℃的日数，藏东南地区和东部三江流域河谷地区超 250 天，其他大部分地区在 120 天以下，藏北、藏西、藏西南的大部分高山高原区很少出现或几乎不出现日平均气温≥10℃天气(图 2-1)，不能种植作物，只能生长稀疏的耐寒牧草。

受高原大气环流的影响，西藏气温昼夜变化大。首先，气温日较差大，而年较差小，如西藏林芝地区日较差为 11～13℃，较我国同纬度林区高出 4～5℃。在冬春交替的季节里，常常是夜里冻白天融，引起地表物质的热胀冷缩频繁发生，冻融风化作用强烈，物质易破碎变疏松。另外，高原降水的日变化非常明显，夜雨率达到 50%以上。夜雨率最明显的是雅鲁藏布江河谷地区，其中泽当、拉萨、日喀则和朋曲流域的定日等地夜雨率达 80%，阿里地区的森格藏布、普兰和改则的夜雨率在 70%以上。藏北高原夜雨率也达 50%～60%，夜雨有利于各种植物的生长。西藏是全国多大风的省区之一，不仅大风多、强度大、连续出现的时间长，而且日变化大，冬春大风季节往往上午还是风平浪静，中午以后风云突变，大风骤起，风沙走石，贡嘎机场下午的航班经常因大风而无法起降。

三、气候分区

(一)季风湿润地区

季风湿润地区湿润系数≥1.00，干季受南支西风槽影响，湿季受印度季风低压控制，水汽来源充足。此外，该地区常年是松潘低压和藏南低压活动与影响的地区。其范围包括朗县、工布江达、嘉黎、索县、丁青、江达、类乌齐、洛隆以及八宿西部等广大地区，与森林分布的界线大体一致。

喜马拉雅山南翼的亚东、朋曲靠近边境一带以及聂拉木-樟木、小吉隆等地亦属湿润地区。

(二)季风半湿润地区

季风半湿润地区以湿润系数 0.5 等值线与干旱地区分界，包括安多—那曲—当雄—羊八井—桑日—错那等一线以东地区。地面与灌丛草原的分界线一致，高空与高原湿季竖切变线位置和干季北脊南槽的轴线位置对应。另外，喜马拉雅山主脊线以南的帕里、朋曲下游、聂拉木以北和吉隆地区以及三江峡谷中段的昌都、贡觉、察雅、左贡、芒康等地亦属季风半湿润地区。

(三)季风半干旱地区

季风半干旱地区以湿润系数 0.25 等值线为界，包括雅鲁藏布江中上游河谷及西藏中、北部广大地区。

(四)季风干旱地区

季风干旱地区湿润系数<0.25，包括普兰、噶尔、改则以西、以北的广大地区及高原寒带的全部。

据此，西藏可划分为下列气候类型区(图 2-1)。

(1)热带山地季风湿润气候地区(I_A)；

(2)亚热带山地季风湿润气候地区(II_A)；

(3)高原温带季风湿润气候地区(III_A)；

(4)高原温带季风半湿润气候地区(III_B)；

(5)高原温带季风半干旱气候地区(III_C)；

(6)高原温带季风干旱气候地区(III_D)；

(7)高原亚寒带季风半湿润气候地区(IV_B)；

(8)高原亚寒带季风半干旱气候地区(IV_C)；

(9)高原亚寒带季风干旱气候地区(IV_D)；

(10)高原寒带季风干旱气候地区(V_D)。

在纬度地带性的基础上，受到高山地貌垂直变化的深刻影响，又形成了明显的以当地气候基带为基础的垂直气候分带，尤其是藏南和藏东南最典型，以喜马拉雅山南坡为例：

热带——海拔 1100m 以下，年平均气温在 16℃以上，最暖月平均气温在 22℃以上，最冷月平均气温 10℃左右；

亚热带——海拔为 1100~2200m，最暖月平均气温在 18℃以上，最冷月平均气温在 1~3℃以上；

暖温带——海拔为 2200~2800m，年平均气温在 8℃以上，最暖月平均气温在 16℃以上；

温带——海拔为 2800~3800m，年平均气温大于 0℃，最暖月平均气温 10℃以上；

高山苔原带——海拔为 3800~4900m，年平均气温在 0℃以下，最暖月平均气温不到 8℃。全年各月皆可能降雪；

雪山冰漠带——海拔在 4900m 以上，地面基本上终年为积雪和冰川所覆盖。

应当指出，喜马拉雅山南坡东段降水比西段多，故同一气候带西段的海拔比东段高。

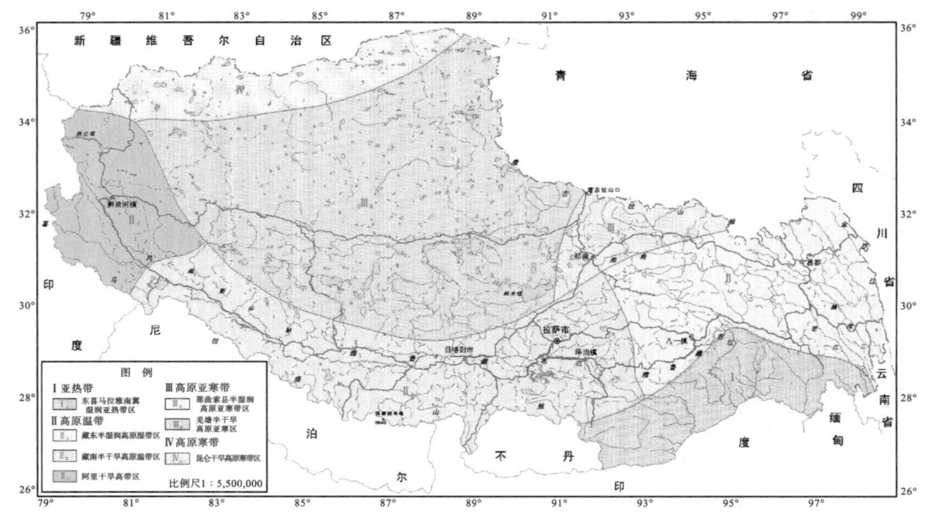

图 2-1　西藏高原气候分区图

第二节　水 热 分 布

一、降水

(一)年降水量

西藏绝大部分地区年降水量在 1000mm 以下，总的分布趋势是由东南向西北逐渐减少(图 2-2)。藏东南靠近边境的一些地方和喜马拉雅山脉南坡，降水量极其丰富，前者年降水量可＞4500mm。藏东南的察隅年降水量为 800～1000mm，阿里地区最少，班公错以北地区年降水量＜50mm，是西藏高原上降水最少的地区。

西藏降水的一个显著特点是无论是单峰型还是双峰型，都集中在夏半年(5～9 月)，雨季和干季分明。西藏大部分地区降水年变化都呈单峰型，以高原西北部、雅鲁藏布江河谷中、上游及其以南地区最为突出，这些地区雨峰出现在 8 月，降水集中于 6～9 月，占年降水量的 90%以上。降水年变化呈双峰型的地区都在西藏南部边缘地区和降水量特大的地区，如察隅主雨峰在 4 月，7 月又出现次雨峰。

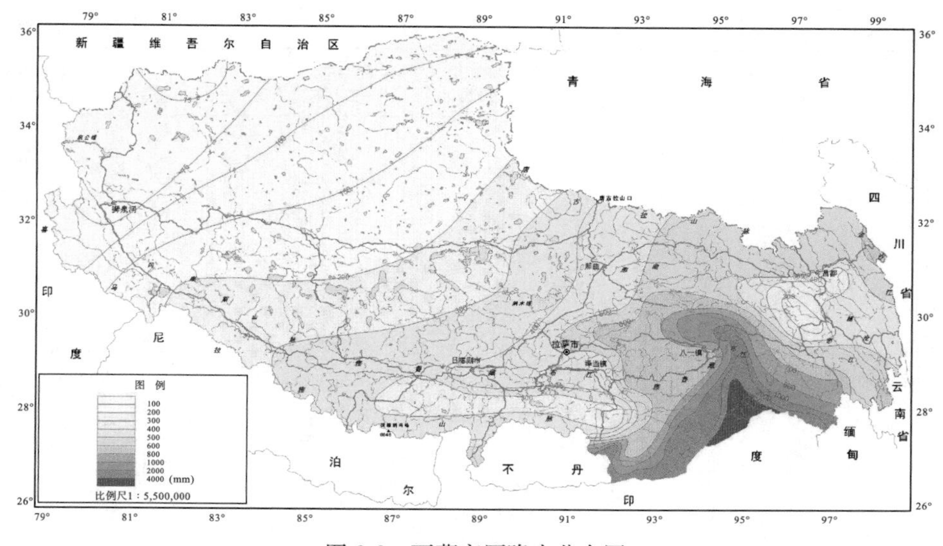

图 2-2　西藏高原降水分布图

(二)降水日数和降水强度

年降水日数的分布由东南向西北递减。狮泉河和改则全年都在 50 天以下，普兰也不到 60 天，由改则往东，年降水日数逐渐增加，申扎为 91 天，那曲增加到 113 天，那曲以东都在 120 天以上，西藏东南部都超过 160 天，其中波密达 190 天以上。

为了比较各地的降水强度，应用下式

$$平均降水强度（mm/1雨日）=\frac{年降水量}{年降水日数}$$

计算出各地的降水强度值并列于表 2-1 中。可见，雅鲁藏布江河谷中段的平均降水强度最大，其次才是藏东南的察隅、易贡、林芝等地，错那和帕里与阿里地区一样，平均降水强度最弱。

表 2-1　西藏各地年降水日数、平均降水强度和相对降水强度

站　名	年降水日数/天	平均降水强度/(mm/1 雨日)	日降水量≥10.0mm的相对强度 R_{10}/%	日降水量≥25.0mm的相对强度 R_{25}/%
狮泉河	39.6	2.2	5.1	0.0
改　则	49.6	3.3	6.1	0.6
普　兰	58.3	2.9	7.2	1.7
申　扎	91.0	3.2	7.7	0.1
那　曲	113.3	3.5	9.3	0.4
丁　青	155.7	4.2	12.6	1.2
昌　都	121.7	3.9	10.5	0.8

续表

站名	年降水日数/天	平均降水强度/(mm/1雨日)	日降水量≥10.0mm的相对强度R_{10}/%	日降水量≥25.0mm的相对强度R_{25}/%
嘉黎	166.6	4.1	11.4	1.1
林芝	164.9	3.8	12.2	1.5
波密(扎木)	190.2	4.9	13.5	2.7
波密(易贡)	195.2	4.5	15.3	2.8
察隅	175.6	4.5	12.8	2.1
拉萨	88.4	5.0	17.3	1.4
日喀则	77.8	5.6	19.9	2.3
定日	61.6	3.8	11.0	1.0
聂拉木	158.4	3.9	10.0	2.0
错那	198.1	1.9	3.2	0.2
帕里	151.5	2.8	4.8	0.5

为了比较各地强降水和弱降水的多少，再用日降水量分别大于或等于25.0mm和10.0mm的日数与年降水日数之比R_{25}和R_{10}来表示相对降水强度。

$$R_{25}=\frac{\text{日降水量}\geqslant 25.0\text{mm 的降水日数}}{\text{全年降水日数}}\times 100\%$$

$$R_{10}=\frac{\text{日降水量}\geqslant 10.0\text{mm 的降水日数}}{\text{全年降水日数}}\times 100\%$$

其值见表2-1。R_{10}值小，表示该地以弱降水为主；R_{25}大，表示该地出现强降水的几率大；$R_{25}=0$，即该地不出现日降水量大于或等于25.0mm的大降水。把R_{25}、R_{10}与降水日数结合起来，分析得出以下几点。

藏东南和波密、林芝一带不仅降水日数最多，强降水也最多。其中，又以波密居首位。

拉萨和日喀则一带全年降水日数虽少，但降水强度较大。也就是说，这一带只要出现降水现象，便有较大的降水量。

错那和帕里等地全年降水日数虽多，但以小雨为主，即这些地方的天气常常是阴雨绵绵，雨量一般都不大。

阿里地区降水日数少、强度小，即全年偶见小雨。狮泉河出现日降水量大于10.0mm的降水已属罕见天气。

在高原上都以日降水量≥25.0mm作为暴雨的标准。从全年日降水量>25.0mm的日数来看(表2-2)，西藏东南部和喜马拉雅山脉南坡出现暴雨的次数最多，其次是雅鲁藏布江中段的拉萨、日喀则等地，高原腹地暴雨的几率很小。各地暴雨出现的时间大多在雨季，但喜马拉雅山脉在春、秋季也会出现暴雨(雪)，尤其是在9月、10月，北上的孟加拉湾风暴会造成西藏南部最严重的暴雨。

表 2-2　各月一日最大降水量(取≥25.0mm)和全年日降水量≥25.0mm 日数

站　名	各月一日最大降水量(取≥25.0mm)												全年日降水量≥25.0mm的日数
	1	2	3	4	5	6	7	8	9	10	11	12	
狮泉河						24.6							0.0
改　则								26.4					0.3
普　兰			34.9			47.0			59.6				1.0
申　扎						25.4							0.1
那　曲						31.8	32.6	24.7	28.6				0.5
丁　青					29.9	41.1	46.2	46.6	36.7	35.5			1.9
昌　都					26.1	29.7	55.3	36.0	40.5	31.0			1.0
嘉　黎					36.1	35.8	43.1	37.9		25.5			1.8
林　芝				27.2	29.1	39.6	46.1	35.3	33.5	26.7			2.4
波密(易贡)					29.8	52.4	37.8	50.6	30.3	37.4			5.5
波密(扎木)			27.1	51.7	30.4	72.6	37.9	33.5	54.2	38.7	27.4		5.2
察　隅		33.7	89.8	90.8	58.2	30.4	42.0	27.2		38.6		33.6	3.6
拉　萨						36.9	41.6	41.5	27.5				1.2
日喀则						31.6	42.1	38.3	41.5				1.8
定　日							41.2	34.0	25.5				0.6
聂拉木	27.1	35.1	49.7			52.1	43.4	27.9	99.7	99.0	28.7		3.2
错　那						27.4	25.7			27.4			0.3
帕　里							32.3	28.8	30.8	89.4			0.8

二、气温

(一)平均气温

受地理因子和环流条件的影响，西藏无论是年平均气温，还是 1 月和 7 月平均气温都由东南向西北逐渐递减。年平均气温由 18℃递减到－4℃以下(图 2-3)，1 月平均气温由 10℃递减到－16℃以下，7 月平均气温由 24℃递减到 8℃以下。受青藏高原海拔高的影响，地面气温比同纬度平原地区低得多。从气温分布图看，无论冬夏，等温线都在高原上形成闭合冷中心，羌塘高原 1 月被－16℃包围，7 月平均气温低于 8℃。同时，藏东南、三江和雅鲁藏布江河谷形成 3 个明显的暖区。西藏 7 月平均气温除具有以上特点外，高原西部改则—狮泉河一带的宽谷也为明显的暖区。

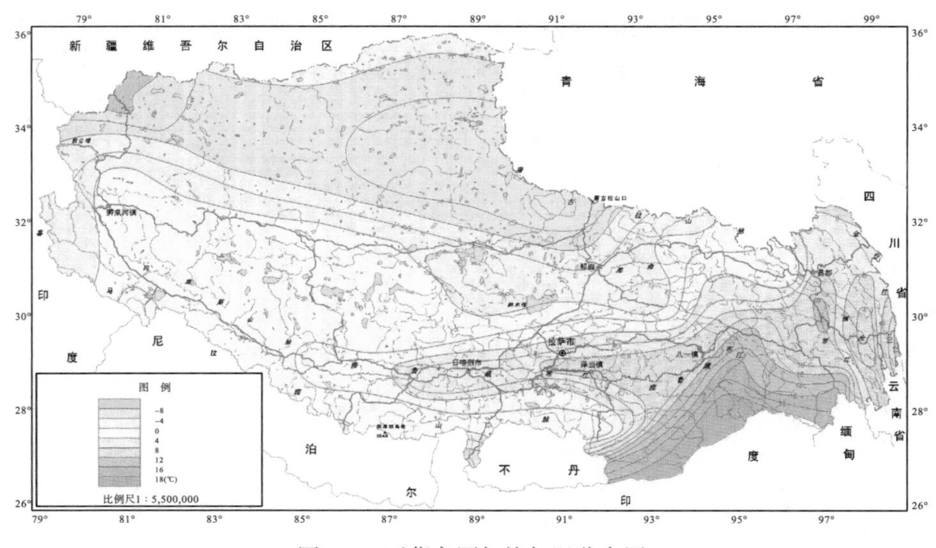

图 2-3 西藏高原年均气温分布图

(二)积温

积温是指某一界限温度以上的日平均气温总积，对西藏而言，日平均气温0℃和10℃是对农业有重要意义的界限温。

1. 日平均气温≥0℃积温

西藏各地日平均气温≥0℃持续日数差别很大，雅鲁藏布江下游河谷全年日平均气温≥0℃，积温达4000～7000℃；三江流域和雅鲁藏布江中游河谷，日平均气温≥0℃持续日数达210～320天，积温为1800～3200℃；羌塘高原和喜马拉雅山脉中、东段，日平均气温≥0℃持续日数为120～210天，积温仅500～1500℃。

2. 日平均气温≥10℃积温

藏东南热带、亚热带地区，南部日平均气温全年≥10℃，积温高达7000℃左右；北部日平均气温≥10℃持续日数为200天左右，积温为3000～4000℃。三江流域和雅鲁藏布江中游河谷，日平均气温≥10℃持续日数为120～180天，积温为2200℃左右。羌塘高原和喜马拉雅山脉中、东段，日平均气温≥10℃持续日数不足100天，积温低于1300℃。黑河至阿里公路以北和亚东帕里、错那等地，日平均气温基本上全年低于10℃。

三、太阳辐射

西藏是我国太阳能最多的地方，日照时间和辐照强度都位列前茅。图 2-4 显示了全国太阳总辐射量的分布，西藏比其他地方高出 30%～50%。

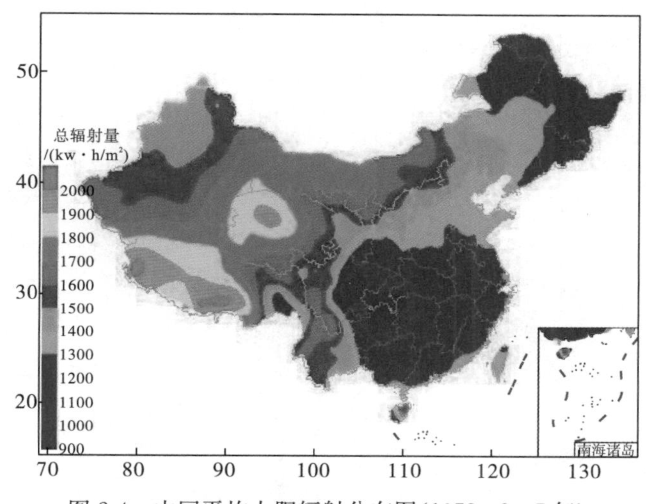

图 2-4　中国平均太阳辐射分布图(1978～2007 年)

从太阳总辐射量来看，西藏各地多在 140～190kCal/(cm^2・a)，总的规律是藏东南一带海拔较低，云雨较多，辐射值较小；而高原上广大地区辐射值较高，都在 160kCal/(cm^2・a)以上。应当指出，雅鲁藏布江河谷地带，雨日较少，且多夜雨，故辐射值较大；喜马拉雅山雨影区，云雨少，海拔高，辐射值显著增大。这样西藏南部总辐射值达 180～190kCal/(cm^2・a)以上。例如，珠穆朗玛峰北坡海拔 5000m 的绒布寺，1959 年 4 月至 1960 年 3 月总辐射量达199.9kCal/(cm^2・a)，接近北非等世界上辐射最强地区的通量值。

藏东与藏南总辐射值大为减少，如昌都不到 150kCal/(cm^2・a)，扎木一带为低值区，不足 120kCal/(cm^2・a)，与长江中下游较为接近。

四、大风

高原地区的大风日数远比同纬度其他地区多。从西藏年平均大风(≥8 级)日数的分布图(图 2-5)可以看到，高原地区的年平均大风日数多达 100～150 天，最多可达 200 天，比同纬度我国东部地区(5～25 天)多 4～30 倍；比有风库之称的安西(80 天)还多 1～2 倍，是我国大风日数量多、范围最大的地区。从图中还可看到，高原各地大风日数的分布受地形、海拔影响非常显著。例如，海拔在

4500m 以上，地形开阔、山脉走向与高空西风风向基本一致的地区，全年大风日数多达 150～200 天，最多的年份可达 231 天以上。这不仅是我国大风出现日数最多的地方之一，恐怕也是北半球同纬度地区地面上极为少见的大风区。海拔在 3000m 以下或山脉呈南北走向的地区，大风日数就少。例如，波密年平均大风日数只有 0.9 天，即十年内出现过 9 天，平均一年内还不足一天，如表 2-3 所示。

表 2-3 西藏各地平均大风日数

地点	1月	2月	3月	4月	5月	6月	7月	8月	9月	10月	11月	12月
噶 尔	10.7	15.0	20.7	20.3	21.8	13.7	11.2	9.3	8.4	6.4	8.8	8.7
改 则	22.7	20.6	23.7	21.3	24.7	17.7	11.7	13.3	9.7	9.0	11.0	14.7
那 曲	11.5	15.1	12.6	11.2	9.1	5.8	1.9	1.8	4.1	5.9	8.5	10.2
丁 青	4.1	6.1	9.9	13.5	12.8	9.3	6.2	4.5	7.9	6.8	3.1	2.9
班 戈	10.0	10.4	10.3	8.0	5.9	5.7	2.5	1.1	2.3	2.6	5.6	8.6
昌 都	2.2	4.4	5.9	6.5	5.7	2.5	1.6	1.1	1.1	1.8	1.6	1.6
申 扎	13.8	11.3	12.2	8.0	5.5	4.1	2.8	1.3	1.5	3.7	8.1	12.3
拉 萨	2.7	4.5	5.0	5.2	4.1	3.5	1.7	0.9	1.0	1.0	1.1	1.6
波密(扎木)	0.0	0.1	0.1	0.0	0.5	0.0	0.0	0.1	0.0	0.0	0.0	0.1
林 芝	0.2	0.6	1.4	1.9	1.0	0.7	0.3	0.1	0.2	0.7	0.3	0.3
日喀则	6.2	10.4	10.4	10.6	7.0	4.3	2.1	1.2	1.1	1.0	1.7	3.5
帕 里	3.2	1.6	1.3	0.5	0.1	0.1	0.1	0.1	0.0	0.1	0.7	1.8
定 日	13.2	16.4	13.8	12.2	7.2	1.0	1.2	0.2	0.6	1.8	4.0	9.6

高原上不仅大风多，而且强度大，连续出现时间长。例如噶尔，1964 年 3 月 28 日至 4 月 27 日和 1975 年 4 月 18 日至 5 月 17 日，连续 31 天和 30 天出现大风，这是十分少见的现象。

高原上大风的季节变化明显。由表 2-3 可知，高原上的大风主要集中出现在 12 月至次年 5 月，占全年大风总日数的 75%左右，其中尤以 2 月至 5 月大风日数最为集中，占全年大风总日数的 50%左右。因此，高原地区的冬、春季又称为“风季”。夏半年，特别是 7～9 月大风日数明显减少，只占全年的 8%左右。

高原地区的大风具有明显的日变化特点(图 2-5)。一天中大风多出现在午后 14：00～20：00 时，占总次数的 80%以上，其他时间出现次数较少。例如，当雄(海拔 4200m)大风出现时间主要集中在 12：00～20：00 时，占总次数的 85%左右，其中又以 15：00 时为最多，占 20%左右。一日中大风出现和最高气温出现的时间是一致的。

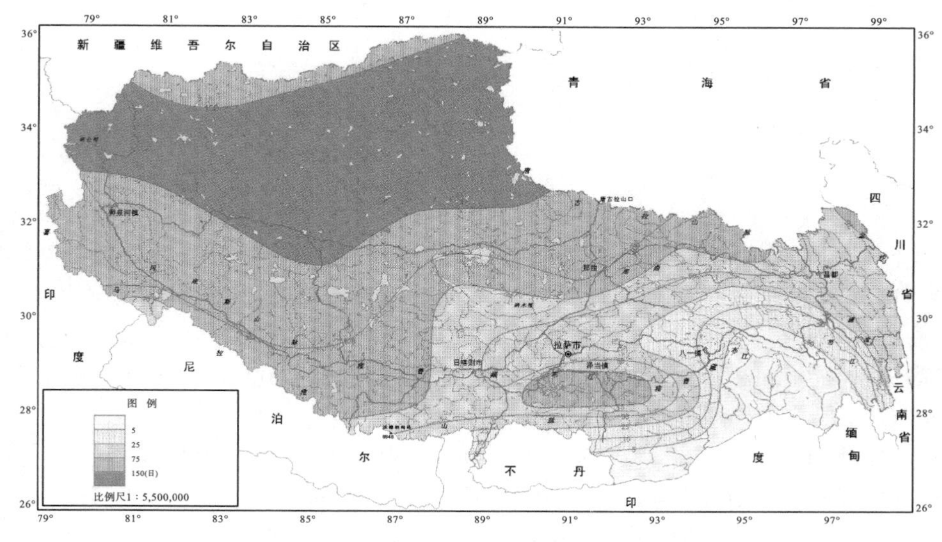

图 2-5　西藏多年平均大风(≥8 级)日数分布图

第三节　干湿度格局

一、干燥度

区域的干燥度定义为多年平均年蒸发量与多年平均年降水量之比值，可以表示一个地区的气候干燥程度；它的相反定义就是湿润度，代表区域的湿润程度。

根据蒸发量和降水的比值——干燥度(K)指标对西藏自治区湿润度进行分类：$K=\frac{E_T}{P}$。其中，K 为干燥度；E_T为年可能蒸发量；P 为降水量。应用 K 值和 P 值相结合将西藏湿润类型划分为湿润区、半湿润区、半干旱区、干旱区。具体划分标准见表 2-4。

表 2-4　湿润类型分区指标

指标	湿润区	半湿润区	半干旱区	干旱区
干燥度 K	<1.0	1.0～1.5	1.6～5.0	5.1～15.0
年降水量 P/mm	>800	800～500	499～200	199～50

二、干湿分区

(一)湿润区

将干燥度指数 $K<1.0$ 且降水量 $P>800$mm 的地区划为湿润区，该区干季受南支西风的影响，湿季受印度洋季风低压控制，水汽来源充足。其范围主要包括：错那—米林—波密—察隅—墨脱一线以南地区以及喜马拉雅山南翼的亚东、朋曲的边境地带与局部地区，与森林分布的界线大体一致。该区内降水差异大，最高可达 7500mm 以上，多数地区多年平均降水量为 1000～2500mm，降水季节分配较均匀。由于湿润区内地势高、气温较低、湿润度大，海拔 2200m 以下为山地常绿阔叶林。本区的主要河流有察隅河、雅鲁藏布江(下游地区)及其主要支流西巴霞曲等，河网密度大、支流多、河流径流量丰富。

该区主要城镇有错那镇、林芝镇、扎木镇、竹瓦根镇、墨脱镇。城镇主要沿湿润区的北部边缘成点状分布。城镇密度小、人口少，城市占地面积小，主要沿中小河流分布。

湿润区耕地面积为 410463.5hm^2，占全区耕地面积的 7.590%；湿润区牧草地为 22775538.3hm^2，占全区牧草地总面积的 2.343%。该区大多数农牧用地集中分布在河谷阶地上，除墨脱县>25℃坡耕地面积占 25.34%外，其他县市>25℃坡耕地面积较小。

由于该区年降水量都在 800mm 以上，降水充沛，且日暴雨强度大，日最大降水量为 70～120mm，降水主要集中于夏季。同时由于夏季是全年冰雪融化量最高的季节，往往容易形成洪水灾害，导致大面积的农田、草场、公路、水利及通信设施被毁。除此以外，该区还有一种特殊洪水灾害，即由冰川湖溃决，泥石流或者滑坡、山体崩塌等决口后溃“坝”而成的洪水灾害。这种洪水灾害在本区发生频率较高，如 2000 年林芝波密县易贡乡境内易贡藏布河东岸就发生过这种洪水灾害，损失近 10 亿元。因此洪水调蓄在该区比较重要，尤其是在河流分布地区。

(二)半湿润区

将干燥度指数 K 为 1.0～1.5 且降水量为 800～500mm 的地区划为半湿润地区。本区南界为朗县—工布江达—波密一线，东线为安多—那曲—当雄—羊八井—隆子一线，与灌丛草原的分界线一致。本区降水主要集中在夏季 6～9 月，降水强度大，降水量东部多于西部。天然植被由东部的森林向西部的草甸草原过渡。区内主要河流有：东部的金沙江、澜沧江和怒江，西部的尼羊曲河和拉萨河上游以及雅鲁藏布江中游河段。

本区农业生产北部以畜牧业为主，天然植被主要为高寒草甸，东部亚高山有较多的暗针林分布。农业生产既有种植业，也有畜牧业，其农田主要分布在三江河谷地区及雅鲁藏布江中游河段两岸。其中昌都地区有耕地面积1074696.3亩，牧草地有84336520hm^2；那曲地区的耕地几乎全部分布在半湿润区，耕地面积有90282.3hm^2。半湿润区雅鲁藏布江中游河谷两岸的耕地主要分布在米林县北部、郎县东部，其面积分别为64194.2hm^2、18523.1hm^2；工布江达有耕地面积61444hm^2，牧草地有6984425hm^2。

本区由于雨日不多，降水量比湿润区要少，洪水发生的频率相对于湿润区要小得多；该区东部位于第一级阶梯和第二级阶梯的交界地带，地势悬殊大，山体坡降大，水流的汇集速度快，加上本区降水量虽不大，而降水强度很大，易形成洪水灾害，主要分布在东部高山峡谷区，尤其是东部三江流域。本区难于形成范围广、时间长的大暴雨，而易形成以集中降雨为特征的高强度、短历时阵雨。其洪水也具有水量大、形成快、历时短的特点。

（三）半干旱区

将干燥度指数为1.6～5.0且降水量为200～500mm的地区划为半干旱。其范围主要包括南部喜马拉雅山和冈底斯山之间的广大狭长地带，东起郎县—加查一线、西抵冈仁波齐峰下，雅鲁藏布江横贯其中；北部的羌塘高原中、东部地区。本区降水量由东向西、由南向北减少，季节分配极不均匀，60%降水集中在湿季，同时，蒸发量大，多大风。北部的羌塘高原降水量小，湿润系数小，降水量仅为蒸发量的1%。本区植被以高寒草原为主，其次为高寒草甸草原。

本区南部(尤其是雅鲁藏布江中游地区)是西藏人口最为集中的地区。同时，这里也是西藏的重要农区，尤其是河谷地带，气候温和，坡度较平缓，有较好的灌溉条件，农业较发达，是西藏政治、经济、文化的中心地带，本区城镇主要集中分布于南部的雅鲁藏布江流域，平均城镇密度为0.77座/万km^2，其中一江两河流域城镇密度高达1.7座/万km^2。本区的北部地区草原面积广大，是西藏畜牧业生产基地。

半干旱区南部雅鲁藏布江中、上游流域的最大洪峰量多出现在8月，洪水具有历时长、缓涨缓落的特点。同时由于该区南部高山密布，现代冰川和积雪丰富，春季冰雪融化，易形成春汛。春汛规模较大，并且往往同雨季衔接起来，成为河水上涨的起点。而且南部的山区小支流、支沟常常形成陡涨陡落、来势凶猛的洪水过程。

（四）干旱区

干旱区是指干燥度指数为5.0～15且降水量少于200mm的地区。主要包括西藏西南部的温带干旱地区、藏西北的亚寒带干旱区和羌塘高原西北部的寒带干旱区。其中温带干旱区主要包括噶尔、扎达的全部和日土、革吉、普兰的一部分。地势南高北低，该区降水量小，年均降水量不足 200mm，且地域差异大，表现为南多北少，季节分配不均匀，降水强度小、变化大。植被分布表现为从南部的灌丛草原到北部的高寒荒漠。本区西北部的寒带干旱区气候极端干燥，全年降水量从该区东南部的 160mm 左右逐渐下降到日土北部的 30mm，是西藏降水量最少的地区，植被类型从东到西分布有高原针茅草原—荒漠沙生针茅草原—山地荒漠，植被逐渐变得矮小、稀疏。境内河流短小，多内流河和湖泊。羌塘高原西北部的寒带干旱区气候极端寒冷干旱，空气稀薄，降水量呈现自东向西略有递增的趋势，植被主要是以苔草和紫花针茅为主的高寒荒漠草原与青藏苔草和垫状驼绒藜为主的高寒荒漠草原。该区地势高亢、气候严寒、缺水严重、植被稀疏。

本区的城镇成散点状分布，城镇密度小、人口少，城镇用水量小。其城镇主要分布在本区的西部及南部地区，北部地区基本没有城镇分布。

本区的西部和南部地区有少量的耕地分布，主要分布于河谷盆地。牧草地在本区广泛分布，牧业是本区的主要生产方向。

本区由于降水量小，洪水灾害发生的频率相应较小。但是，由于本区的降水主要集中在雨季，而雨季正是冰雪融化的高峰季节(尤其是南部的普兰和扎达)，因而在局部地区也有洪水灾害。

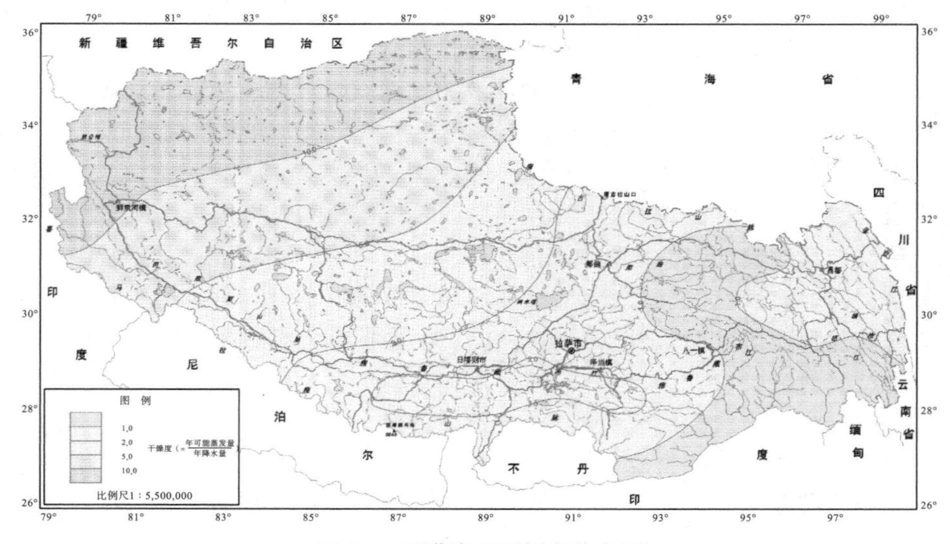

图 2-6 西藏高原干燥度分布图

从图 2-6 中可以看出，西藏的藏西北最干燥，其干旱度比值>13，如普兰 13.0，改则 14.5，噶尔最干燥达 40.8。其次是喜马拉雅北麓，如隆子达 8.66，江孜 8.91，定日 9.91。藏东最湿润，其比值察隅(次通那卡)仅 1.62，波密(扎木)1.82，丁青 2.31。

第三章　西藏典型河流径流特征

第一节　西藏主要河流概况

西藏高原是中国和亚洲大江大河发源地，亚洲著名大河——长江、湄公河、萨尔温江、伊洛瓦底江、布拉普特拉河、恒河、印度河均源于或流经西藏。这里地势高亢、气温低、光照充足，降水和径流地区差异大，年内分配极不均匀。本地区河流补给主要源于降水、冰雪融水和地下水，东南部地区水量极为丰富，西北部河流稀疏干涸，径流分布不均。本区河流含沙量低，水质良好，水力资源亦很丰富。

一、西藏水系与河流

西藏境内的河流可分为内流水系和外流水系。内、外流水系之间的界线，大致东为青藏公路西侧，南为念青唐古拉山和冈底斯山脊，即藏北高原属内流水系，以南属外流水系(图 3-1)。

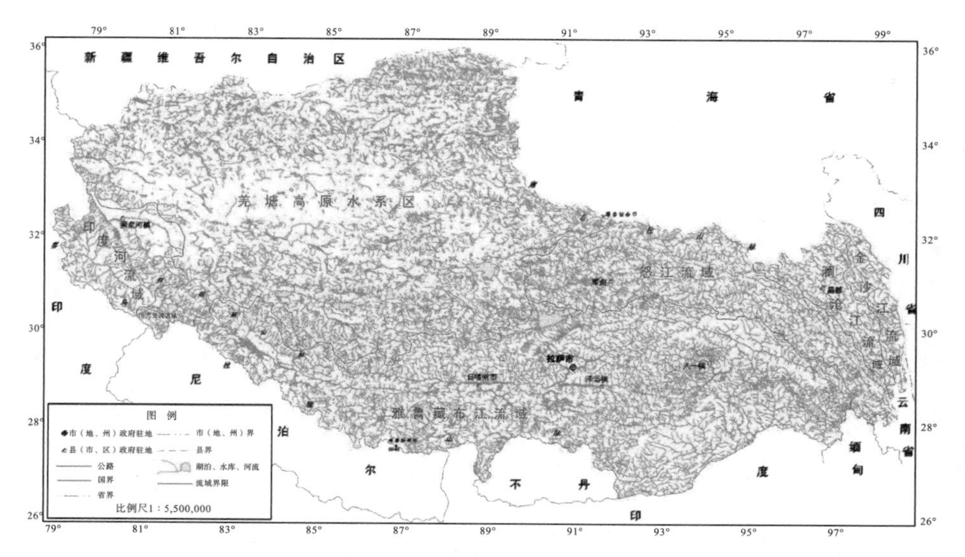

图 3-1　西藏高原流域水系图

西藏外流水系流域面积为 58.88 万 km^2；内流水系流域面积为 61.22 万 km^2，其中藏北高原内流水系面积约 58.55 万 km^2，藏南内流水系面积约 2.67 万 km^2(表 3-1)。

表 3-1 西藏各水系流域面积统计

区域	水系	流域	面积/km^2	占外流或内流水系面积/%	占西藏总面积/%
外流区	Ⅰ太平洋水系	金沙江	23060	3.92	1.92
		澜沧江	38300	6.50	3.19
		小计	61360	10.42	5.11
	Ⅱ印度洋水系	怒江	102500	17.41	8.53
		吉太曲	2380	0.40	0.20
		察隅曲	17827	3.03	1.48
		丹龙曲(达兰河)	11270	1.91	0.94
		雅鲁藏布江	240480	40.85	20.02
		西巴霞曲	26664	4.53	2.22
		鲍罗里河	10790	1.83	0.90
		达旺—娘江曲	6300	1.07	0.52
		洛扎怒曲	5270	0.90	0.44
		康布曲	1870	0.32	0.16
		汇入布拉马普特拉河的其他河流	10020	1.70	0.83
		朋曲	25307	4.30	2.11
		绒辖藏布	1400	0.24	0.12
		波曲(麻章藏布)	2000	0.34	0.17
		吉隆藏布	3100	0.53	0.26
		马甲藏布(孔雀洞)	3020	0.51	0.25
		乌热渠—乌扎拉渠	650	0.11	0.05
		甲扎岗噶河	1330	0.22	0.11
		汇入恒河的其他河流	2290	0.39	0.19
		朗钦藏布(象泉河)	22760	3.87	1.89
		如许藏布	2720	0.46	0.23
		森格藏布(狮泉河)	27450	4.66	2.29
		小计	527398	89.58	43.91
	合计		588758	100	49.02

续表

区域	水系	流域	面积/km²	占外流或内流水系面积/%	占西藏总面积/%
内流区	Ⅲ藏北内流水系		585542	95.64	48.76
	Ⅳ藏南内流水系	羊卓雍错—普莫雍错—哲古错	9980	1.63	0.83
		多庆错—嘎拉错	3050	0.50	0.25
		错姆折林—定结错	1340	0.22	0.11
		佩枯错—错戳龙	3170	0.52	0.26
		玛旁雍错—拉昂错	8700	1.42	0.73
		其他	430	0.07	0.04
		小计	26670	4.36	2.22
合计			612212	100	50.98
西藏总面积			1200970		100

(一)太平洋水系与河流

流入太平洋的水系由金沙江和澜沧江流域组成，该水系总面积为61360km²，约占西藏总面积的5.11%。

(二)印度洋水系与主要河流

流入印度洋水系的主要河流有雅鲁藏布江、怒江、吉大曲、察隅曲、丹龙曲、朋曲、狮泉河等20多条。这些河流除怒江、吉大曲流经云南到邻国外，其他河流均直接流入邻国。该水系总面积约527398km²，占西藏总面积的43.91%，为太平洋水系面积的8.6倍。其中雅鲁藏布江流域面积为240480km²，约占西藏面积的20%，水能资源总量近1亿kW，仅次于长江流域，居全国第二位。怒江流域面积为106462km²，它在西藏境内的支流众多，其中伟曲支流最长，素曲支流流域面积最大。狮泉河是印度河最大支流的上游，也是阿里地区最主要的河流之一，流域面积为22698km²。

(三)藏北内流水系

该水系位于西藏北部，水系总面积达585542km²，占西藏总面积的48.76%。该水系因远离海洋，加上高山阻隔，是西藏降水量最少的地区。河流一般短小，流域面积不大，大部分为季节性河流或间歇性河流。主要内流河有注入色林错的扎加藏布、注入达则错的波仓藏布、注入依布茶卡的江爱藏布、注入洞错的惹多藏布和注入扎日南木错的措勤藏布等。

（四）藏南内流水系

该水系零星分布于藏南外流水系之中，主要分布在喜马拉雅山以北、雅鲁藏布江以南地区。水系总面积达 26670km^2，占西藏总面积的 2.22%，在西藏四大水系中面积最小。

西藏外流水系主要河流长度、落差、平均坡降、多年平均径流量、多年平均流量、流域平均径流深、流域平均径流模数、天然水能蕴藏量详见表 3-2。

西藏境内河水径流量的分布很不均匀。藏东南地区最丰富，年平均径流深 1000～3000mm；藏东北地区次之，年平均径流深为 300～500mm；藏东与藏南地区较少，年平均径流深为 150～300mm；阿里与藏北地区最少，年平均径流深不及 100mm。若按河流来分，则雅鲁藏布江最大。

西藏河川水能资源蕴藏量非常丰富，初步调查，天然水能蕴藏量约 2 亿 kW，占我国天然水能蕴藏总量的 30%左右，其中藏东南的水能蕴藏量最大，占全区水能蕴藏量的 70%；藏东三江的水能蕴藏量约占全区水能蕴藏量的 15%。以河流论，雅鲁藏布江干流及其五大支流的水能蕴藏量达 1 亿 kW，仅次于长江，居全国第二位，怒江次之，水能蕴能量为 2000 万 kW。

表 3-2 西藏外流水系主要河流一览表

项目	金沙江	澜沧江	怒江	察隅曲	丹龙曲	雅鲁藏布江	西巴霞曲	鲍罗里河	朋曲	朗钦藏布(象泉河)	森格藏布(狮泉河)
流域面积/km^2	23060	38300	102500	17827	11270	240480	26664	10790	25307	22760	27450
河长/km	509	509	1393	295	178	2057	406	236	376	309	430
落差/m	1059	1263	3697	4785	4064	5435	5090	4240	3325	2400	1264
平均坡降/‰	2.08	2.48	2.65	16.2	22.89	2.64	12.54	17.97	8.84	7.77	2.94
多年平均径流量/10^8m^3	75.0	114.0	358.8	252.3	259.2	1395.5	293.3	129.5	49.2	9.1	6.9
多年平均流量/(m^3/s)	238	364	1138	800	822	4425	930	411	156	28.9	22.0
流域平均径流深/mm	325	300	350	1416	2300	580	1100	1200	194	40	25
流域平均径流模数/(L/km^2·s)	10.3	9.5	11.1	44.9	72.9	18.4	34.9	38.1	6.16	1.27	0.80
天然水能蕴藏量/10^4kW	374.9	729.2	2009.6	680.0	967.0	7911.6	1046.4	158.4	257.0	23.8	10.4

西藏河流补给可分为雨水、地下水、冰雪融水等类型。不同补给型河流径流量年内变化差别很大，河流径流量年内分配很不均匀。因为西藏河流冬季径流主要为地下水补给，水量很小；夏季则往往以雨水或融水补给为主，水量很大；春、秋季为过渡期，水量介于二者之间。6～9 月的径流量一般占年径流量的

60%以上，有的可超过77%；11月～翌年4月其径流量一般只占年径流量的20%以下。最大月径流量多出现在7月或8月，月径流量约占年径流量的20%～32%；最小月径流量多出现在2月，仅占年径流的2%左右。

汛期降水集中，气温高，融水补给量大，是造成西藏大、中型河流洪水规模与洪峰流量大的最主要原因。例如，雅鲁藏布江奴下水文站历年(1956～1975年)最大洪峰流量达12700m^3/s，多年平均年最大洪峰流量为8040m^3/s。西藏东南部汛期泥石流活动频繁，其携带的大量泥沙、石块进入主河后，往往堵塞河道，形成天然水库。随着河水不断汇入水位上涨，特别是漫坝后对坝体的侵蚀、冲刷，往往使堵江堆石坝溃决，形成特大洪水。在高山现代冰川发育地区，也可因夏季气温高，冰雪崩塌入湖，造成冰湖溃决，形成汹猛洪水。

作为西藏高原河流的典型代表，本章重点对其中的雅鲁藏布江及其支流、东部的怒江和西部的狮泉河与象泉河加以简要地介绍。

二、雅鲁藏布江

雅鲁藏布江发源于西藏西南部喜马拉雅山北麓的杰马央宗冰川，由西向东横贯西藏南部，经巴昔卡流出中国边境，是世界上海拔最高的一条大河。流域内地形复杂、各地海拔差异较大，流域涉及上游的高原寒温带半干旱气候、中游的高原温带半干旱气候、下游山地亚热带和热带气候，横跨4个气候带。雅鲁藏布江流域在中国境内部分长2057km，流域面积240480km^2。干流从杰马央宗冰川的末端至里孜为上游段，河长268km，集水面积26570km^2；从里孜到派镇为中游段，河长1293km，区间集水面积163951km^2；派镇到巴昔卡的附近为下游段，河长496km，区间集水面积49959km^2(图3-2)。雅鲁藏布江的水量非常丰沛，年

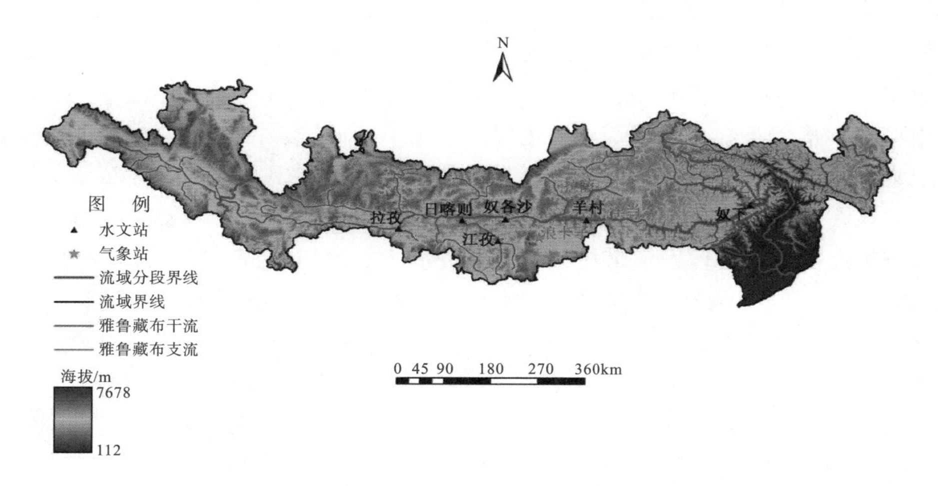

图3-2　雅鲁藏布江流域图

径流总量为 $1395.1\times10^8 m^3$，年平均流量为 $4425m^3/s$，约占西藏外流水系年径流总量的 42.4%。汇入雅鲁藏布江的支流比较多，其中流域面积大于 $10000km^2$ 的一级支流有 5 条，依次为帕隆藏布、年楚河、拉萨河、尼洋曲、多雄藏布。

雅鲁藏布江流域(以下简称雅江流域)作为西藏最重要的经济区，其径流变化必将对青藏高原及其周边地区国民经济及人民生活带来重大影响。在全球气候变暖的背景下，西藏气候也发生了明显的变化，气温明显升高，特别是冬季增温最为明显；降水量变化区域性波动较大，气候变化的区域差异比较显著。随着全球升温，水文循环加强，在高纬度和高山寒区表现尤为明显，水资源丰枯变化受气候变化影响很大。黄俊雄等(2007)对拉萨河流域气候变化与径流变化的关系研究表明：流域内气温、降水的变化趋势与径流变化趋势基本一致，并且不同月/年均径流受不同气候因素影响，主要表现在年平均尺度上受降水影响较大，在月平均尺度上，夏季径流增加趋势受降水增加影响较大。雅鲁藏布江径流演化特征是有其气候背景的，流域内降雨、气温等气象要素的变化是河川径流演变的一个重要原因，其结果进一步揭示了气候变化对雅鲁藏布江径流变化的影响，是流域径流变化的主要驱动因子。

三、拉萨河

拉萨河为雅鲁藏布江中游左岸的一级支流，发源于念青唐古拉山中段南麓，流域范围在东经 90°05′～93°20′、北纬 29°20′～31°15′，流域面积 $32588km^2$，是雅鲁藏布江最大的支流。主要由降水、融水、地下水补给，分别占径流总量的 46%、26%、28%。拉萨河拉萨水文站以上流域集水面积 $26225km^2$，占整个拉萨河流域面积的 80.5%。流域内包括拉萨、墨竹工卡、当雄 3 个气象站以及拉萨、唐加、旁多 3 个水文站(图 3-3)。本区气候属高原温带半干旱气候，干湿季节分明，流域年均温 5.3℃，年均降水量约 500mm。受印度洋暖湿气流影响，降水多集中于夏季，年温差小，日温差较大，辐射强度大。流域内植被多为山地灌丛草原、高山草原、草甸及垫状植被等，土壤以山地灌丛草原土、高山草甸土及亚高山草甸土为主，分布规律具有明显的垂直带谱特点。土地利用类型多为牧草地，流域平均海拔在 4900m 左右。在山地斜坡间夹有盆地或河谷平原，如澎波盆地、拉萨河谷平原等，河源区及流域周边有季节性冻土及冰川发育(共有冰川 885 条，面积 $690.53km^2$)，成为河流重要的补给水源。另外，降水量年内分配具有明显的“干季(冬季)”和“雨季(夏季)”特征，年内分配极不均匀。该区年均蒸发量为 2205.6mm，平均相对湿度为 45%，最大积雪厚度达 11cm。流域内水资源丰富，拉萨河多年平均流量为 $288m^3/s$，年径流总量为 90.82 亿 m^3，径流的年际变化较小，但年内由于季节间补给的不同而有很大的变化，最大月径流量多出现在 7～8 月，约占年径流量的 26.8%。最小月径流量多出现在 2 月，约占年径流量的 1.4%。

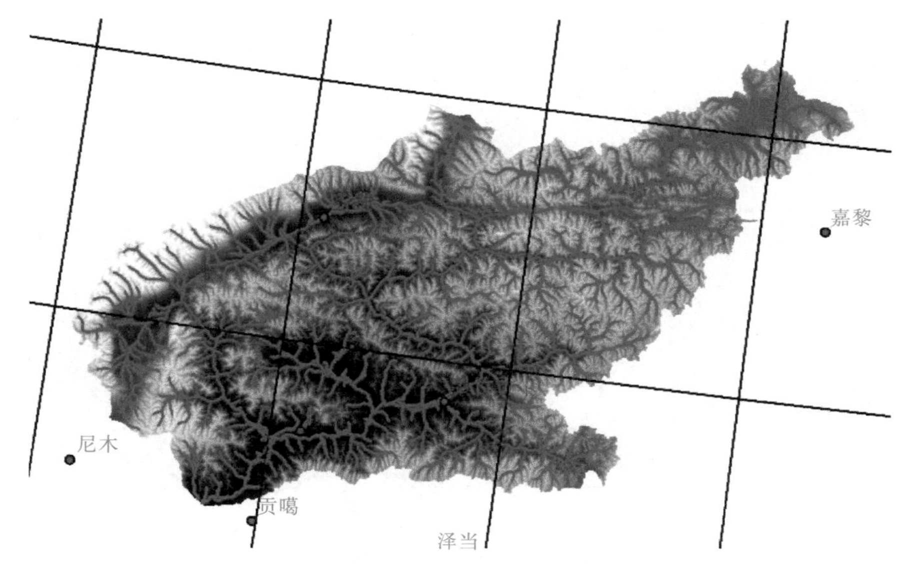

图 3-3　拉萨河流域水系图

拉萨河流域地处青藏高原中南部。是西藏自治区首府所在地，人类活动较集中。过去 60 年来，该地区工业、农业、城市建设等都取得了较大的进步，尤其是在 20 世纪 90 年代初开始的“一江两河”综合开发项目，更加促进了该地区的农业、水利等各方面建设。拉萨河为该地区提供了各方面用水的保证，也为拉萨地区发展发挥了重要的作用。

四、年楚河

年楚河是雅鲁藏布江的一级支流，发源于喜马拉雅山脉中段北麓，流域范围在北纬 28°10′～29°20′和东经 88°35′～90°15′，流域面积 11130km^2(图 3-4)。它的东面以卡惹拉雪山与羊卓雍错-普莫雍错流域相邻，南面以喜马拉雅山与不丹王国毗邻；西面是下布曲流域，北面是雅鲁藏布江干流流域。

年楚河流域属于高原温带半干旱气候，具有高原干湿季分明的大陆性气候特点。由于喜马拉雅山的阻挡，其北坡形成雨影带，使得流域源头区降水量较少。日喀则多年平均降雨量仅为 430mm，江孜为 288mm，康马、涅如一带受雨影带影响强烈，年降水量更少。整个流域由东南向西北倾斜，年楚河的流向也大致呈东南-西北向。江孜以上地段，河谷狭窄，山高坡陡，属峡谷山地；江孜以下地段河谷开阔，山势起伏较小，形成低山、丘陵宽谷地貌。植被与土壤表现出明显的垂直分布规律，在海拔 5200m 以上是高原寒漠土，海拔 4200～5200m 为高山草甸土和亚高山草原土，海拔 4200m 以下为山地灌丛草原土。河谷地带主要分布有沙生槐(*Sophora moorcroftiana*)、嵩草(*Kobresia*)等，植被覆盖度低。由于流域内断裂发育，山体破碎，植被稀疏，因而水土流失严重。河流源头区有冰川发育和许多冰川湖如冲巴雍错、白湖、桑旺湖等分布，冰川融水是年楚河的重要补给水源。

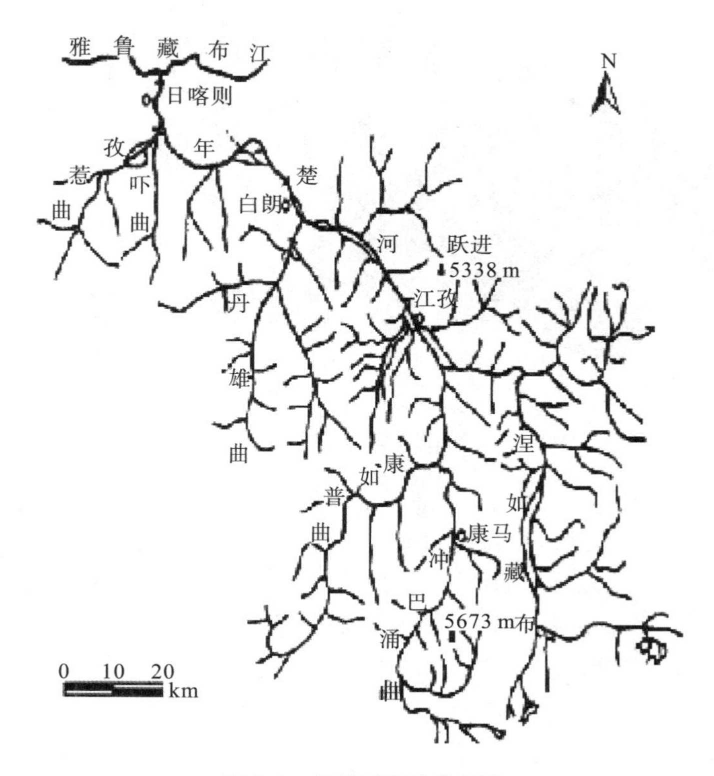

图 3-4 年楚河流域示意图

五、尼洋河

尼洋河为雅鲁藏布江中游下段左岸一级支流，发源于念青唐古拉山南麓的错木果拉冰川湖，界于北纬 29°23′～30°38′，河流全长 286.7km，平均坡降 0.427%，流域面积 17864km²(图 3-5)。本流域主要位于藏东南林芝地区，它的东北面为帕隆藏布流域，西面和西北面为拉萨河流域，南为雅鲁藏布江干流。在地势上正处于藏东南东西向与南北向山脉的交汇复合处，高原与藏东南峡谷的过渡地区。流域内海拔 4200m 以下为森林、4200～4500m 为灌丛草甸、4500～5200m 为高山草甸，海拔 5200m 以上地带为高山寒冻带和高山冰雪带。尼洋河区域气候温暖湿润，降雨量充沛，无霜期长，森林覆盖率为 46.1%，是我国第三大林区，西藏地区 80%的森林都集中于此，被誉为“西藏江南”。

尼洋河流域是西藏降水量较为丰沛的地区之一。水汽主要来源于孟加拉湾，暖气流沿雅鲁藏布江河谷上溯，进入该流域后受到地形的抬升，冷却后形成降水。年降雨量 650mm 左右，年均温度 8.7℃，年均日照 2022.2 小时，无霜期 180 天。流域内地形复杂，大小山脉纵横交织，形成了许多沟壑谷川，在沟谷源头广泛分布第四纪及现代海洋性冰川。本流域冰川及永久性积雪面积约 950km^2，占全流域面积的 5.3%，尤以巴河上分布最广，雪线最低。湖泊面积 116.1km^2，占全流域面积的 0.65%，以巴松错湖最大，湖面面积 25.9km^2。

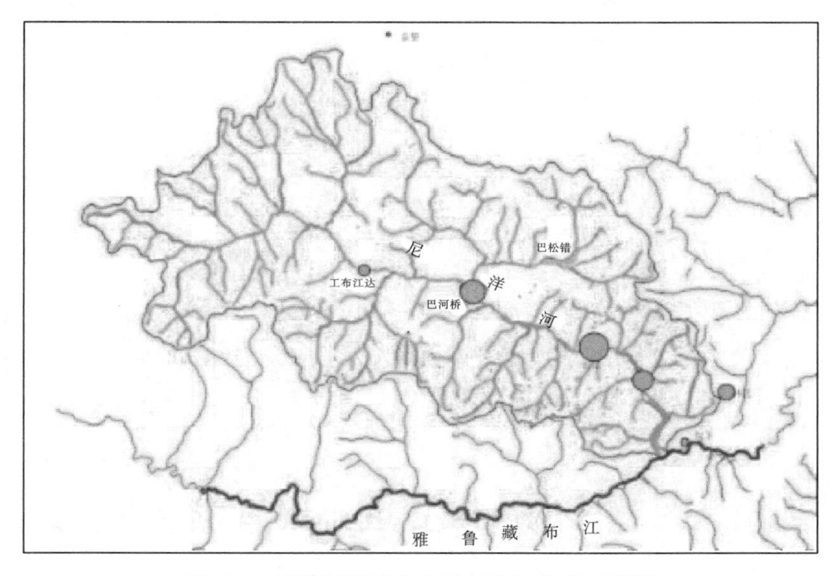

图 3-5 尼洋河流域水文及气象站分布示意图

六、狮泉河与象泉河

狮泉河，藏语为森格藏布，是印度河的上源，位于北纬 31°06′～33°14′、东经 79°08′～81°49′，呈棱形，流域最大长度约 340km，最大宽度约 150km，流域面积为 27450km^2，居西藏各河流的第四位，其北部、东部紧临内流水系，南部、西部与郎钦藏布(象泉河)流域相连，西南部与克什米尔地区毗邻。

狮泉河发源于冈底斯山脉主峰——冈仁波齐峰北部的森格卡巴林附近，源头海拔 5828m。狮泉河自河源向北流，经革吉后转向西流，在扎西岗附近纳支流噶尔藏布，两河汇合后折向西北流，然后流入克什米尔地区，出国境后改称印度河。狮泉河从源头至国境全长 430km，落差达 1264m，平均坡降 2.9‰(图 3-6)。

狮泉河从源头到革吉为上游段，长 185km，落差 646m，平均坡降 3.5‰。河源有南北两支，北源为冈冈如马，南源为久思龙可勒，两支在森格普附近相汇。南源略长，为正源。自森格普向下游 4～5km，抵森格卡巴(意为“狮子嘴”)河右侧杂色火山岩陡壁的底部，有一泉水涌流补给狮泉河，藏民认为狮泉河源于该泉口，故称该河为狮泉河。在森格卡巴以上，冰渍物分布广泛。森格卡巴以下至革吉，河谷逐渐展宽，谷底宽多在 3km 左右，河谷阶地较发育。阶地主要有两级，分别高于水面 3～5m、7～15m。该段河流多曲流、分叉。河床两侧不断有潜水自砾石质漫滩出流，补给河流。

图 3-6 狮泉河与象泉河示意图

狮泉河从革吉到扎西岗为中游段，长 158km，落差 299m，平均坡降 1.9‰，水面宽 30～50m，水深 0.5～1.0m。革吉至曲杜布(曲布松)之间，有较多的沼泽地分布。中游段除曲杜布至那共附近有一段峡谷外，其余均为宽谷类型。在加莫、江栋一带的河谷最宽，最大谷底宽可超过 10km。在狮泉河上游约 40km 处，干流左、右岸均有温泉分布；狮泉河镇上游数千米也有温泉分布。这不仅补给河川径流，而且提高了河水的温度，致使这些河段冬季很少封冻。

扎西岗以下为下游河段，长 87km，落差 319m，平均坡降 3.7‰。狮泉河下游段也为宽谷河段，但河床的切割较深，河谷两岸阶地、滩涂较发育。扎西岗下游约 20km 起，有一段长约 10km 的激流滩，其坡陡流急，平均坡降 14‰，个别段高达 42‰，是狮泉河水流最湍急的河段。

狮泉河流域地处西藏气候干燥的地区，流域平均径流深仅 25mm，为西藏外流水系中单位面积产水率最低的河流，故其水系不发育。狮泉河的主要支流有生拉藏布、公前河、赤左藏布、婆肉共河、加木河(朗久河)、噶尔藏布等，其中噶尔藏布最大。

狮泉河的较大支流多从干流的左侧汇入，故其左岸的流域面积大于右岸。左岸流域面积17950km^2，右岸9500km^2，流域不对称系数β值为0.616。狮泉河流域植被较差，两岸多为光山秃岭，仅河谷地带分布有断续的沼泽地和草场。狮泉河除源头一带为“V”形河谷外，大多数河谷为较宽的“U”形河谷，谷底宽多在3km左右。仅在中游的乌龙、江巴等河段为较窄的峡谷。

象泉河又称朗钦藏布，发源于西藏自治区阿里地区的冈底斯山南麓，自东向西流经噶尔县的门士乡，至曲松多纳左岸支流作布曲和右岸支流索岗绒曲后沿西南向流，至曲龙村转为沿西北向流，其后接纳左岸支流那谱曲、东波曲、达巴曲和玛郎曲，至札达县城转为向西流，纳右岸支流香孜曲和鄂布河，至萨让乡转为向北流，纳左岸支流萨让曲，至底雅乡再转为向西流，于什布奇村流入印度。我国境内长309km，落差2400m，河道平均比降7.8‰，流域面积22760km^2。象泉河流域是阿里三大外流水系之一，流域地形总体东南高，西北低，北部以冈底斯山脉为分水岭，与狮泉河流域相邻；南部以喜马拉雅山脉为分水岭，接拉昂错和孔雀河流域；向西出境后称为萨特累季河，在巴基斯坦境内汇入印度河。

象泉河源头至曲松多为上游段，长74km，河道平均比降为17‰；曲松多至扎布让为中游段，长130km，河道平均比降为5.5‰，中游段札达县城以下为宽谷，水流较缓，河道分叉，多江心洲，支流较多，阶地发育，两岸有著名的札达土林，札达县城以上为峡谷；扎布让至什布奇村为下游段，长105km，河道平均比降7.2‰，以峡谷为主，峡谷段河床宽仅20～50m，其余则宽约100～200m。象泉河流域在风和雨水的侵蚀下，表面为松软的沙壤土，植被覆盖很差。

七、怒江(上游)

怒江是一条跨国界河流，发源于西藏唐古拉山南麓的吉热格帕山，上游流向先自西北向东南，贡山以下由北向南沿横断山脉与澜沧江平行(图3-7)。上游地处青藏高原东南部，两岸是海拔5500～6000m的高山，属高原地貌，现代冰川发育。怒江在西藏境内的流域面积大于3000km^{2}的一级支流有下秋曲、索曲、姐曲、色曲、达曲、德曲、八宿曲及玉曲(又称伟曲)8条，其中支流面积最大的为索曲，达1.32万km^2；河道最长的是玉曲河，为423.4km。怒江上游属高原气候区，寒冷、干燥、少雨。河源那曲地区地处“世界屋脊”青藏高原，为高原湖盆-宽谷地区，河谷海拔在4500m以上，受冷空气的侵袭，气候严寒、冰雪期长、降水量少。河流自嘉玉桥以上因地势高，气候干冷，降水强度小，自有记录以来尚未观测到日雨量大于50mm的暴雨；嘉玉桥以下，怒江进入横断山脉纵谷区，直至下游地区，受该区域特殊的地形影响，暴雨常呈多中心分布，常形成笼罩面积大、暴雨日数多的连续降雨过程。怒江上游地处青藏高原东南部，地面海拔高，距水汽源地较远，水汽在输送过程中不断损失，造成该地区降水稀少，几乎没有出现过大暴雨。丁青、巴青一线由于受东西切变线的影响，降水量相对偏高。据资料统计，丁青为644mm，索县为576mm。同时，由于怒江干流右岸边坝一带距易贡藏布较近，受到来自孟加拉湾沿雅鲁藏布江通道上溯的西南暖湿气流影响，出现了降水量为1200～3000mm的高值区。

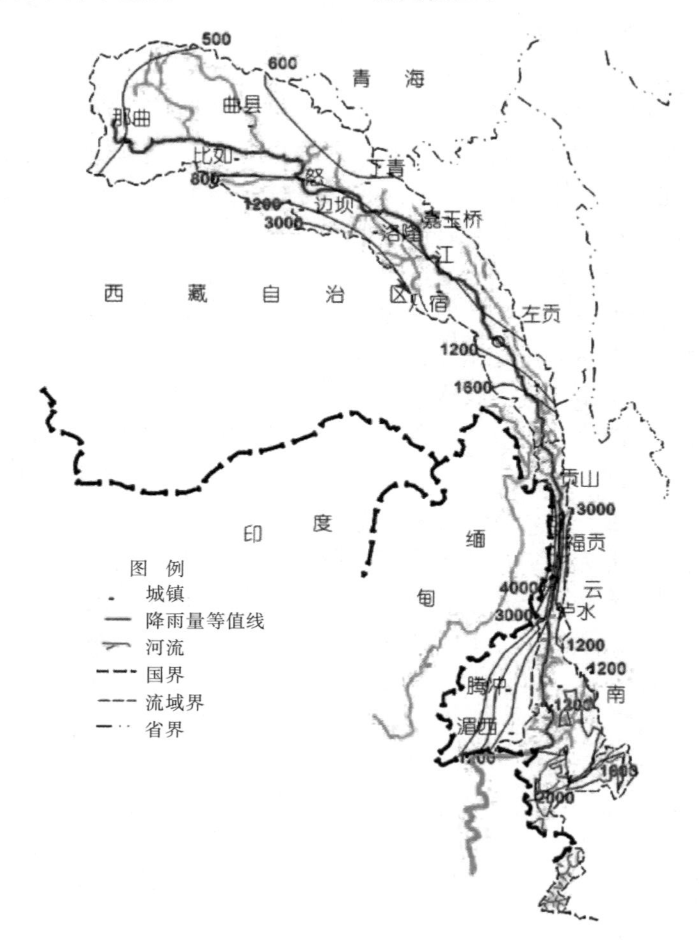

图 3-7 怒江(上游)流域及降水分布图

第二节 西藏主要河流的径流特征

西藏外流区面积为58.9万km^2，占西藏自治区总面积的49.0%，内流区面积为61.2万km^2，占西藏总面积的51.0%。在西藏的各河流中，雅鲁藏布江的河长、流域面积和年径流量均居第一位，是西藏最大的河流，也是世界上海拔最高的一条大河。怒江是西藏的第二大河。西藏的内流水系主要指的是藏北高原，该水系面积为58.55万km^2，占西藏总面积的48.8%。

西藏水资源十分丰富，全区年径流量4482亿m^3，占全国年径流量的16.53%，但地区分布极不均匀，东南多、西北少。外流区与内流区的年径流量相差悬殊，外流区年径流量4280亿m^3，占全区径流量的95.5%，而占全区面积48.7%的藏北内陆诸河年径流量仅占4.5%，地广干冷河流稀疏，水资源匮乏。

一、雅鲁藏布江

雅鲁藏布江流域的径流深分布沿江向上递减，与降水分布大体相似，河口区径流深高达4000mm，至墨脱一带约2000mm，中段末端1000mm左右，拉萨河300mm，年楚河100～150mm，多雄藏布及雅鲁藏布江上游段(除河源区)在100mm以下。雅鲁藏布江流域上下游径深相差40倍，河口水量丰沛，上游河段少水。

年径流量的变差系数Cv的大小反映出年平均径流量相对于多年平均径流量的离散程度，Cv越大，年平均径流量相对于多年平均径流量变差越大。我国东部地区Cv一般在0.5以上，西部干旱区Cv较小是由于高山冰雪消融和季节积雪融水补给与高山雨水补给对河川径流调节补偿的作用结果。计算表明，雅鲁藏布江径流流域径流的变差系数Cv为0.15～0.40，由此可见，雅鲁藏布江流域年径流量的年际变化较小，见表3-3。

表3-3　雅鲁藏布江流域水文各站点年平均径流量的年代际变化

站名	距平百分率/%					多年平均流量/10^8m^3
	1961～1970年	1971～1980年	1981～1990年	1991～2000年	2001～2010年	
江孜	28	15	−23	2	−23	6.23
日喀则	18	1	−18	4	−2	11.93
拉孜	13	2	−12	0	−3	53.13
奴各沙	17	−1	−17	−1	2	162.57
羊村	13	−5	−16	2	7	298.79
奴下	9	−3	−12	2	4	596.87

资料来源：杨志刚，2014

近50年雅鲁藏布江年径流量在各年代间存在一定的周期性波动，总体上呈微弱的减少趋势。从年代际变化来看，20世纪60年代是一个相对丰水期，年径流量为各年代最多；70年代显著减少，属平水期；80年代整个流域为枯水期，90年代上游段偏枯，而中下游为平水，但90年代偏枯的程度要比70年代小，进入 21 世纪前 10 年，中上游的江孜、日喀则、拉孜水文站点的径流量继续减少，达到各年代最少，其他站点呈不显著的增多趋势(表 3-3)。

雅鲁藏布江主要控制站 1960～2009 年多年 1～12 月平均流量如图 3-8 所示。可以看出，径流量主要集中在汛期(7～9 月)，8 月径流量最大，上游代表奴各沙站 2 月径流量最小，中游和下游代表站羊村、奴下站 3 月径流量最小，三站径流量月最大值与月最小值的倍数分别为 12.3、12.6 和 12.2。

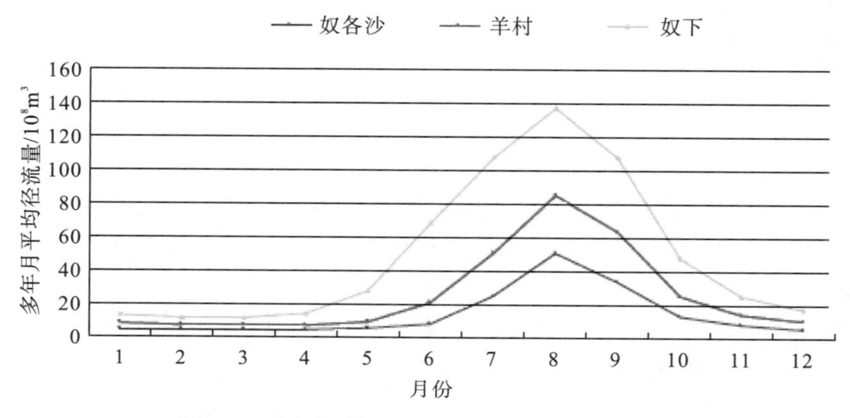

图 3-8　雅鲁藏布江主要控制站多年月平均流量

利用雅鲁藏布江干流上、中、下游 3 个水文站的数据，对雅鲁藏布江主要控制站 1960～2009 的年平均流量系列进行统计分析，结果见表 3-4。

表 3-4　雅鲁藏布江流域 3 站年平均径流量年际变化　（单位：$10^8 m^3$）

站名＼年份	1960～1969	1970～1979	1980～1989	1990～1999	2000～2009	1960～2009
奴各沙	188.84	160.01	136.08	151.72	174.74	162.28
羊村	340.59	280.51	249.70	291.14	336.74	298.90
奴下	662.61	574.90	527.91	588.15	642.70	597.96

为探讨年径流丰枯变化的规律，洛珠尼玛对最下游奴下站分析了年径流量 *P*-Ⅲ型理论频率曲线，设小于 25％为丰水年，大于 75％为枯水年，频率在 25％～75％为中水年，计算得出丰水年与中水年的分界流量分别为 $2100m^3/s$ 和 $1610m^3/s$。对年径流系列进行丰水、中水、枯水分类并绘图，如图 3-9 所示。

由图 3-10 可以看出，1960～1981 年，中水年和丰水年份较多；1982～1997 年，中水年和枯水年份较多；自 1998 年以来，出现丰水年份的机会较多，出现中水年份的机会较少，只有 2009 年是枯水年。

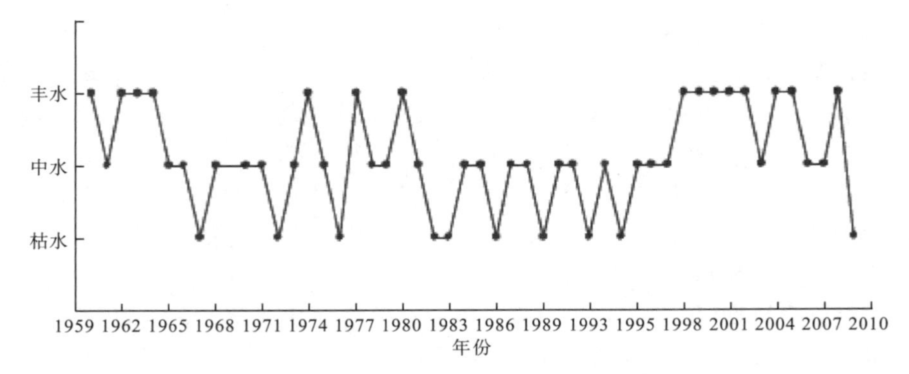

图 3-9　奴下站丰水年、中水年和枯水年流量变化

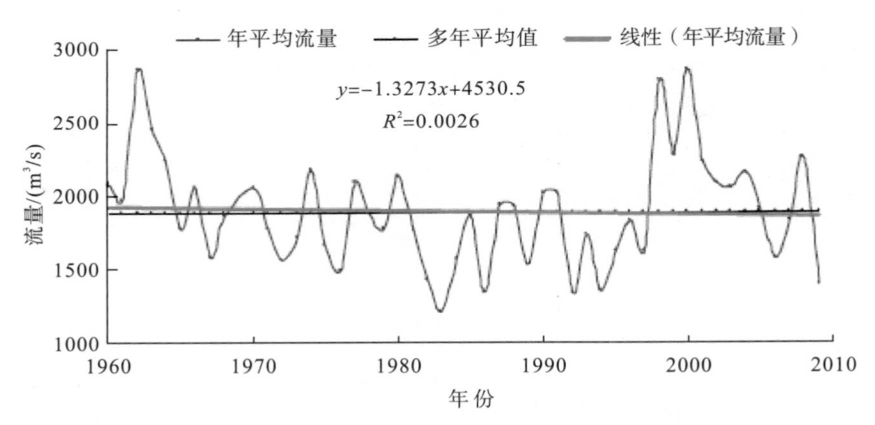

图 3-10　奴下站年平均流量系列变化趋势

采用不均匀系数 Cu 和 7～9 月占全年比例 Cx 来刻画径流年内分配特征，计算发现雅江干流的径流年内分配不均匀系数比较小，年际间变化也较稳定。

雅鲁藏布江径流总体上可看作以降水补给为主，冰川与融雪补给和地下水占有一定成分。不同河段补给类型有别，在雅鲁藏布江河流源头大多为冰川分布，以冰雪融水补给为主；河源下段转化为地下水补给；中游河段主要以降水补给为主，冰雪融水补给和地下水补给也占很大比重。在尼洋河汇入雅鲁藏布江干流之后融雪补给量明显增加，约占径流量的 38%，降水补给量约占 32%，属混合型补给。当帕隆藏布汇入干流后融雪补给又进一步增加，约为 43%。帕隆藏布汇入口至巴昔卡间的集水地区，由于气温高，冰川和常年积雪面积少且降水量很大，因此该段以降水补给为主。受补给条件的影响，流域径流量年内分配不均，主要集中在 6～10 月，占年径流总量的 76.2%～80.3%，7～9 月径流最丰，占全年径流量的 60.4%～66.1%，最大径流量一般出现在 7 月或 8 月。枯水期为气温低、融雪和降水少的 12 月至翌年 4 月。

雅鲁藏布江流域的水汽来源主要是印度洋孟加拉湾西南季风输送的暖湿气流，所以冬、夏降水有明显的差异。降水主要集中在夏季。而冰雪融水也集中于辐射强烈、高山气温由负转正的夏季，二者共同作用使径流高度集中，年内分配极不均衡。

奴下站位于雅鲁藏布江中下游地区，奴下站以上的控制面积约占雅鲁藏布江流域面积的80%，因此，奴下站的径流特点具有典型的代表性。图3-11为奴下站径流量与雅鲁藏布江年降水量对比图。可以看出，径流变化与降水变化呈相同的变化特征，近50年都呈上升趋势。该图充分说明正是降水的年际变化影响着雅鲁藏布江流域径流的年际变化，同时年内季节降水的变化也是雅鲁藏布江流域年内径流季节变化的主要原因。

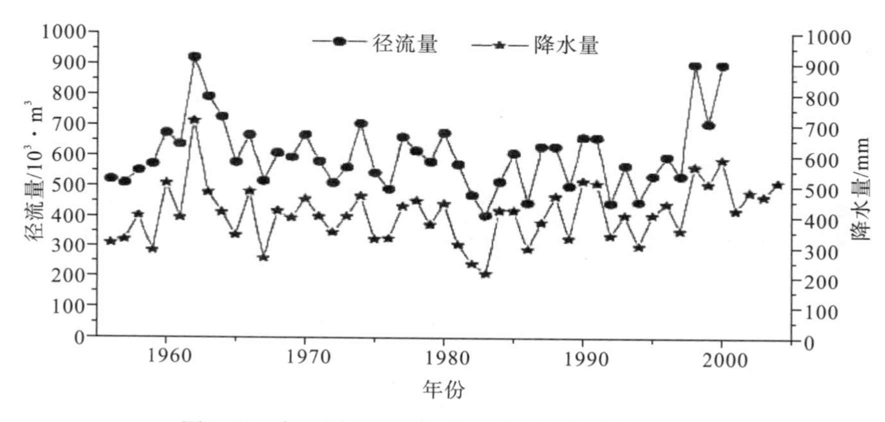

图 3-11 奴下站径流量与雅鲁藏布江年降水量对比

统计分析得出，奴下站径流量与雅鲁藏布江年降水量的相关性很好，相关系数高达0.98。雅鲁藏布江流域内年降水量的增加，是雅鲁藏布江流域来水增加的主要原因，而径流主要形成期(夏季)降水的明显增加，更加剧了这一变化过程的发生。

受印度洋孟加拉暖湿气流的影响，雅鲁藏布江流域的年平均气温由上游至下游逐渐增大。近50年来，雅鲁藏布江流域普遍存在升温的变化趋势，不同的是其升温幅度的大小及时间的差异。与气温升高相对应，西藏高原的冰川在近百年来呈现总的后退趋势，同时它们之间还存在着很好的对应关系。

二、拉萨河

拉萨河拉萨水文站控制流域面积26235km²。根据拉萨站1956～2009年日平均流量观测资料统计分析，其拉萨河流域年径流量年际变化见表3-5。

可以看出，拉萨河流域多年平均实际来水量92.84亿m³，21世纪初期最丰，20世纪80年代最枯。拉萨河流域1956～2009年多年月平均径流量统计见表3-6。

表 3-5 拉萨河流域年径流量年际变化 （单位：$10^8 m^3$）

年份	1961～1970	1971～1980	1981～1990	1991～2000	2001～2010	多年平均
拉萨站	100.47	84.74	83.32	95.68	108.55	92.84

资料来源：洛珠尼玛，2012

表 3-6 拉萨河流域多年月平均径流量 （单位：$10^8 m^3$）

月份	1	2	3	4	5	6	7	8	9	10	11	12
径流量	1.56	1.26	1.35	1.66	3.47	10.75	19.59	23.61	17.33	7.28	3.36	2.14

拉萨河流域径流量主要集中在汛期(7～9 月)，占年总量的 65%，8 月径流量最大，2 月径流量最小，径流量月最大值是月最小值的 18.74 倍。

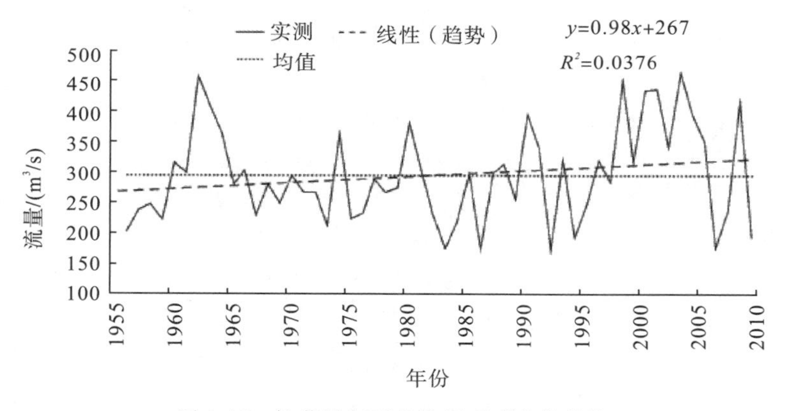

图 3-12 拉萨站年平均流量系列变化趋势

由此可知，拉萨站的年平均流量总体上呈上升趋势，每 10 年增加 9.8m^3/s。M-K(Mann-Kendall)秩次相关系数 $U=1.45$，其绝对值没有超过显著性水平为 $\alpha=0.05$ 的双边正态分位数值 1.96，因此拉萨站的年平均流量过程上升趋势并不显著(图 3-12)。

根据姚檀栋等对念青唐古拉山拉弄冰川的考察研究，1970～1999 年拉弄冰川末端退缩了 285m，平均年退缩量 9.8m，1999～2003 年拉弄冰川退缩 13m，平均年退缩量 3.25m，由于冰川对气候的响应有一定滞后性，近年来气候持续变暖将使拉弄冰川继续保持退缩状态。作者认为，近年来拉萨河流域降水量变化趋势不明显，年径流量过程的上升趋势与气温升高和流域内冰川退缩有关。

洛珠尼玛等(2012)采用 M-K 秩次相关检验法、线性回归分析法对拉萨站 1955～2010 年年降水量、年平均气温、年蒸发皿观测量系列进行统计分析。结果见表 3-7、图 3-13～图 3-15。其中蒸发的结果(增加)和其他站的结论(减少)不太一致。

表 3-7 1955～2009 年拉萨站降水、气温和蒸发皿观测量变化趋势

分析对象	年降水量/mm	年平均气温/℃	年蒸发皿/mm
多年平均	453	7.87	1992
年变化量	0.51	0.045	4.08
变化趋势	增加	显著增加	增加

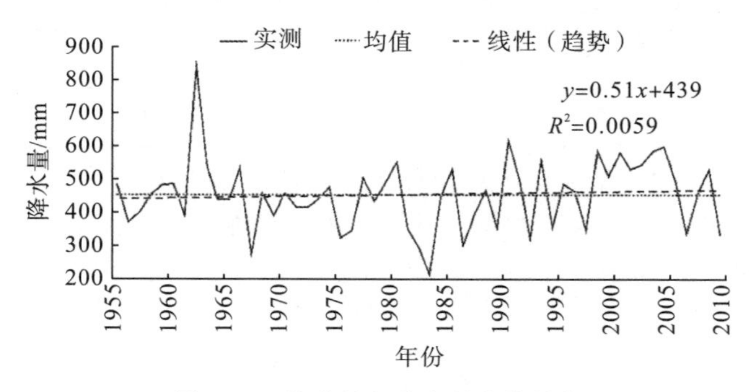

图 3-13 拉萨站年降水量变化趋势

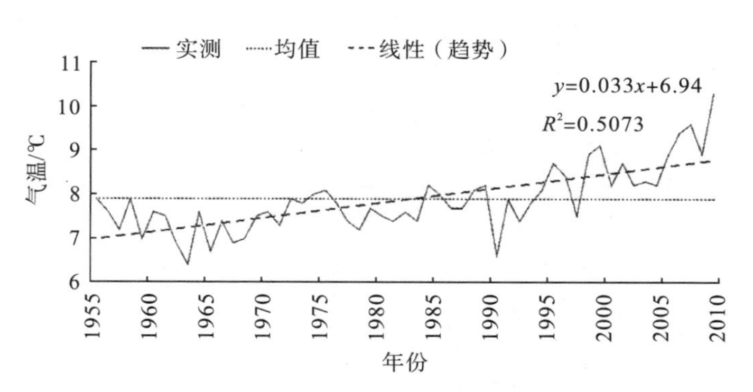

图 3-14 拉萨站年平均气温变化趋势

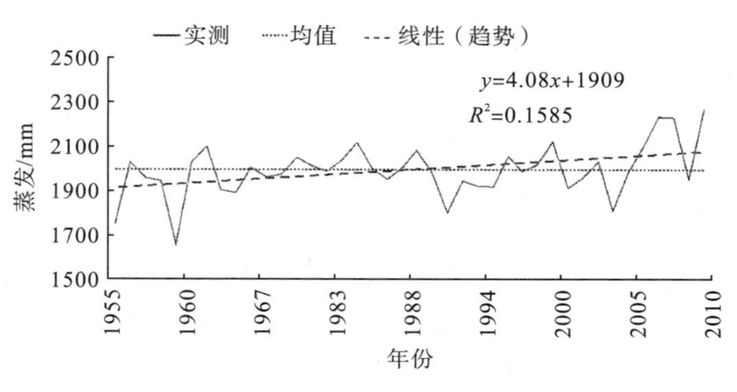

图 3-15 拉萨站年蒸发皿观测量变化趋势

以上分析发现，1955～2010 年拉萨站的年平均气温总体呈上升趋势，每 10 年增加 0.33℃，气温上升趋势显著；年蒸发能力总体呈上升趋势，M-K 秩次相关系数 U=1.76，其绝对值没有超过显著性水平为 α=0.05 的双边正态分位数值 1.96，上升趋势并不显著；年降水量长期变化趋势不明显。

采用 M-K 秩次相关检验法、线性回归分析方法分析 Cu 和 Cx 的变化趋势。对拉萨河流域径流年内分配不均匀系数系列和径流 7～9 月占全年比例系列进行统计分析，发现拉萨河的径流 Cu 及 Cx 都不大，显示径流变化比较稳定。

三、年楚河

年楚河流域具有典型的高原流域特征，由冰川融水、地下水和降水共同作为补给源。江孜站和日喀则站分别位于流域的中游和下游近流域出口处，具有一定代表性。从表 3-8 中可以看出，年楚河日喀则站和江孜站的变差系数 Cv 分别为 0.27 和 0.20，在我国河流中属于偏小；年极值比也较小，分别为 3.2 和 2.0，因此可知年楚河的年径流量年际变化相对比较稳定。这与年楚河流域降水的变差系数较小，年际变化较小有一定关系。根据历史资料分析，年楚河的地下水补给约占径流量的 50%，这也是年楚河径流量变差系数较小的原因。

表 3-8　年楚河流域水文站径流年际变化特征值

水文站	多年平均流量/(m^3/s)	变差系数 Cv	偏差系数 Cs	极值比	资料序列长度/年
日喀则	50.9020	0.2758	1.0638	3.1569	40
江孜	33.3825	0.1981	1.0327	2.0235	40

年楚河的径流补给受到季节的影响较大，径流年内分配极不平衡。图 3-16 为年楚河日喀则和江孜站径流量的年内各月分配状况。图 3-17 为年楚河流域多年平均各月降水量和月均温。年楚河地区雨热同季，水汽主要来源于孟加拉湾暖

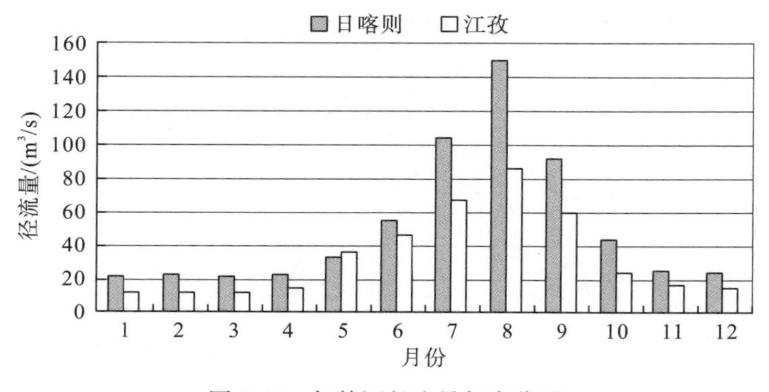

图 3-16　年楚河径流量年内分配

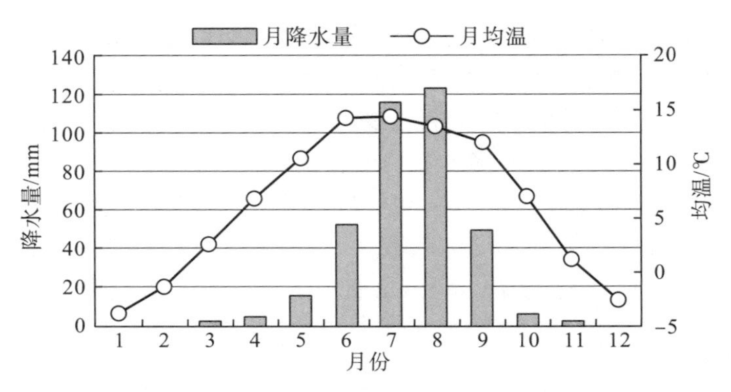

图 3-17 年楚河多年平均月均温和降水量

湿气流，冬夏差别明显。6～9 月降水量占全年降水量 90%以上，气温较高也带来更多的冰川融水，是河流的洪水多发期。而 11 月至次年 3 月降水量接近于零，低温也使冰川融水量很少，径流主要靠地下水补给，河流流量相对稳定。年楚河丰水季和枯水季径流量相差较大，日喀则和江孜两站的丰水季节径流量占全年的较大比例，其中 6～9 月径流量约占全年的 65.5%和 64.9%，最大月径流量即 8 月径流量占全年的 24.5%和 21.5%。

根据夏传清等研究表明，年楚河流域的径流组成比较复杂，主要由降水、冰川积雪融水及地下水补给三部分组成。据域内马郎、江孜、日喀则和少岗 4 个水文站多年径流的资料分析，径流的年际间变化不大，4 个水文站历年天然最大径流与最小径流之比为 3.60～3.94；但由于年内各季节气温及降水存在着较大的差异，致使径流的年内分配不均，汛期(6～9 月)径流量占年径流量的 70%左右，枯水期(12 月～翌年 3 月)径流则较少，但由于地下水补给量较大，使得该流域枯季径流较内地河流丰富，且比较稳定。

受流域地形及降水的影响，年径流深从上游至下游呈递减趋势。经分析计算，年楚河流域各站不同频率的年径流量见表 3-9。

表 3-9 年楚河流域各站不同频率年径流量

站名	集水面积/km²	Q/(m³/s)	Cv	Cs/Cv	Qp/(m³/s)						
					p=5%	p=10%	p=25%	p=50%	p=75%	p=90%	p=95%
马郎	2757	15.3	0.38	2.0	25.9	23.1	18.8	14.5	11.2	8.42	7.19
江孜	6216	24.4	0.35	2.0	40.1	35.9	29.6	23.5	18.3	14.4	12.3
日喀则	11121	44.1	0.32	2.0	69.6	62.9	52.6	42.6	33.9	27.3	23.7
少岗	2566	7.72	0.35	2.0	12.6	11.3	9.39	7.41	5.79	4.55	3.94

注：Q 为年平均流量；Cv 为变差系数；Cs 为偏差系数；Qp 为设计频率为 p 的流量。

在 1961～1975 年，两站径流量均略有减少趋势，但趋势不显著。降水和气温是影响径流变化的最直接的两个因素，因此对流域的降水和气温的变化也做同样的趋势性分析。两站年均温和年降水量统计结果显示，两站的年均温在 1961～2000 年均呈显著增加趋势，而年降水量没有显著变化。由此可以推断，年楚河流域气温升高引起冰川融水量的增加，可能是年楚河径流量增加的主要原因。

日喀则和江孜站径流量变化突变性 Mann-Kendall 分析结果如图 3-18 和图 3-19所示。从图 3-18 中可以看出日喀则站 UF 曲线(UF 为标准化正向 M-K 统计量)在 20 世纪 80 年代之前基本小于 0，即径流量在波动中略有下降，之后 UF 曲线值由负值转为正值并逐渐增大，在 80 年代之后均大于 0，即径流量呈现持续上升趋势；且在±1.96 的临界线之间 UF 与 UB 曲线(UB 为标准化反向 M-K 统计量)交叉于 1985 年，说明 1985 年左右该站径流量开始发生突变；在 $\alpha=0.05$ 的显著性水平下，UF 值在 1987 年超过+1.96 信度线，说明该站径流量向持续增大的方向发展。江孜站的 UF 值基本都小于 0，则说明位于上游段的江孜站径流量并未同下游出口段日喀则站一样呈增加趋势，且 UF 值基本都在±1.96 的临界线之内，说明江孜站并没有明显的较强的增加或减小趋势。

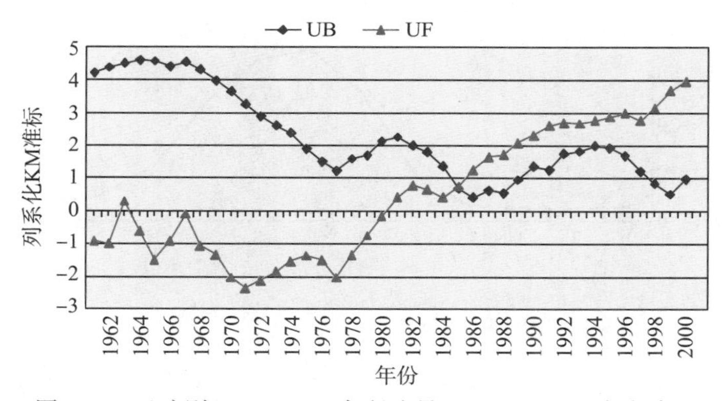

图 3-18　日喀则 1961～2000 年径流量 Mann-Kendall 突变检测

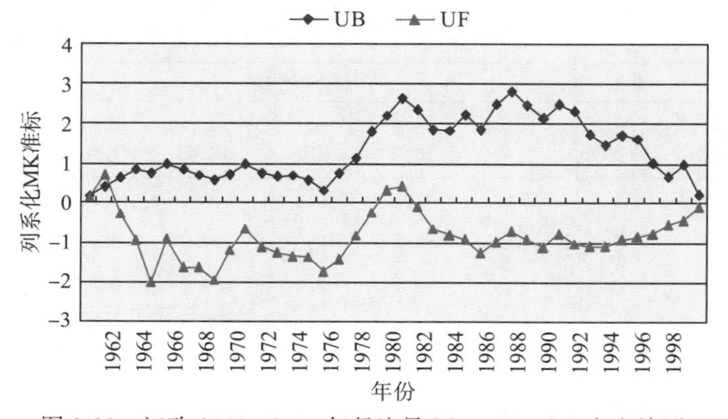

图 3-19　江孜 1961～2000 年径流量 Mann-Kendall 突变检测

四、尼洋河

尼洋河流经林芝地区的2县1镇(即工布江达县、林芝县和八一镇)。按照河谷地貌与河道的特点，尼洋河可分为上中下3段，分别由工布江达站、更张站和巴河桥站控制。根据工布江达站1979～2008年、更张站1989～2008年、巴河桥站1999～2008年的径流资料对尼洋河流域干支流的径流变化特性进行分析，确定各水文站的径流量季节变化特点见表3-10。

表3-10 尼洋河各水文站月径流量占年径流量比例 (单位:%)

站名	各站占全年径流量的比例											
	1月	2月	3月	4月	5月	6月	7月	8月	9月	10月	11月	12月
工布江达	1.51	1.28	1.37	1.82	5.00	16.89	23.50	22.23	15.54	6.03	2.91	1.93
更张	1.33	1.07	1.12	1.52	5.69	17.49	23.30	21.87	15.65	6.47	2.73	1.77
巴河桥	1.34	1.10	1.08	1.41	4.95	17.70	24.65	21.69	15.50	6.17	2.70	1.71

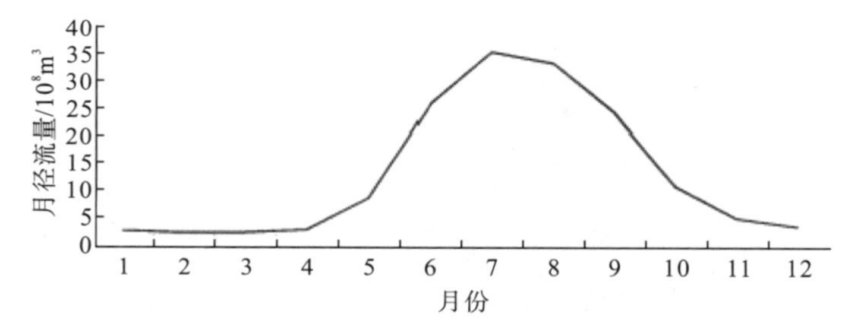

图3-20 更张站多年平均月径流量

尼洋河各水文站月径流量占全年的比例见表3-11。尼洋河径流量从5月开始显著增大，10月左右又开始明显减小。

表3-11 各水文站月平均流量的丰枯变化规律

月份	更张站			工布江达站			巴河桥站		
	>1的比例	1～0.5的比例	<0.5的比例	>1的比例	1～0.5的比例	<0.5的比例	>1的比例	1～0.5的比例	<0.5的比例
1	0.0	0.0	100.0	0.0	0.0	100.0	0.0	0.0	100.0
2	0.0	0.0	100.0	0.0	0.0	100.0	0.0	0.0	100.0
3	0.0	0.0	100.0	0.0	0.0	100.0	0.0	0.0	100.0
4	0.0	0.0	100.0	0.0	0.0	100.0	0.0	0.0	100.0
5	10.0	75.0	15.0	3.3	53.3	43.3	0.0	70.0	30.0
6	100.0	0.0	0.0	96.7	3.3	0.0	100.0	0.0	0.0

续表

月份	更张站			工布江达站			巴河桥站		
	>1的比例	1～0.5的比例	<0.5的比例	>1的比例	1～0.5的比例	<0.5的比例	>1的比例	1～0.5的比例	<0.5的比例
7	100.0	0.0	0.0	100.0	0.0	0.0	100.0	0.0	0.0
8	100.0	0.0	0.0	100.0	0.0	0.0	100.0	0.0	0.0
9	100.0	0.0	0.0	100.0	0.0	0.0	90.0	10.0	0.0
10	5.0	95.0	0.0	3.3	83.3	13.3	0.0	100.0	0.0
11	0.0	0.0	100.0	0.0	0.0	100.0	0.0	0.0	100.0
12	0.0	0.0	100.0	0.0	0.0	100.0	0.0	0.0	100.0

月平均径流丰枯变化规律分析。根据各站的月平均径流资料，用各站历年逐月平均流量与多年的年平均流量之比作为月平均流量的相对系数，并对大于1和1～0.5以及小于0.5的相对系数所占的比例进行了统计，尼洋河流域干支流径流变化丰枯季非常明显，6～9月月平均流量相对系数大于1的在95%以上，因此可把此段划分为主汛期；5月划分为前汛期；10月为后汛期，汛期过后流量显著减少；11月到翌年4月为枯水期。雅鲁藏布江干流奴下站的汛期从5月起到11月止。其中，6～10月为主汛期，12月至翌年4月为枯水期，5月为前汛期，11月为后汛期。

由各站汛期与非汛期的水量分析可知，尼洋河流域汛期(5～10月)月径流量占全年总径流量的89.19%～90.66%，非汛期所占比重为9.34%～10.81%。汛期径流量是非汛期径流量的8.25～9.7倍。

各站径流量年内分配分析。由于尼洋河流域气候的季节性波动，其降水和气温等都有明显的季节性，从而在相当大程度上决定了径流年内分配的不均匀性。这里用径流年内分配不均匀系数 Ck 和径流年内调节系数 Cr 来衡量径流年内分配的不均匀性(表3-12)。

尼洋河流域水文站的径流年内分配不均匀，不论是 Ck 还是 Cr 的变化规律都基本相似，均表现为支流的不均匀性大于干流的不均匀性，尼洋河的径流不均匀性远大于雅鲁藏布江干流(奴下站)的变化。

表3-12 各站径流年内分配的差异

站点	不均匀系数 Ck	调节系数 Cr
工布江达	3.44	0.45
更张	3.46	0.45
巴河桥	3.55	0.46
奴下	3.08	0.38

尼洋河由雨水径流、冰川融水及积雪融水径流组成。冰雪融水径流受温度、

降水影响，因此选取多年更张站多年平均径流量、多年平均气温、多年平均降水三个指标，采用 K-Means Cluster 聚类法进行迭代聚类分析，将更张径流分为枯水期(11 月～翌年 4 月)、中水期(5、10 月)和丰水期(6～9 月)。1979～2003 年年径流量(图 3-21)秩次相关系数为 0.461，通过显著水平 $\alpha=0.05$ 时的 T 检验。这表明该时期尼洋河地区年径流量呈显著增加趋势。此外，从年径流量 25 年距平变化过程(图 3-22)亦可以看出，1979～1988 年，负距平年份比例较高，而 1989～2003 年正距平年份比例显著提高。1999～2004 年年平均径流量较 1979～1983 年增加近 30 亿 m^3，增幅达 21.5%。与此同时，年最大流量亦呈增加趋势，1994～2003 年十年平均最大年流量较多年平均水平高 8%，年最小流量无明显的变化趋势。

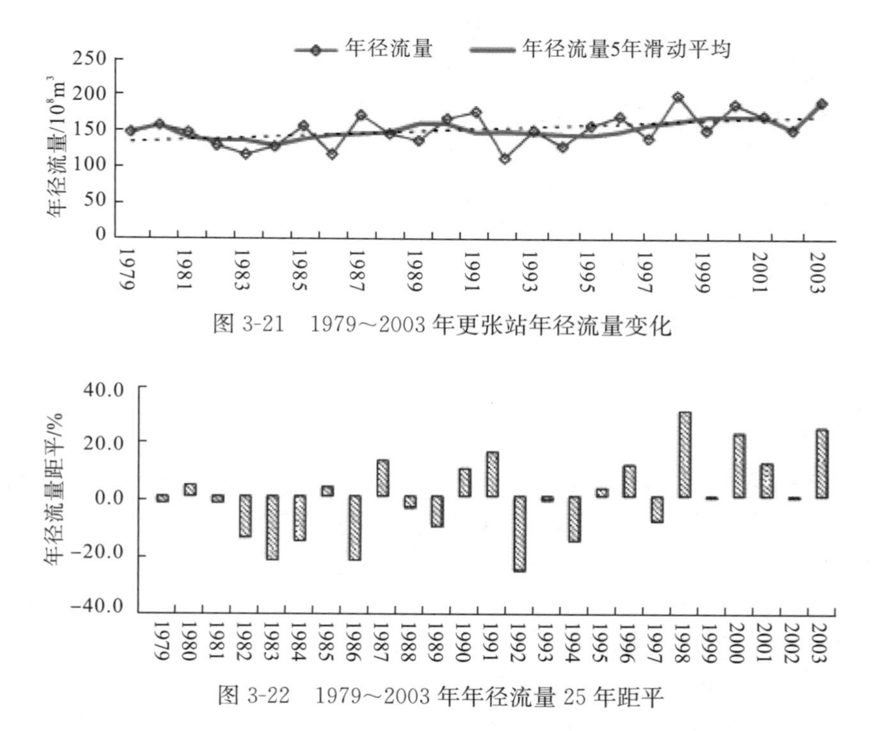

图 3-21 1979～2003 年更张站年径流量变化

图 3-22 1979～2003 年年径流量 25 年距平

枯水期、中水期、丰水期 Spearman 秩次相关系数分别为 0.133、0.221、0.464，表明枯水期、中水期和丰水期径流均呈增长趋势，但仅丰水期径流增加趋势超过显著水平 $\alpha=0.05$ 的临界值，增加趋势显著，而枯水期和中水期径流增加趋势不明显。1999～2003 年平均丰水期径流量较 1979～1983 年同期增加 27.4%。

根据统计结果，更张站月径流量与月降水量、月平均气候、月蒸发量的 Spearman 相关系数分别为 0.796、0.839 和 0.246，均通过显著性水平为 0.01 的 T 检验。结果表明更张站径流量与降水量、平均气温及蒸发量的相关性显著，其中气温与径流的相关性最高，其次是降水。

五、狮泉河与象泉河

西藏阿里地区现设有水文站 5 个，象泉河设有札达水文站，狮泉河设有朗玛、狮泉河和百佳水文站，另有孔雀河的普兰水文站。

狮泉河和象泉河径流以降雨、融雪、融冰补给为主，地下水补给为辅。根据象泉河札达站插补后 17 年的径流系列统计，多年平均流量为 26.6m^3/s，年径流深为 65.4mm，年径流模数为 2.07L/(s·km^2)(表 3-13)。径流变化与降水变化基本一致，年内变化大，而年际变化小。径流集中在丰水期，5～9 月约占全年径流的 83.4%，枯水期为 10 月～翌年 4 月占年径流的 16.6%。最丰、最枯年平均流量分别为 36.3m^3/s 和 17.3m^3/s，两者之比为 2.1，分别为多年平均流量的 1.4 倍和 0.65 倍。

表 3-13　狮泉河、象泉河径流参数

站名	所在河流	集水面积/km^2	平均流量/(m^3/s)	Cv	Cs/Cv	多年平均径流深/mm	统计年限
狮泉河	狮泉河	14920	9.11	0.32	2.0	19.3	1966～2011
札达	象泉河	12821	26.6	0.25	2.0	65.4	1966～2011

本流域洪水主要由冰雪融水及降雨形成，因海拔高，降水以雨、雪混合为主，加之流域上游的高山上终年积雪，有冰川分布，夏季气温升高，积雪、冰川融化，与降水形成的洪水叠加，形成本流域最大的洪水过程。

通过点绘水文站历年各月最大流量散布图，得出洪水呈明显的季节变化：4～5 月随着气温逐渐回升，上游积雪开始消融，加上少量降水，流量小幅增大，为汛前过渡期；6～9 月雨量最丰，洪水亦大，为主汛期；10 月～翌年 3 月随着降雨减少，流量逐渐减小，是稳定退水期。

六、怒江(上游)

怒江流域的水汽来源主要是印度洋孟加拉湾、安达曼海等地的暖湿气流，受地理位置、地形地势及大气环流影响，流域降水地区分布极不均匀。怒江流域上游干燥少雨，下游气候湿润。流域多年平均降雨量 900mm 左右，降水量的地区分布由北向南，从上到下呈递增的趋势。

怒江上游地处青藏高原东南部，地面海拔高，距水汽源地较远，水汽在输送过程中不断损失，造成该地区降水稀少，几乎没有出现过大暴雨。丁青、巴青一线由于受东西切变线的影响，降水量相对偏高。据资料统计，丁青为 644mm、索县为 576mm。同时由于怒江干流右岸边坝一带距易贡藏布较近，受到来自孟加拉湾沿雅鲁藏布江通道上溯的西南暖湿气流影响，出现了降水量为1200～3000mm的高值区。

怒江中游地处横断山纵谷区，距水汽源地渐近，降水量逐渐增大，贡山以上至嘉玉桥区间年降水量一般在600～1600mm，其中左贡一带由于伯舒拉岭山脉对水汽的阻挡作用，形成了降水的低值区。据资料统计，左贡年降雨量为447mm。由于地形地势及大气环流影响，怒江流域从贡山开始进入暴雨区，贡山至六库区间年降水量一般在2000mm以上。由于区内高黎贡山、怒山(碧罗雪山)等山脉险峻高大及其对水汽输送的阻挡、动力抬升等作用，造成降水的空间分布极其复杂，西多东少、迎风坡大、背风坡小，垂直方向上河谷小、山顶大，局地性暴雨多，立体型气候突出等特点。例如，门工附近的河谷降水量只有400～500mm，而两岸山坡降水量在600～1000mm以上，贡山县平均雨量达1638mm。贡山—泸水两岸较高的山顶为3000～4000mm的高值区。

怒江下游进入云贵高原区，两侧山势渐低，水汽充足，主要受西南海洋季风和东南季风影响，是流域降雨集中地区，年降雨量一般在800～1200mm，其中龙陵县多年平均降水量达2095mm，是著名的雨区。南汀河一带由于距离水汽源地较近，地势开阔，降水量也较丰富，一般为1400～2000mm。

受地理位置、地形和气候条件影响，在怒江中下游，旱、雨季分明。一般5～10月为雨季，占年降水量的80%以上；11月～翌年4月为旱季。5～7月多为峰面雨，8～10月多为热带低压型雨。

怒江流域多年平均降雨量约900mm，降水量年内分配很不均匀，流域内上下游的降水量年内分配又呈现出不同的特点，见表3-14。

表3-14 怒江流域典型代表站降雨量年月分配成果

站名	月分配/%												全年/mm
	1月	2月	3月	4月	5月	6月	7月	8月	9月	10月	11月	12月	
丁青	0.5	1.2	2.1	3.7	8.3	19.8	21.3	19	15.5	6.6	1.4	0.5	644
贡山	3.5	7.6	12.6	12	8.7	13.2	11.5	9.2	9.4	8.1	2.6	1.6	1731
泸水	1.8	4.2	6.7	6	8.3	15.2	16.2	15.7	11.4	10.3	2.9	1.3	1205
道街坝	1.4	2.5	2.9	4.2	9.6	14.9	16.9	15.8	11.5	13.4	5.4	1.6	782

怒江流域降水量年内变化较大，但年际之间变化并不大。从年降水量C_v值的变化范围来看，一般为0.15～0.20(表3-15)。年降水量C_v值的地区分布，大致有年降水量大的地区较小，反之有增大的趋势。年降水量最大值与最小值之比一般为1.6～3.5。

表 3-15　怒江流域典型代表站降雨量特征值统计

项目	丁青	贡山	泸水	道街坝
Cv	0.17	0.16	0.16	0.16
极值比	2.30	1.94	2.14	2.41

怒江上游绝大部分地区径流深为 200～400mm，越接近河源区径流深越小，在边坝一带径流深达 800mm 以上，这与该区域降雨中心相符合。

怒江中游径流深逐渐加大，贡山以上至嘉玉桥区间一般为 400～800mm，其中右岸八宿一带，以及干流下卡林一带达 800mm 以上。贡山以下径流深明显增大，贡山—六库区间大部分地区径流深介于 800～1600mm，两岸山坡存在 3000mm 的高值区。

西藏怒江流域中部干旱少雨，右岸支流受念青唐古拉山冰川融水补给，全流域径流深由下而上分别为 1200mm—400mm—500mm—100mm 以下。位于东北部的怒江支流索曲、色曲、达曲径流深为 400mm～500mm，越往河源越小，其中右岸边坝一带达 800mm 以上，这与降雨特性相符合。径流年内分配过程与降水过程基本对应，径流量年内分配较为集中，主要集中在汛期 5～10 月，其中又以 6～9 月为最，连续最大 4 个月(6～9 月)径流量约占年径流量的 70%，怒江干流上、中、下游典型站的径流年月分配见表 3-16。

表 3-16　怒江干流主要测站多年平均径流流量及年内分配

站名	月分配/%												全年/10^8m^3
	1月	2月	3月	4月	5月	6月	7月	8月	9月	10月	11月	12月	
嘉玉桥	1.39	1.20	1.42	2.53	6.10	15.9	22.4	20.3	15	7.93	3.76	2.02	241
贡山	1.99	1.71	2.11	3.08	6.66	15.7	20.6	19	14.3	8.18	4.09	2.62	391

怒江干流径流年际变化较小，根据嘉玉桥、贡山 2 站 1956～2000 年系列分析，年平均流量极值比分别为 2.21、1.96。径流年际变化随着流域面积的增大而趋于相对稳定，嘉玉桥站的变差系数 Cv 为 0.21、贡山站的变差系数 Cv 为 0.16。

怒江在我国境内从源头的雪域高原流经上游的草甸宽谷，中游的横断高山峡谷以及下游的中山宽谷。受流域内地形地貌的影响，径流的补给方式在全流域内存在较大差异。河源以雪山与现代冰川融水补给为主，降雨补给量较小；上游区径流补给来源中，冰雪融水及地下径流所占比例较大，降雨、冰雪融水和地下径流的补给比例分别为 35%、32%、33%。在时间分布上，冬季以地下径流为主，夏季以降雨和冰雪融水径流为主，降雨的补给量随着上游向下游逐渐增加；中游区以降雨补给为主，少量由高山冰雪融水补给；下游区则全部为降雨补给。

由于流域自然地理和气候复杂多样，形成了径流地区分布的极大差异，其分布与降水分布基本相应。年径流量除具有地带性分布规律外，垂直变化也十分明显。在水平分布上是西多东少，南多北少，地带分布呈现明显的高低相间，即河谷小、山顶大的特点。如高黎贡山径流深从河谷的 200mm 增加至山顶的 3500mm，碧罗雪山径流深从河谷的 200mm 增加至山顶的 1000mm 等。

怒江上游径流成分主要是融雪径流、降雨径流和深层地下径流。融雪径流是由固态水(冰雪)融化而形成的；降雨径流主要有地面径流，壤中流和浅层地下径流；深层地下径流由埋藏在隔水层之间的含水层中的承压水所形成。

深层地下径流又称为慢速地下径流，其变化很小，可取其历年最枯流量的平均值。即根据贡山站 1979～2009 年的年实测流量资料，取深层地下径流为逐年最小流量的平均值 $266m^3/s$。

从融雪机理分析，融雪径流的主要影响因子有太阳辐射、热对流交换、凝结降雨和下垫面等。在历年汛期中选出连续 15 天左右全流域无明显降水的时段末的贡山流量，扣除基流后得到融雪形成的贡山站流量，分析贡山站融雪流量与冬季降水量(上年 11 月～当年 3 月降水量)、前期气温因子的相关关系。经分析，影响汛期流域内积雪融化的主要因素是热量因子，故取流域内安多、那曲、索县、左贡、洛隆、昌都、贡山、八宿、丁青和比如 10 个地面温度站平均的日平均气温、日最高气温、日最低气温、日气温差来表征贡山站融雪流量的热量因子。

第三节 影响西藏河川径流的主要因素

影响西藏河川径流的主要因素是降水、气温和冰川融水量，它们分别改变了径流的来源和消耗，但在不同的地方影响不同，一条河流的径流变化是这些综合作用的结果。

一、降水

西藏地区水汽主要源于印度洋孟加拉湾暖湿气流，受高原天气系统及外来大气环流的影响和地形条件的制约，降水量分布总趋势由东南向西北递减。东南部雅鲁藏布江河口区年降水量约 5000mm，怒江藏滇交界区为 1500～2000mm。再向东由于怒山阻挡和水汽来源不同，澜沧江藏滇交界处降水量约 1000mm，河谷地区仅 400mm 左右。

沿雅鲁藏布江河谷而上，降水量递减。雅鲁藏布江墨脱段为 2600mm，中游末端降至 1000mm 以下，中游段的拉萨、日喀则不足 500mm，拉孜 300mm，直至上游(除河源区)减至 200mm 以下。

怒江从藏滇交界处向上进入峡谷区，降水量迅速减少，至洛隆—八宿—左贡一线为东部低值区，降水量在 400mm 左右，局部谷地不足 300mm，怒江上游受暖季小高压随西风带东移影响，降水多于周围地区，达 500～800mm，其主要支流索曲、色曲、达曲降水量都在 600mm 以上。

狮泉河和象泉河流域主要受西风槽东移影响，狮泉河降水量在 100mm 左右，上中游 50～70mm，下游大于 100mm；象泉河在 150mm 左右。

本区河流大多有冰雪融水补给，其补给量所占份额大于冰川面积占全流域面积的百分比。仅以部分河流分析计算，冰川区降水量通常是非冰川区降水量的 3～5 倍，个别地区达 8 倍以上，高原冰川区降水量大多为 2000～3000mm，如图 3-23所示。

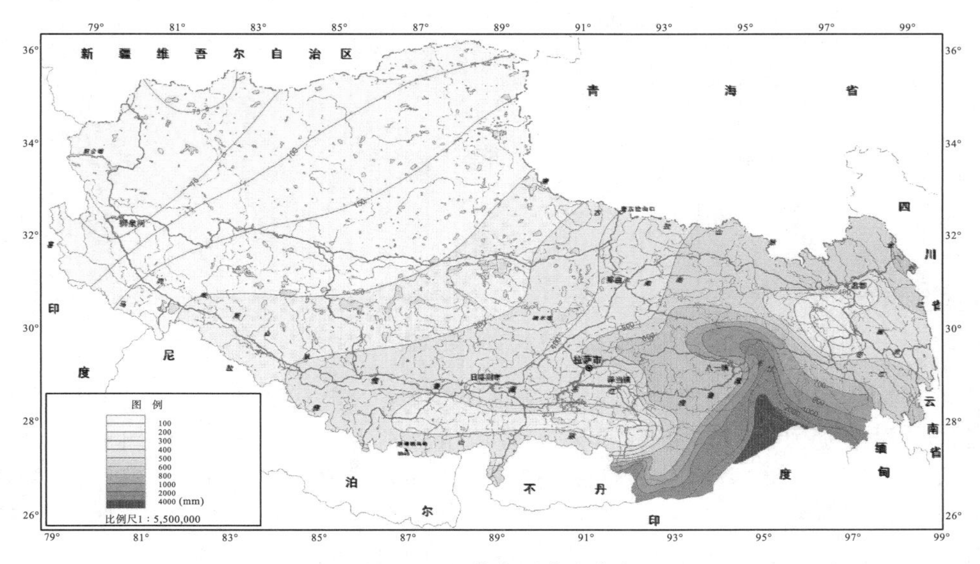

图 3-23　西藏高原降水分布

二、气温

雅江流域（日喀则、江孜、拉萨、浪卡子、泽当、林芝）平均气温（1961～2010 年）为 2.9～8.8℃，水平上呈现由东南向西北递减（图 3-24），但垂直方向受海拔等因素影响，个别地区温度变化较大，其中拉萨、泽当、林芝在 8.0℃以上，总体气温具有明显的上升趋势，其线性倾向率为 0.35℃/10a。

怒江流域年平均气温南北相差悬殊，由北向南呈递增趋势。其中河源区附近的安多站和那曲站年平均气温在 0℃以下。各站中，除位于高山河谷的洛隆站和八宿站年平均气温为 5～12℃外，其余站点年平均气温均低于 5℃；从年际变化来看，流域内各站年平均气温年际波动不是太大，为 2～4℃，且地域分布差异规律不明显。

通过西藏主要气象站的观测数据统计发现，近 50 年流域内气温总的变化趋势是逐渐升高，1960～2004 年年平均气温的升温幅度为 0.205℃/10a，其中 20 世纪 70 年代较 60 年代平均升高 0.1℃，80 年代比 70 年代升温 0.14℃，90 年代又升高 0.34℃，21 世纪初又比 20 世纪 90 年代升高 0.24℃。

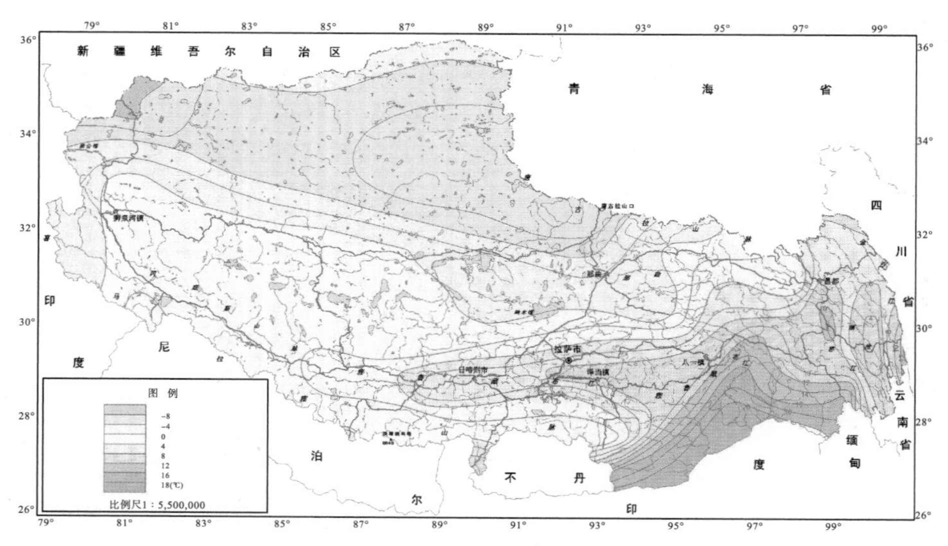

图 3-24　西藏多年平均气温等值线图

通过典型年对比分析气温对径流的影响，1961 年与 1968 年降水量相同，年平均气温分别为 7.76℃和 6.9℃，而径流量分别为 $639.14\times10^8m^3$ 和 $609.94\times10^8m^3$；1979 年和 1980 年降水量也相近，年平均气温分别为 6.92℃和 7.32℃，而径流量分别为 $581.93\times10^8m^3$ 和 $677.6\times10^8m^3$。由此可见，在降水量不变的情况下，气温的变化也会导致径流量出现相同的变化趋势。

气温变化导致冰川融水出现相对应的变化趋势，从而导致雅鲁藏布江径流出现相同的变化趋势。但由于气温的变幅较小，与降水对径流的影响程度相比，气温变化对径流变化贡献率较小。

根据前述分析结论，对主要站点未来 10 年进行长期预测可以得出：在进入 21 世纪后的 20 年间，随着降水量的增加和气温的升高，雅鲁藏布江流域径流量将会呈现上升趋势。但由于气候的异常变化以及人类活动的加剧，也会导致雅鲁藏布江径流变化出现异常现象。

三、冰川

西藏江河径流补给虽然以大气降水为主，但是在雅鲁藏布江河流源头有大量的冰川分布(图 3-25)，冰川融水亦成为河流重要补给水源。雅鲁藏布江流域共有冰川 10816 条，冰川面积约 $14493km^2$，冰储量约 $1293km^3$(表 3-17)，占整个青藏高原冰川数量（36918 条）的 29%、面积（$49903km^2$）的 29%和冰川储量

(4572km³)的 29%，占中国冰川总数量、总面积和总储量约为 23%、24%和 23%，占整个外流河区相应冰川总量的 56%、61%和 64%，仅次于塔里木内流水系，是中国冰川数量最多的外流水系。雅江流域内面积大于 100km² 的冰川共有 4 条，分别为夏曲冰川、恰青冰川、那龙冰川和来古冰川。

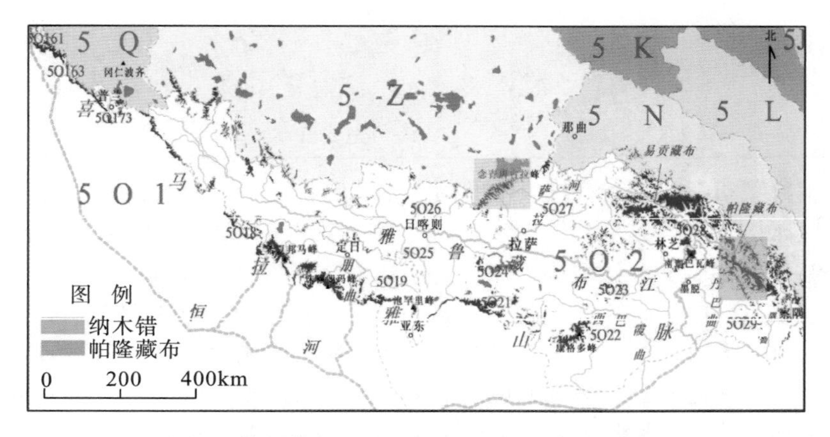

图 3-25　雅鲁藏布江流域、怒江流域冰川分布示意图

表 3-17　雅鲁藏布江流域各支流冰川分布统计表

河流名称	冰川条数	冰川面积/km²	冰储量/km³	平均面积/km²	海拔/m
康布麻曲	25	47.30	4.00	1.89	5330～5630
洛扎雄曲	853	1083.26	84.55	1.27	4850～6323
西巴霞曲	649	768.70	57.69	1.18	5040～5950
央朗藏布	418	531.23	45.03	1. 27	3390～5610
羊卓雍湖	144	229.85	26.02	1.60	5480～6300
年楚河等	932	1155.08	97.58	1.24	5170～6460
多雄藏布	1615	788.84	35.08	0.49	5510～6070
拉萨河等	1920	1672.06	113.81	0.86	4420～6040
易贡藏布	1724	3909.69	444.08	2.27	3370～5490
察隅河等	905	1399.25	106.85	1.55	3800～5480
帕隆藏布	1378	2703.74	268.33	1.96	3560～5980
纳木错	253	204.31	11.04	0.81	5720～5860
合计	10816	14493.31	1294.06	1.37	3370～6460

表 3-18 扎当冰川物质平衡计算结果 (单位：mm w. e)

冰川面积/km²	零平衡线高度/m	纯积累			纯消融			物质平衡		
		积累区面积/km²	积累量/10^4m^3	积累深度/mm	消融区面积/km²	消融量/10^4m^3	消融深度/mm	净平衡量/10^4m^3	平均值/mm w. e.	消融区面积所占比例/%
1.79	5840	0.144	10.5	722	1.642	−214.6	−1307	−204.1	−1143	92
	5780	0.355	32.2	905	1.431	−182.0	−1272	−149.8	−838	80
	5640	1.428	60.3	422	0.358	−23.1	−645	37.2	208	20

在雅鲁藏布江流域，有代表性的两类冰川的物质平衡影响径流变化。第一类是大陆性冰川，第二类是海洋性冰川，姚檀栋等(2004)对纳木错上游的扎当冰川的研究结果见表 3-18。姚檀栋等(2004)还对位于岗日嘎布山脉帕隆藏布源头的 6 条海洋性冰川(分别为帕隆 4 号、10 号、12 号、94 号和德木拉冰川)及波密附近的 24K 冰川进行了研究。这 6 条冰川近 3 年来物质平衡的研究(表 3-19)表明，虽然存在着年际间的差异，但都呈现负平衡状态。从这 6 条冰川的物质平衡看，冰川物质平衡与冰川面积间有一种负相关关系，即冰川面积越小，冰川物质亏损相对越大。大冰川物质亏损相对较小，可能是由于大冰川拥有较大的积累面积，因此可以延伸到较高海拔的地区从而获得更多降水。对于面积较小的冰川来讲，由于积累区面积很小或者根本没有积累区，冰川的净积累量很少或者根本没有，因此这些冰川显示出强烈的负物质平衡值。山谷冰川消融强烈的主要原因是由于冰川表面被一层较薄的表碛覆盖，因此会减小冰面反照率和增加短波辐射的吸收，从而导致冰川强烈消融。

表 3-19 藏东南帕隆藏布流域 6 条冰川的物质平衡值

冰川名称	冰川面积/km²	零平衡线高度/m	纯积累			纯消融			物质平衡		
			积累区面积/km²	积累量/10^4m^3	积累深度/mm	消融区面积/km²	消融量/10^4m^3	消融深度/mm	净平衡量/10^4m^3	平均值/mm w. e.	消融区面积所占比例/%
94 号	2.51	5412	0.52	41.0	793	1.99	270.5	1356	−229.5	−913	80
		5333	1.08	47.2	437	1.43	110.9	775	−63.7	−254	60
		5423	0.50	45.6	910	2.01	316.3	1573	−270.6	−1078	80
12 号	0.21		0.00	0.0	0	0.21	30.4	1449	−30.4	−1449	100
			0.00	0.0	0	0.21	22.1	1050	−22.1	−1050	100
			0.00	0.0	0	0.21	29.6	1410	−29.6	−1410	100
10 号	2.04	5429	0.66	126.9	1917	1.38	264.7	1918	−137.8	−675	70
		5419	0.72	134.4	2547	1.31	242.0	1847	−57.6	−283	60
		5445	0.63	149.0	2350	1.41	270.0	1917	−121.0	−593	70

续表

冰川名称	冰川面积/km²	零平衡线高度/m	纯积累			纯消融			物质平衡		
			积累区面积/km²	积累量/10⁴m³	积累深度/mm	消融区面积/km²	消融量/10⁴m³	消融深度/mm	净平衡量/10⁴m³	平均值/mm w. e.	消融区面积所占比例/%
4号	11.71	5452	5.47	575.9	1053	6.24	1431.0	2292	−855.1	−730	50
		5341	6.34	1175.3	1854	5.37	1186.7	2210	−11.4	−10	50
德木拉	0.47		0.00	0.0	0	0.47	66.6	1416	−66.6	−1416	100
24K	2.74		0.00	0.0	0	2.74	333.9	1219	−333.9	−1219	100

朱立平(2010)等分析了雅鲁藏布江流域纳木错地区的冰川变化，1970～2004 年该区冰川面积减少了 30.72km^2，同期内湖泊面积增加了 95.38km^2，如图 3-26 所示。

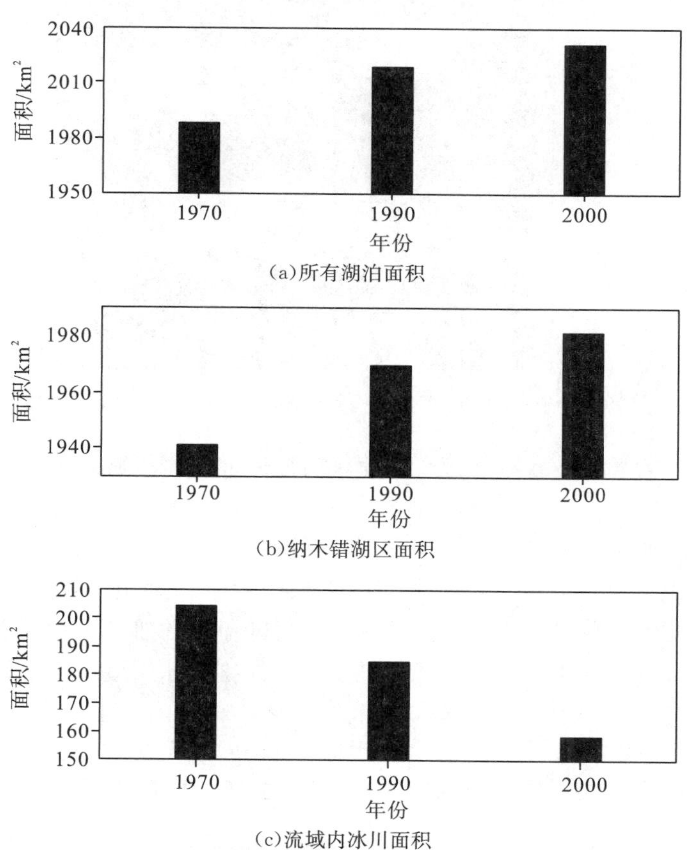

图 3-26　纳木错流域内所有湖泊面积、纳木错湖区面积和流域内冰川面积自 1970 年以来不同时间段的变化

姚檀栋(2002)等根据然乌湖流域的地形图数据和各期遥感影像数据，研究了近 25 年来怒江流域的然乌湖变化，发现湖区面积逐年增加：1980 年湖泊面积为

29.79km²，到 2005 年面积增加到 33.27km²，湖泊面积增加了 3.48km²，增加比例为 11.68%（图 3-27）；1980～1988 年，湖泊面积增加了 0.86km²，增加比例为 2.89%；1988～2001 年，湖泊面积增加了 1.56km²，增加比例为 5.09%；2001～2005 年，湖泊面积增加了 1.06km²，增加比例为 3.29%。由此可见，然乌湖流域湖泊面积呈加速扩大的趋势，根本原因是伴随着冰川物质亏损加剧，大量冰川融水汇入湖泊。

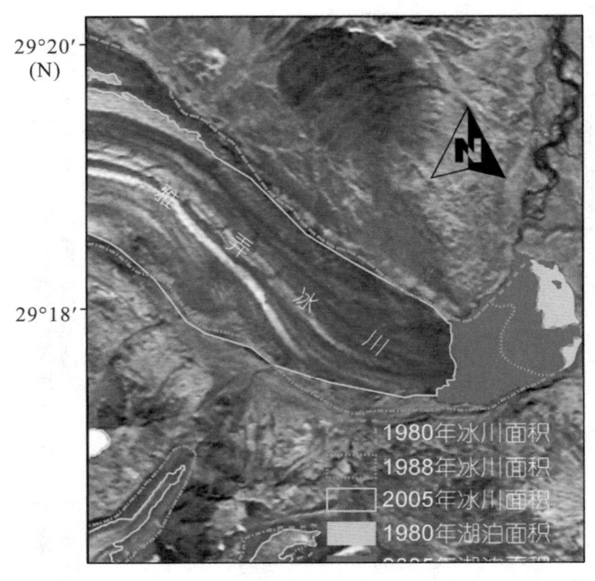

图 3-27 1980～2005 年然乌湖流域雅弄冰川末端退缩及其冰碛湖泊面积扩大

印度季风的影响导致雅鲁藏布江流域内迎风坡的冰川密集分布，冰川雪线高度也在印度季风影响强烈地区呈现降低趋势。近期西藏地区两种不同类型的冰川，即大陆型冰川和海洋型冰川均呈现较强的物质亏损，而且面积小的冰川的物质亏损比面积大的冰川的物质亏损更强烈。冰川物质的负平衡状态导致冰川补给发生变化。在雅鲁藏布江流域内的纳木错和怒江流域的然乌湖地区、特别是来古冰川末端湖，近几十年来冰川负物质平衡状态加剧、冰川融水对于流域内补给过程加强有直接关系。

第四节 西藏河川径流变化及其影响因素

受到全球气候变化和人类活动的影响，西藏高原的生态环境处于比较显著的变化之中，这种变化对高原河流的径流过程也产生了显著影响，主要表现在降水、气温、蒸发等气候条件的作用以及土地覆被、冰雪融水对径流形成的影响。通过对典型台站数据的分析，这些径流变化和影响因素之间的关系表现明显。

一、近期气温变化特征

在全球气候变暖的大背景下，1961～2000 年近 40 年来，高原整体的年平均气温呈现持续增加趋势(图 3-28)，年均气温增加率为 0.26℃/10a。

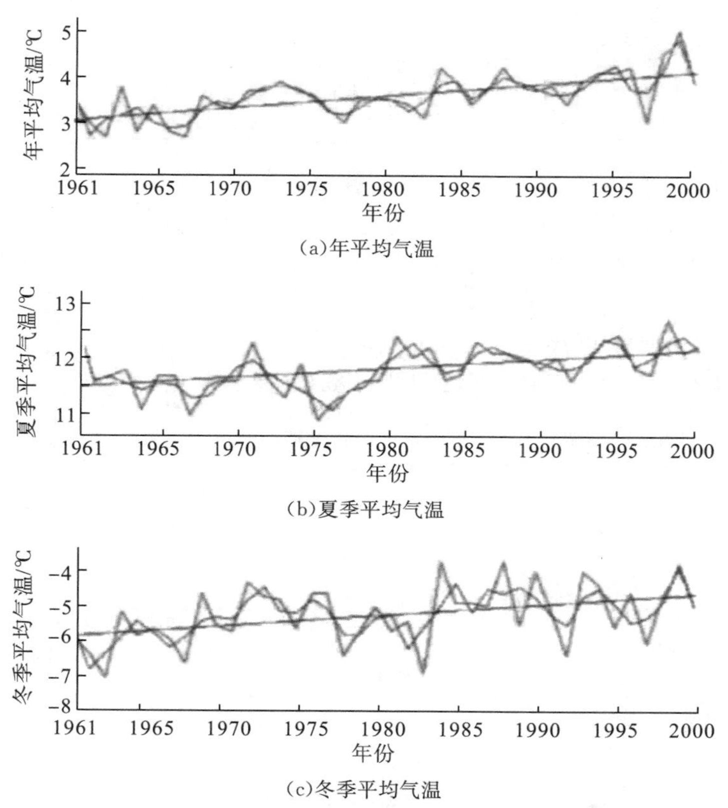

(a)年平均气温

(b)夏季平均气温

(c)冬季平均气温

图 3-28　西藏近 40 年平均气温和夏季、冬季平均气温的年际变化

但是从 1980～2010 年西藏高原的年平均气温变化曲线看，近 31 年来，西藏高原年平均温度呈显著上升趋势，其倾向率为 0.499℃/10a，超过前期气温增加的数值，这说明近 20 年的平均气温的增加率在提高，整个高原气温处于加速上升趋势(图 3-29)。

从西藏高原 1980～2010 年全年和四季平均气温及其年际变化标准来看，西藏高原年平均气温 20 世纪 80 年代最低，为 3.43℃，到 2010 年升高到 4.35℃；1980～1990 年增幅为 0.27℃，1990 年到 2010 年增幅为 0.65℃，温度增加呈明显加速趋势。在四季平均温度方面，春季、夏季、秋季和冬季平均温度的变化幅度都比较大，且呈现大幅波动，而且 1990～1999 年的温度变化平均值明显高于 1980～1989 年。

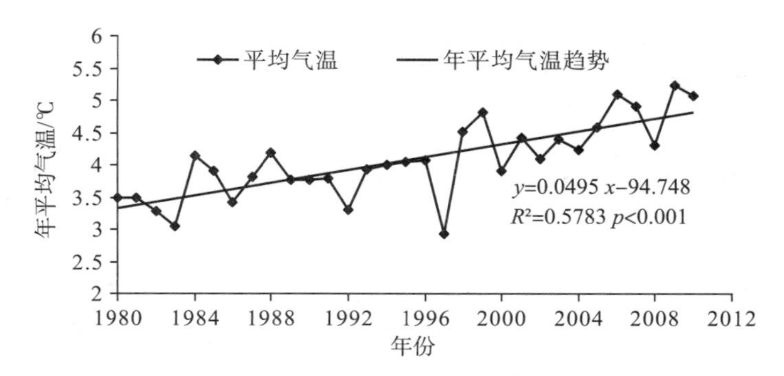

图 3-29 西藏高原 1980～2010 年的年平均气温变化

从空间格局看，其中 1980～2010 年各站点多年平均气温为−2.43～12.09℃，除班戈、安多和那曲站点多年平均气温小于 0℃外，其他站点气温都高于 0℃（表 3-20）；1980～2010 年各站点春季平均气温为−0.66～11.31℃，申扎、当雄、日喀则、拉萨、泽当、定日、隆子、帕里、索县、丁青、昌都、波密、林芝、察隅等站点春季平均温度高于 0℃；1980～2010 年各站点春季平均气温为−12.73～5.29℃，泽当、嘉黎、波密和林芝站点冬季平均气温高于 0℃，如图 3-30 所示。

表 3-20 西藏 1980～2010 年平均温度和四季平均气温及其标准差 （单位：℃）

年份	全年		春		夏		秋		冬	
1980 年	3.43	(4.22)	3.38	(4.35)	11.53	(3.19)	3.90	(4.18)	−5.32	(5.07)
1990 年	3.70	(4.18)	3.78	(4.29)	11.62	(3.06)	4.32	(4.16)	−4.15	(4.66)
2000 年之后	4.35	(4.11)	4.17	(4.29)	12.11	(3.16)	4.80	(4.12)	−3.90	(4.81)
平均	3.85	(4.17)	3.81	(4.30)	11.76	(3.14)	4.35	(4.15)	−4.77	(5.00)

注：括弧中数值为标准差

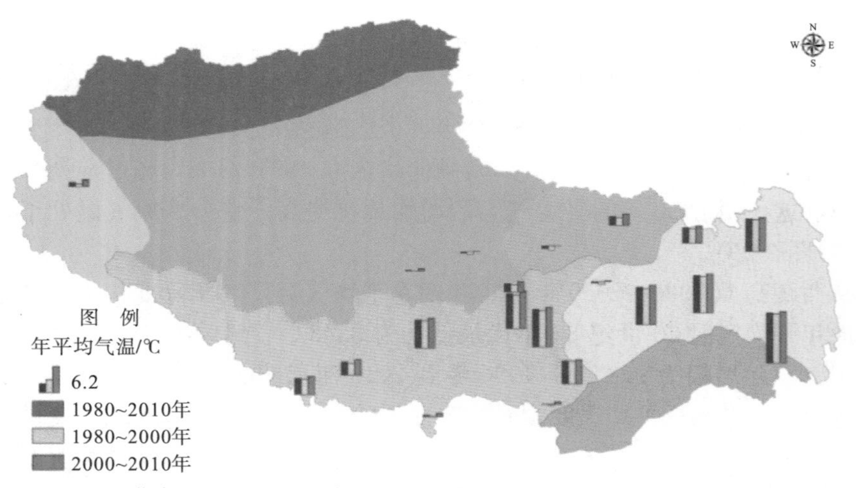

图 3-30 西藏高原 1980～2010 年、1980～2000 年与 2000～2010 年的年平均温度

二、近期降水变化特征

西藏高原 1980～2010 年的年降水量平均值为 500.4mm，近 31 年来年降水量呈上升趋势，其倾向率为 10.9mm/10a。在时间过程上，20 世纪八九十年代年降水量以增加为主，累积距平曲线呈波动式下降状态。进入 21 世纪后，年降水量又快速减少，累积距平曲线呈急剧下降趋势，其中聂拉木站降水总量减少幅度最为显著，1990～2000 年的年降水总量比 1980～1990 年减少 203mm，拉萨站降水总量增加幅度最为显著，1990～2000 年的年降水总量比 1980～1990 年增加 75mm，如图 3-31 所示。

在空间格局上，西藏高原年降水总量、春季降水总量和冬季降水总量均呈非常明显的由东南向西北逐步减少趋势，从各站点年降水总量平均值看，察隅和波密 1980～2010 的年降水总量平均值最高，狮泉河、帕里和隆子最少。西藏高原年降水总量变化的区域明显，聂拉木、林芝、波密和察隅的年降水量波动性最大，而狮泉河和错那年降水量波动性最小。

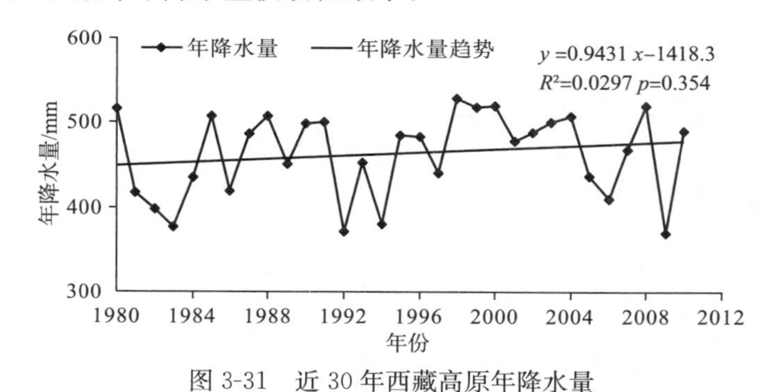

图 3-31　近 30 年西藏高原年降水量

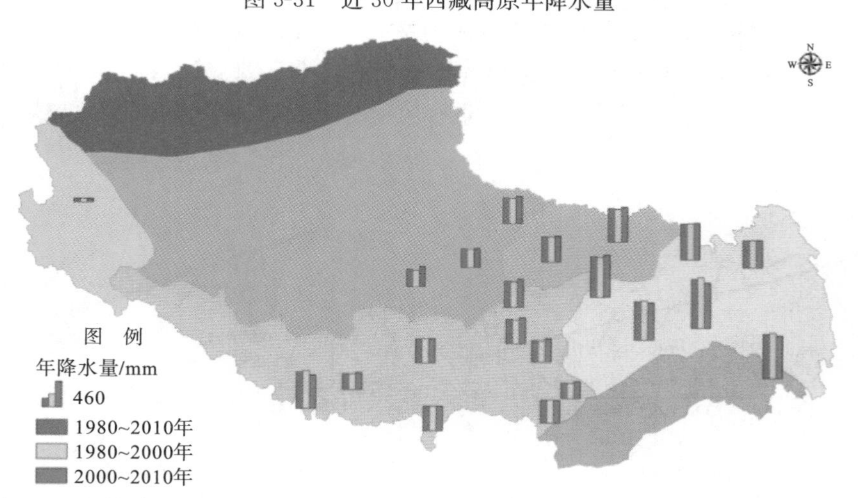

图 3-32　西藏高原 1980～2010 年、1980～2000 年、2000～2010 年各站点年降水总量

西藏高原年降水量变化区域差异显著，1980～2010 年西南部降水呈显著性增加趋势。从各站点降水变化看，1980～2000 年狮泉河、聂拉尔和班戈 3 个站点年降水量呈减小趋势，降水倾斜率为负，而安多、那曲、申扎、当雄、日喀则、拉萨、泽当、定日、错那、隆子、帕里、索县、丁青、昌都、嘉黎、波密、林芝、察隅 18 个站点年降水量呈增加趋势，降水倾向率为正，其中降水量增加速度最快的是昌都，为 8.1mm/10a，减少速度最快的是聂拉木，为 6.4mm/10a。在时间过程上，1980～2000 年除了聂拉木站点，所有站点降水都呈增加趋势，其中狮泉河增加幅度最大。

采用 Mann-Kendall 秩次相关检验法、线性回归分析法对雅鲁藏布江上、中、下游代表站 1960～2009 年年降水量进行统计分析，发现上、中游代表站年降水量呈下降趋势，下游代表站呈增加趋势，但均不显著(表 3-21)。全流域总体来看，雅江流域降水没有显著的变化。

表 3-21 雅鲁藏布江代表站降水变化趋势

水文站	M-K U	M-K β	线性趋势	统计年份
奴各沙	−1.79	−1.94	−2.16	1960～2009
羊村	−0.38	−0.53	−0.67	1960～2009
奴下	1.07	0.99	0.99	1960～2009

三、近期蒸发量变化特征

西藏自治区气候中心研究了雅鲁藏布江中游各站点的水面蒸发观测数据，用气象站 20cm 口径观测的水面蒸发量总体呈不同程度地减少趋势，平均每 10 年减少 110mm，如图 3-33 所示。根据分析，该区域近 25 年年日照时数以−67.55h/10a的速率减少；各季节日照时数呈明显减少趋势，平均每 10 年减少 7.35～40.33h，其中夏季减幅最突出，秋季次之，为−18.70h/10a。年平均风速以−0.30(m/s)/10a的速率减小。日照时数和风速的降低是蒸发量减少的主要原因。

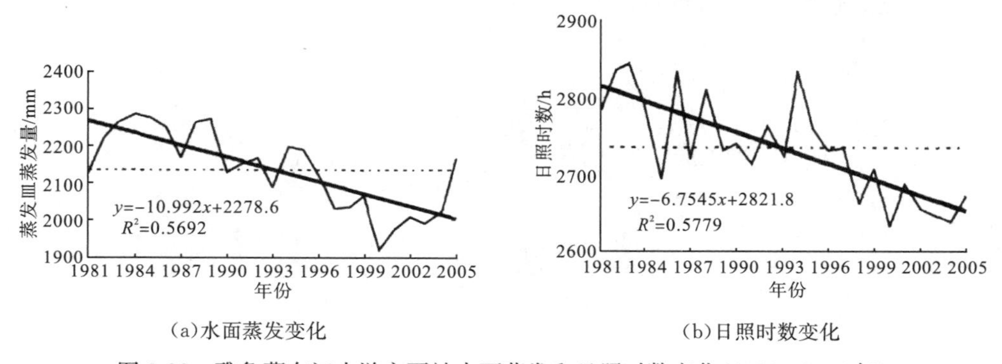

(a)水面蒸发变化 (b)日照时数变化

图 3-33 雅鲁藏布江中游主要站水面蒸发和日照时数变化(1981～2005 年)

根据西藏自治区气候中心的研究，未来西藏气温将继续上升，大部分地区降水增多。根据气候模式预估的结果，在只考虑温室气体影响时，2050 年西藏平均气温将升高 2.4～3.2℃，2100 年将升高 4.0～7.0℃，升温率为 2.0～2.5℃/50a；如果考虑温室气体与气溶胶的共同作用，2050 年将升高 1.6～2.2℃，2100 年将升高 2.0～3.5℃，升温率为 1.0～2.0℃/50a。在只考虑温室气体的影响时，21 世纪中期年平均降水将增加，相对于基年(1961～1990)的增加范围为 30～120mm，东部地区降水增加幅度最大；21 世纪后期降水增加幅度加大，东部地区年降水量相对于基年增加 120mm 以上，而南部降水减少。

四、河川径流变化特征

作为西藏高原代表性河流，这里以高原中部的拉萨河及尼洋河的径流变化来体现高原河川径流的变化特征，如图 3-34 所示。

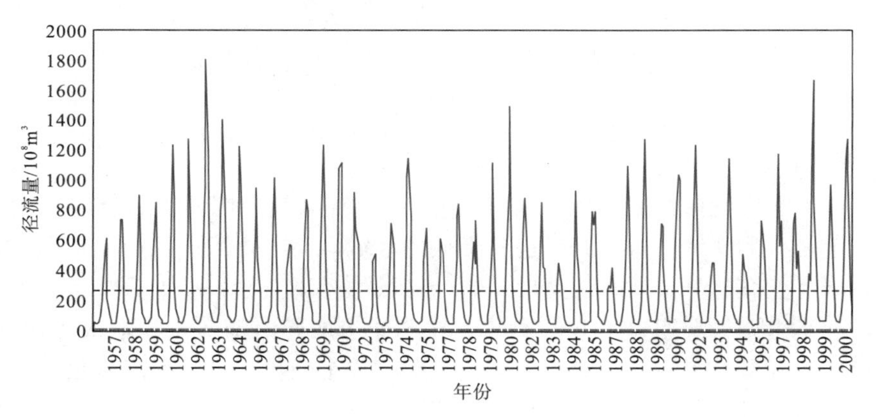

图 3-34　拉萨河近 60 年径流量变化过程

根据拉萨站 1956～2010 年日平均流量观测资料统计分析，拉萨河流域多年平均实际来水量 92.84 亿 m^3，20 世纪 60 年代初期最丰，20 世纪 80 年代最枯，近 10 年开始呈现较丰的水量。

由图 3-35 可知，拉萨站的年平均流量总体上呈轻微上升趋势，每 10 年增加 9.8m^3/s，但拉萨站的年平均流量过程上升趋势并不显著。

研究尼洋河流域径流量的年际变化特征，发现该流域多年平均径流量为 172.3 亿 m^3，最大年径流量为 225.57 亿 m^3(1962 年)，最小为 128.75 亿 m^3(1992 年)，极值比为 1.34。自 1956～2000 年流域径流深虽有波动，但总体保持平稳趋势，径流量波动变化的幅度较雨量变化的幅度小，如图 3-36 所示。

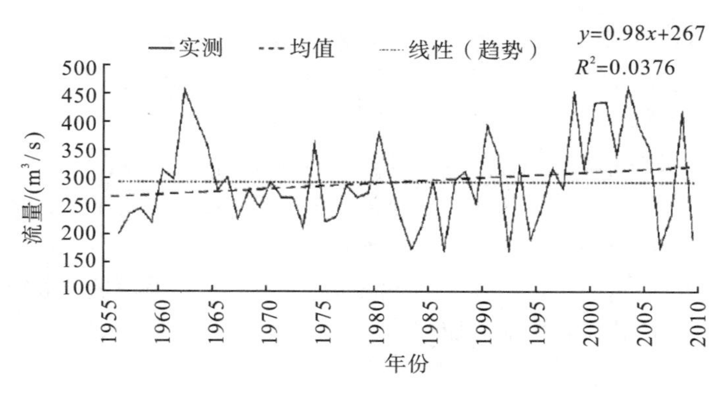

图 3-35 拉萨站年平均流量系列变化趋势

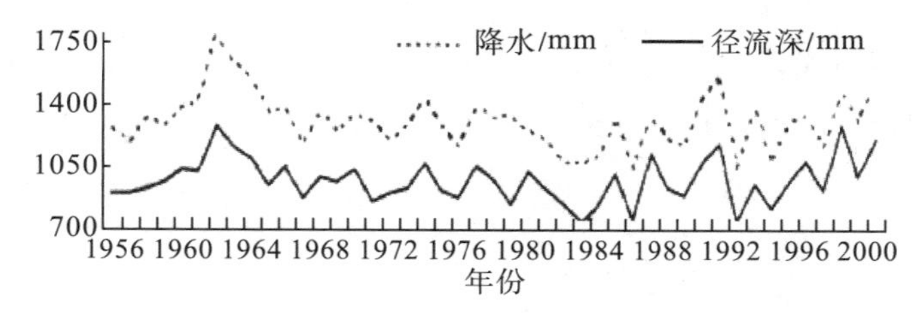

图 3-36 尼洋河流域降水、径流年际变化过程

从以上水文气象特征来看，西藏高原近 50 年来气温明显上升，降水量基本保持稳定，有的区域略有上升，也有降低的区域，而主要河流的径流量呈现基本稳定，略有上升趋势。从径流系数来看，流域的径流系数呈现上升趋势，其上升原因可能是由于气温明显上升的影响，导致冰川加速消融，冰雪融水急剧增加，另外流域蒸发量显著降低，因而流域径流深的减小趋势远没有面降水量明显，单位降水量所产生的径流量有所增加，如图 3-37 所示。

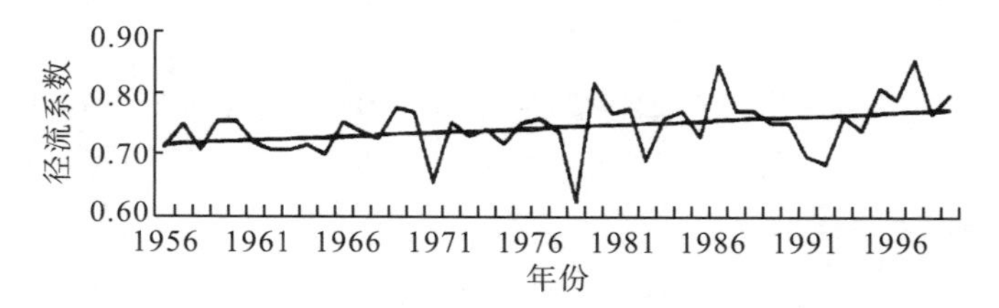

图 3-37 尼洋河流域径流系数变化过程(达瓦次仁)

第四章　西藏高原湖泊湿地特征

第一节　西藏的主要湖泊湿地

西藏是我国湖泊密度最大的地区之一，是地球上海拔最高、数量最多和面积最大的高原内陆湖区。面积超过 $1km^2$ 的湖泊达 612 个，超过 $5km^2$ 的有 345 个（中国科学院青藏高原综合科学考察队，1984；刘登忠，1992）。据不完全统计，西藏湖泊总面积为 $25788.6km^2$，占全区国土总面积的 2.14%。占全国湖泊面积的 30%。其中，羌塘高原内陆的湖泊数量占自治区湖泊总数的 90%以上。西藏是世界上海拔最高、范围最大、数量最多的高原湖区。

一、高原湖泊（湿地）的成因

西藏是中国湖泊（湿地）分布最集中的区域之一，拥有各类湖泊（湿地）面积超过 600 万 hm^2，约占全区国土总面积的 5.31%，居中国之首，并拥有世界上独一无二的高山湿地，是《中国湿地保护行动计划》、《全国湿地保护工程规划》关注的重要区域。西藏高原外流区多数湖泊分布在河道中，属外流湖；内流区湖泊都是内流河的尾闾和汇水中心，多数湖泊为内陆湖。冈底斯山以北昆仑山以南，湖泊更为密集。本区是地球上海拔最高、面积最大的内陆湖群。其性质独特，早为中外学者所注意，但对其成因观点不一，主要有以下两种观点（表 4-1、图 4-1）。

1. 冰川挖蚀观点

Huntington（1906）认为高原曾被大陆冰川所覆盖，冰体挖蚀地表后形成洼地，后来积水而成湖泊。西尼村（1958）认为在早第四纪时，整个西藏高原是被连绵的一片冰雪覆盖。第四纪之后冰川不断缩减，在冰盖下解脱出来的山间盆地中即形成宽广的冰积平原和一些大湖。

2. 河谷堰塞观点

还有一种观点认为，地壳的差异运动使下游河床上升而堵塞了河谷，或由各种支谷的洪积扇、山坡崩塌物质或冰川泥石流堵塞河谷而成湖泊。徐近之（1960）等也曾提及湖盆的构造成因，但都没有进行较为详尽的论述。陈志明（1981）等通过对整个高原的综合考察认为，单纯冰川挖蚀或河谷堵塞，仅能形成小型湖泊，而对高原广泛分布的大中型湖泊来说，地质构造变化应是其主要成因。西藏许多湖泊岸线陡直、多岛屿、多温泉，常见断崖和断层三角面，具有更强烈的高山湖泊的自然特征。

表 4-1　西藏高原主要湖盆成因

成因	名称	分类标准和主要特征	实例
地貌湖	冰川湖	冰川发育过程中由刨蚀、堵塞、溶蚀而形成的湖泊	易贡湖
	淤积湖	河流萎缩、改道、堵塞，泥石流、滑坡堵塞形成的湖泊	朗玛日湖
	堤间湖	湖泊收缩、迁移而形成的洼地	哈姜湖
	盐溶湖	由于盐层或盐丘溶蚀而形成的洼地	日尔拉玛湖
	热水湖	由于地下热水爆炸或局部地形凸起而堵塞形成的热水湖	碱海子
	火山湖	由新生代火山口或火山熔岩封闭的湖泊	乌努克勒湖
构造湖	山间断块深盆	印度洋板块和欧亚板块碰撞后整体塌陷形成	柴达木中南部诸盐湖
	带内拗断湖盆	为中、新生代缝合带间构造继承性凹陷	班戈湖
	微裂谷湖盆	南北向张性盆地，常伴有岩浆性地热活动	打加错
	走滑湖盆	地壳平移扭动形成的北西或北东向盆地	格仁错
撞击湖	陨坑湖	由陨石撞击形成的洼地，有边缘环状隆起	园湖

资料来源：黄大友等，2012

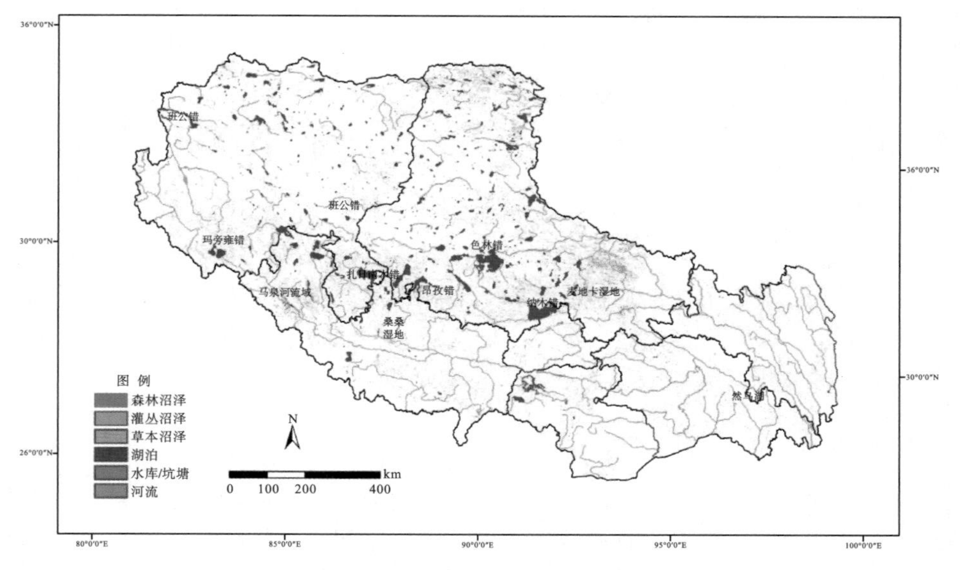

图 4-1　西藏高原主要湖泊分布图

二、湖泊(湿地)类型及面积

(一)湖泊类型

西藏高原不仅是世界上海拔最高的高原湖泊分布区，而且是我国湖泊分布最集中的区域之一，占全国湖泊总面积的1/3，与长江中下游的外流湖泊构成我国东西两大湖泊群。西藏湖泊分为三大区：藏东南外流湖区为淡水湖；藏南的湖泊有淡水湖、咸水湖或半咸水湖；藏北内陆湖区多为咸水湖，其次为盐湖和干盐湖，如图4-2所示。

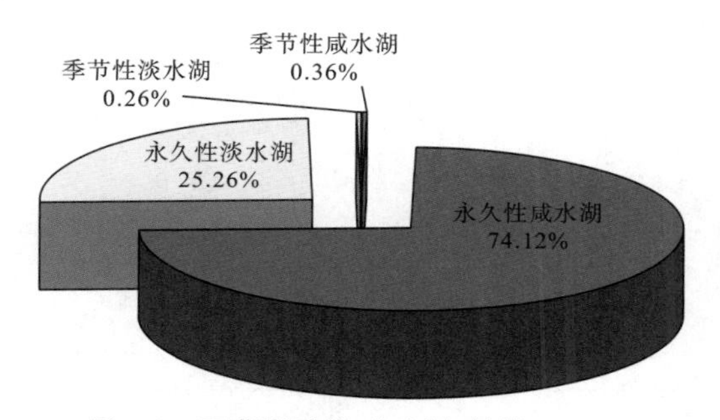

图4-2　西藏湖泊类型(刘务林等，2013)

(二)湖泊的流域分布及面积

西藏国土面积可以分为3个一级流域、7个二级流域和12个三级流域。一级流域中，西北诸河区湖泊湿地面积266.9万 hm^2，西南诸河区湖泊湿地面积35.9万 hm^2，长江区湖泊湿地面积0.19万 hm^2，详见表4-2。

表4-2　西藏各流域湖泊(湿地)分布概况表　(单位：hm^2)

流域	湖泊类型				合计
	永久性淡水湖	永久性咸水湖	季节性淡水湖	季节性咸水湖	
合计	765442.76	2246248.44	7988.58	10811.84	3030491.62
1 西北诸河区	477054.49	2174511.54	6668.00	10811.84	2669045.87
(1)羌塘高原内陆河	477054.49	2174511.54	6668.00	10811.84	2669045.87
羌塘高原区	477054.49	2174511.54	6668.00	10811.84	2669045.87
2 西南诸河区	286473.14	71736.90	1320.58		359530.62
(2)藏南诸河	133560.42	44890.08	289.68		178740.18
藏南诸河	133560.42	44890.08	289.68		178740.18
(3)藏西诸河	77581.74	6913.89	44.39		84540.02
奇普恰普河	10.80				10.80

续表

流域	湖泊类型				合计
	永久性淡水湖	永久性咸水湖	季节性淡水湖	季节性咸水湖	
藏西诸河	77570.94	6913.89	44.39		84529.22
(4)雅鲁藏布江	63269.30	19851.90	892.08		84013.28
拉孜以上	20854.51	19830.73	723.51		41408.75
拉孜至派乡	29833.86	21.17	140.12		29995.15
派乡以下	12580.93		28.45		12609.38
(5)澜沧江	503.08		11.77		514.85
沘江口以上	503.08		11.77		514.85
(6)怒江及伊洛瓦底江	11558.60	81.03	82.66		11722.29
怒江勐古以上	11513.46	81.03	82.66		11677.15
伊洛瓦底江	45.14				45.14
3 长江区	1915.13				1915.13
(7)金沙江石鼓上	1915.13				1915.13
直门达至石鼓	1911.16				1911.16
通天河	3.97				3.97

资料来源：刘务林等，2013

(三)各地(市)行政区湖泊分布

西藏 7 个地(市)区湖泊湿地面积 303.1 万 hm^2。那曲地区属湖泊湿地分布最密集区域，湖泊众多，湖泊湿地面积达 163.8 万 hm^2，居 7 个地(市)区之首，包括色林错、纳木错、当惹雍错、格仁错、吴如错、多尔索洞错、多格错仁等。阿里地区湖泊湿地达 82.3 万 hm^2，居 7 个地(市)的第 2 位，主要包括扎日南木错、玛旁雍错、班公错等。分布详见表 4-3。

表 4-3　西藏自治区 7 个地区(市)湖泊分布概况表　(单位：hm^2)

地区(市)	湖泊类型				合计
	永久性淡水湖	永久性咸水湖	季节性淡水湖	季节性咸水湖	
合计	765442.76	2246248.44	7988.58	10811.84	3030491.62
阿里地区	228276.51	589544.90	2385.12	2454.32	822660.85
那曲地区	272739.94	1352408.04	4195.97	8357.52	1637701.47
日喀则市	143984.64	189810.50	1277.69		335072.83
林芝市	26590.95				26590.95
山南地区	80905.94	35617.55	15.67		116539.16
昌都市	11453.37		73.35		11526.72
拉萨市	1491.41	78867.45	40.78		80399.64

三、西藏湖泊的水化学特征

(一)水化学特征

西藏湖泊水化学类型受多个自然因素的影响。干旱气候和封闭的地形条件，促使湖水向盐化方向发展。气候越干燥，湖水蒸发越强烈，含盐量越高。总的地带性规律是由南向北、自东而西湖水矿化度呈增大趋势。总体上看西藏大部地区水质较好，能够满足国家生活饮用水卫生标准(黄大友等，2012)。水体pH处于6.75～8.21范围内；总溶解性固体(total dissolved solids，TDS)物质均值为225.5mg/L；阿里地区水中砷元素含量超标(超过10μg/L)，那曲双湖县水中氟含量超标(超过1mg/L)；水化学类型主要为Ca^{+}-HCO_3^-型；由南向北水中阳离子由以Ca^{2+}为主逐渐过渡到以Na^+为主，阴离子HCO_3^-逐渐减少，Cl^-与SO_4^{2-}逐渐增多；河流水与冰川融水的成因类型主要为岩石风化型，地下水成因受多种因素控制；构造分区控制水中主要元素进而影响水化学类型(田原等，2014)。

淡水湖水化学类型以HCO_3型水为主，盐湖主要为Cl型水，微咸-咸水湖以SO_4型水为主，具体各湖盆的水化学类型比较复杂，见表4-4。

表4-4　西藏典型湖泊水化学特征

湖泊名称	分析结果/(mg/L)					
	U	矿化度	K^+	Na^+	Ca^{2+}	Mg^{2+}
达则错	0.42	13750	810	9270	1.6	144.4
佩估错	0.11	3260	115	564	24.3	356
扎布耶	3.20	355150	24707	131376	54794	0.5
湖泊名称	分析结果/(mg/L)					
	^{226}Ra	HCO_3^-	CO_3^-	SO_4^{2-}	Cl^-	pH
达则错	0.36	263.5		195.4	1690	
佩估错	0.64	1535		934	42	
扎布耶	0.31	1.5	28434	8826	160127	11.0

资料来源：黄大友等，2002

(二)典型湖泊中主要离子特征

水体化学离子是水化学研究的重点内容，西藏作为全球独特的地理单元之一，对不同湖泊湿地水化学特征的调查研究是青藏高原湖泊学研究的重要内容，有助于深入揭示湖泊演化及其对全球气候变化响应的过程。

通过对2012年8月和2013年9月两次对西藏拉昂错、玛旁雍错、扎日南木错、班公错、当惹雍错、羊卓雍错、昂仁错、拉姆拉错、错鄂、色林错、格仁错

11个湖泊的表层水取样分析，测定了阳离子 Ca^{2+}、Na^{+}、Mg^{2+}、K^{+} 和阴离子 F^{-}、Cl^{-}、SO_4^{2-}、NO_3^{-}，这八种离子可占水中溶解固体总量的99%以上，基本代表了高寒湖泊水主要化学离子在空间尺度上的主要变化特征。

11个湖泊中，以昂仁错的 Ca^{2+} 最高，当惹雍错次之、扎日南木错最低(图4-3)。水体中钙离子的浓度受到水体中碳酸根和pH的影响，从而间接影响水体中磷的浓度。湖泊中较高的钙离子可以提高水体中磷的固定，减少气候变化引起未来湖泊浮游生物滋长的威胁。饮用 Ca^{2+} 含量较高的水，应该先烧开煮沸以增加 Ca^{2+} 的沉淀，减少结石病的发生。

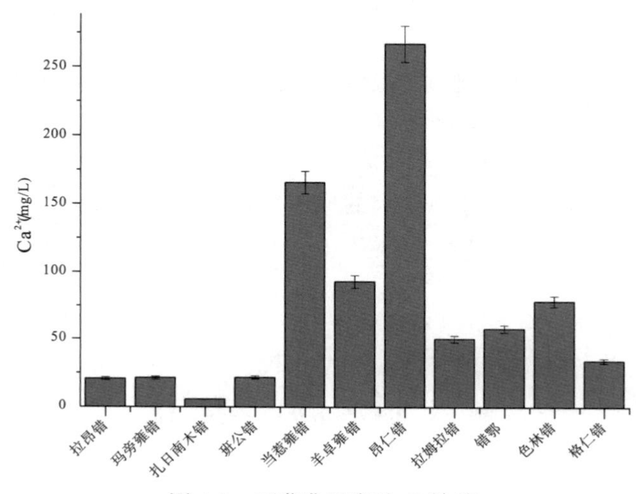

图4-3 西藏典型湖泊 Ca^{2+} 值

11个湖泊中，以昂仁错和扎日南木错的 Na^{+} 离子最高、玛旁雍错与格仁错最低，如图4-4所示。钠离子属于水迁移元素，它的迁移受到地下水流向的影响。

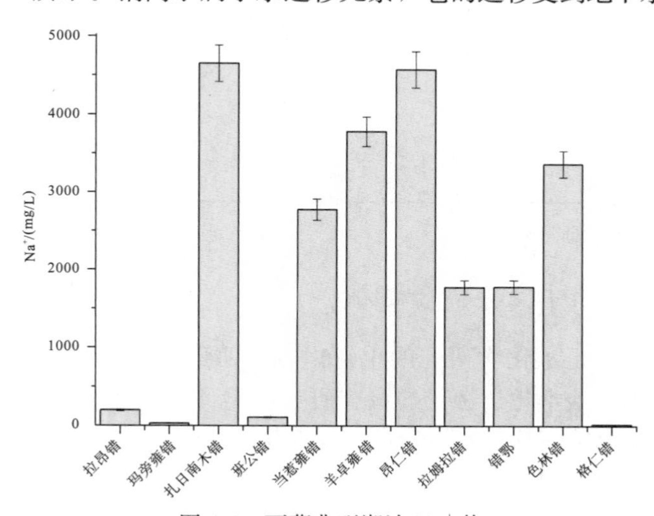

图4-4 西藏典型湖泊 Na^{+} 值

钠离子在身体内有助于血压、神经、肌肉的正常运作。钠离子是细胞外液中带正电的主要离子，能够参与水的代谢，保证体内水的平衡。钠离子还可以维持体内酸和碱的平衡。但是水中钠含量过高，对人体健康也具有潜在的危害。

11 个湖泊中，以当惹雍错、扎日南木错、色林错、昂认错的 Mg^{2+} 较高，格仁错与玛旁雍错较低(图 4-5)。长期饮用溶有较多钙、镁离子的水容易引起人体结石病症，加热可使水中钙、镁离子转变为沉淀。建议以上湖泊周边居民饮用湖水时，可多烧开煮沸几次，增加镁离子的沉淀。

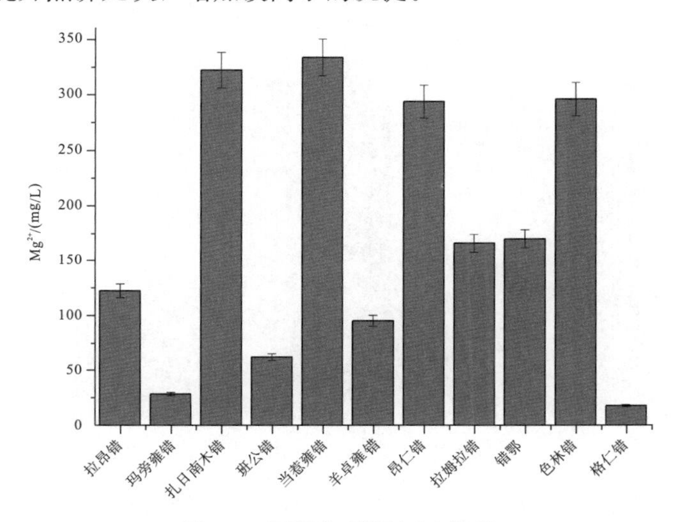

图 4-5　西藏典型湖泊 Mg^{2+} 值

11 个湖泊中，以昂仁错、扎日南木错、色林错的 K^+ 较高，格仁错、拉昂错、玛旁雍错、班公错较低(图 4-6)。钾离子较高可使水的电导率上升。

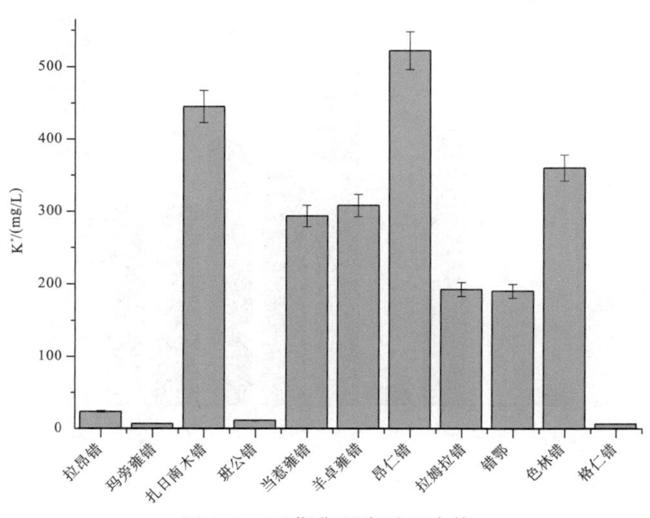

图 4-6　西藏典型湖泊 K^+ 值

氟广泛存在于自然水体中，人体各组织中都含有氟，但主要积聚在牙齿和骨筋中。生活饮用水中氟的适宜浓度为 0.5~1.0mg/L，当长期饮用含氟高于 1.0~1.5mg/L 时，则容易患斑齿病，如水中含氟量高于 4.0mg/L 时候，则可导致氟骨病。根据测定结果，当惹雍错和拉昂错的湖水不宜直接供人畜饮用(图 4-7)。

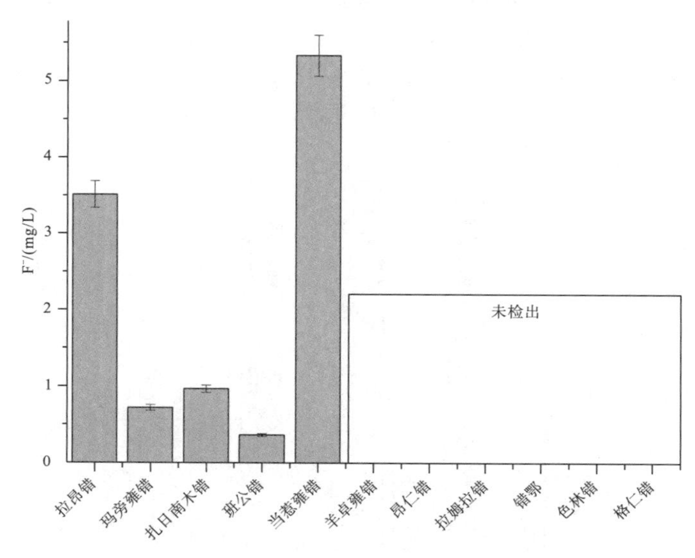

图 4-7 西藏典型湖泊 F^- 值

11 个湖泊中，以色林错的 Cl^- 浓度最高，格仁错和玛旁雍错最低(图 4-8)。色林错是 11 个湖泊中最咸的湖泊。格仁错的水体最接近淡水，适于处理后开发矿泉水项目。

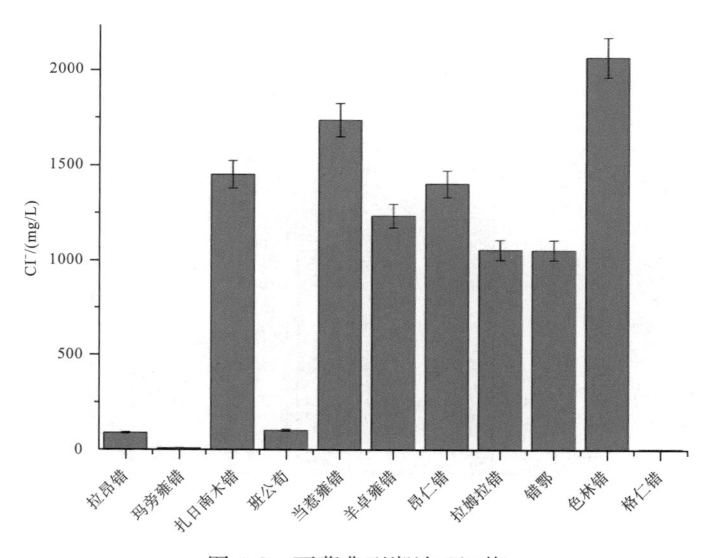

图 4-8 西藏典型湖泊 Cl^- 值

11个湖泊中，拉昂错、玛旁雍错、和扎日南木错三个湖泊检出硝酸根(NO_3^-)离子(图4-9)。硝酸盐含量是饮用水的安全主要指标之一。水中过量的硝酸根离子会影响婴幼儿血液中的氧浓度，并导致高铁血红蛋白症或蓝婴综合征。湖泊中硝酸盐含量较高时，会导致水生生物因缺氧而无法生存。因此，饮用这三个湖泊中的水要慎重。

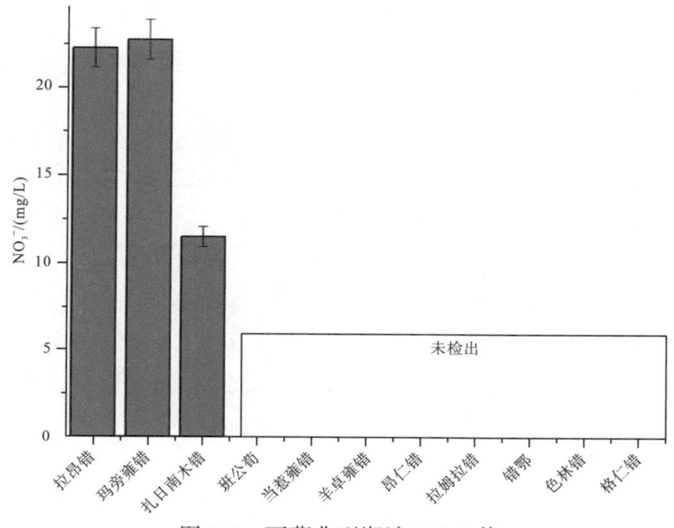

图4-9　西藏典型湖泊NO_3^-值

11个湖泊中，扎日南木错和色林错的SO_4^{2-}离子浓度较高，而格仁错和玛旁雍错的SO_4^{2-}浓度最低(图4-10)。SO_4^{2-}是最重要的阴离子之一，较高的硫酸根含量是水体酸化的一种表现。

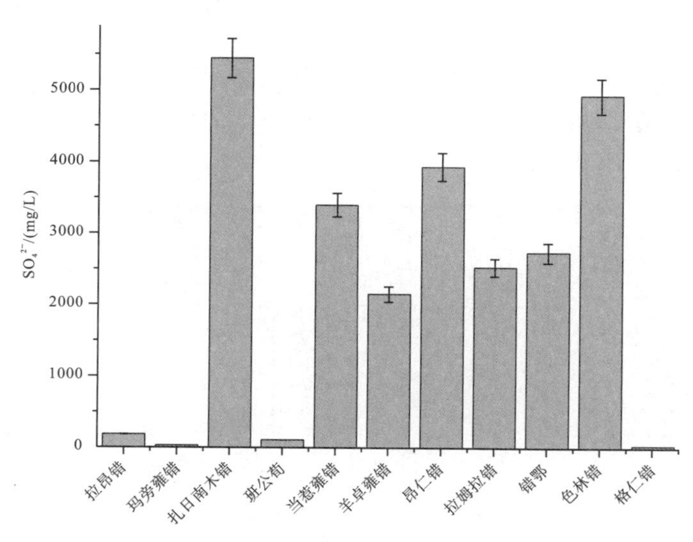

图4-10　西藏典型湖泊SO_4^{2-}值

四、藏北典型湖泊水体物理指标

格仁错位于西藏那曲地区申扎县境内，地处申扎县西部，冈底斯山北麓，康巴多钦山南麓，湖面海拔 4650m，面积 475.9km²。湖泊形状呈东北—西南走向的长条状。湖水主要依靠东南岸入湖的申扎臧布和西南岸入湖的巴汝臧布补给，湖水经西北部的加虾臧布注入孜桂错。湖区属高寒草原半干旱气候，年均降水量为 200～300mm，年均气温 0℃。

以中国科学院申扎高寒草原与湿地生态系统观测试验站为依托，从 2014 年 7 月 17 日到 10 月 26 日，在水生植物生长季，沿格仁错申扎藏布不同湿地类型设置 9 个定点采样观测点，共进行了 9 次采样分析，掌握了不同类型湿地水体主要物理指标的变化规律(图 4-11)。

观测期内，格仁错水体盐度始终保持在 0.16%，湖泊补给水的变化对湖体盐度影响不大。气温的变化趋势与电导和 pH 呈正相关，但是湖泊中溶解氧随着气温的降低反而升高，主要由于良好的水质和冬季风浪的扰动形成。但是冬季强烈的风浪扰动同时造成湖岸线一带的水体浊度增加。

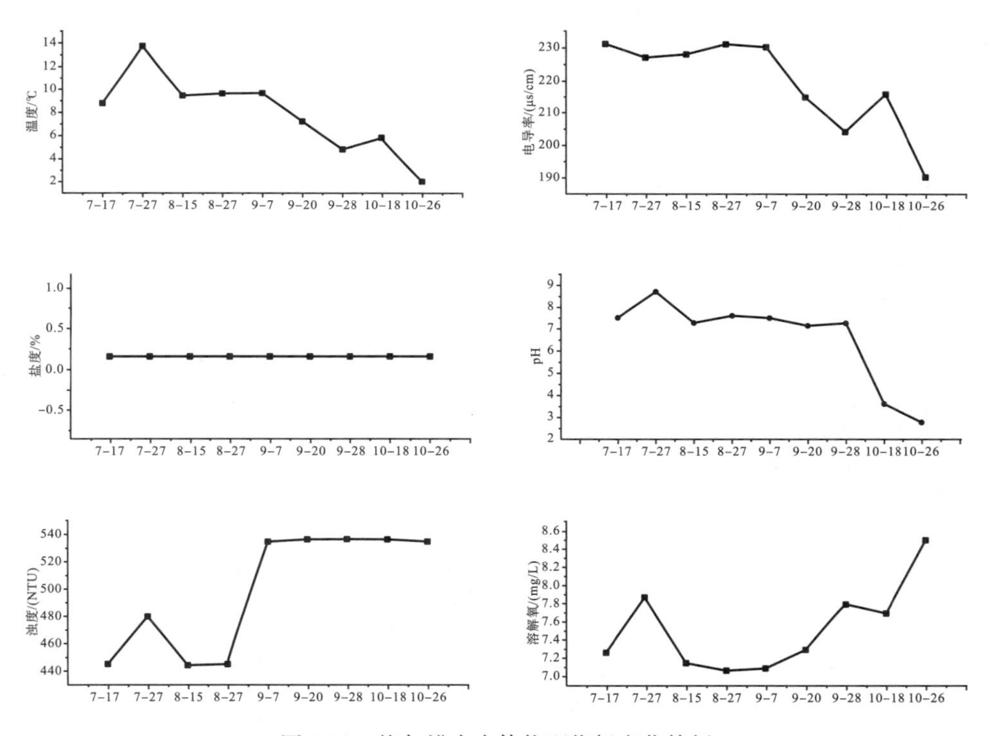

图 4-11　格仁错内水体物理指标变化特征

观测期内，申扎藏布流入格仁错入湖口盐度变化起伏较大，这与申扎藏布与湖水交汇处的水动力有关。随着气温降低，电导和 pH 逐步降低，但进入 9 月以后，入湖口浊度一直较高，同时溶解氧随着气温的降低波动较大，如图 4-12 所示。

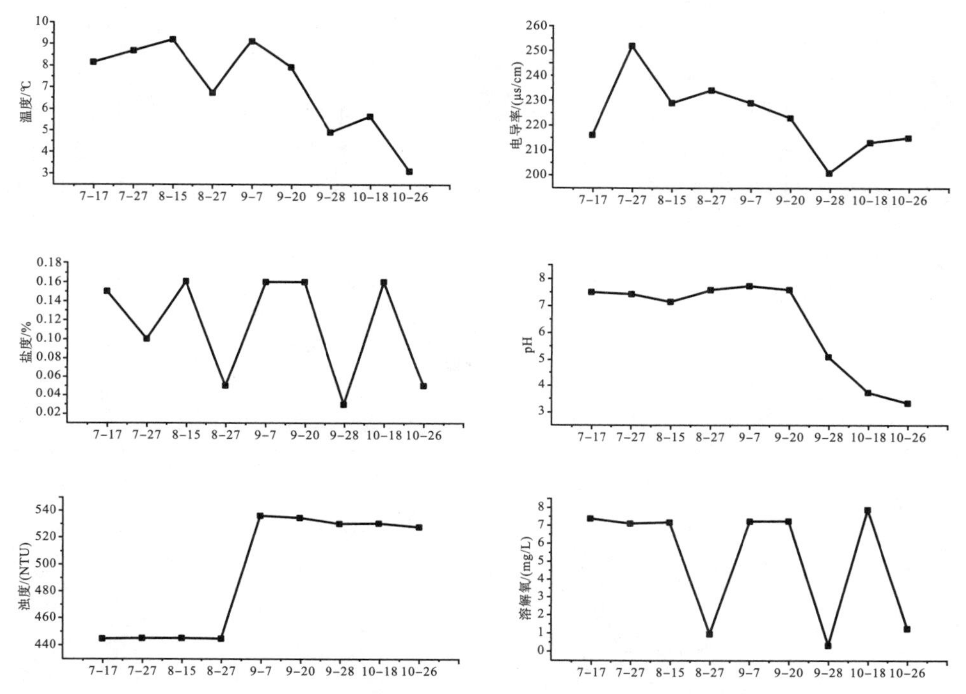

图 4-12 格仁错入湖口水体物理指标变化特征

湖滨湿地主要以沉水植物为主，其生物量(湿重计)达到 1.36kg/m^2，可以看到，随着生长季的结束，水体中电导率变化不大，盐度与溶解氧的变化趋势高度一致，而 pH 随着气温降低不断下降，如图 4-13 所示。

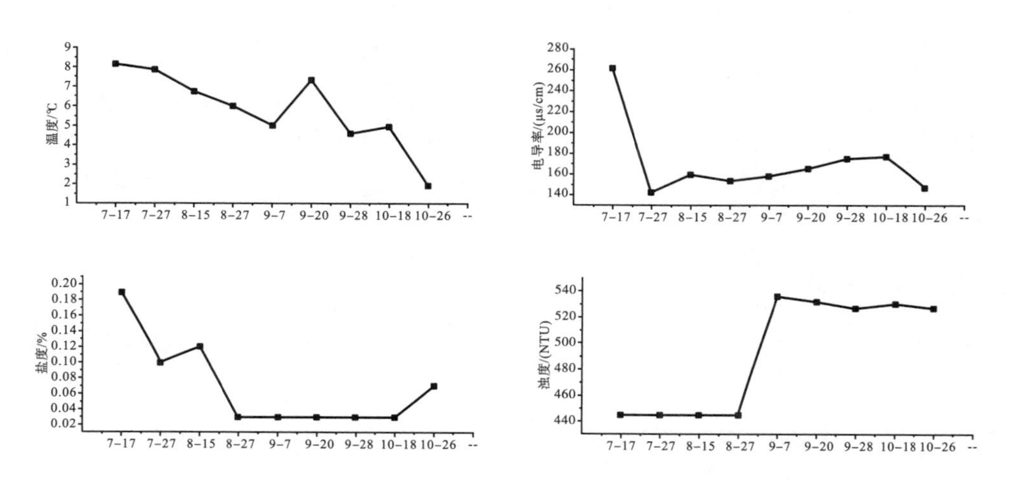

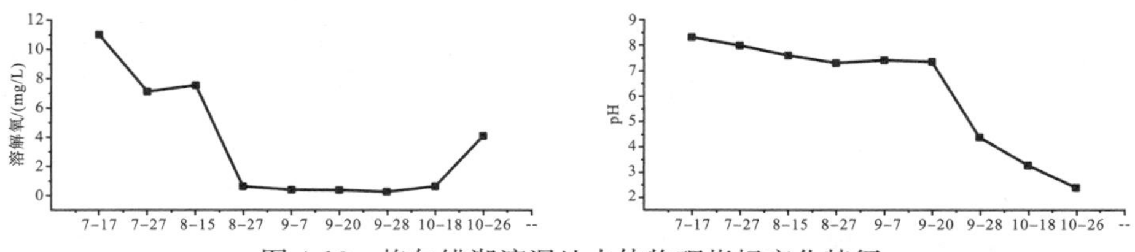

图 4-13 格仁错湖滨湿地水体物理指标变化特征

格仁错沼泽湿地在实验观测期间由于降水因素水位变动较大，因此浊度波动较大，由此导致电导在 8 月份出现峰值，9 月后雨水逐渐减弱，水位变浅，水量减少，导致水体中盐度急剧升高。由于水生植物的调节作用，溶解氧从 8 月中旬后一直维持较平稳状态，如图 4-14 所示。

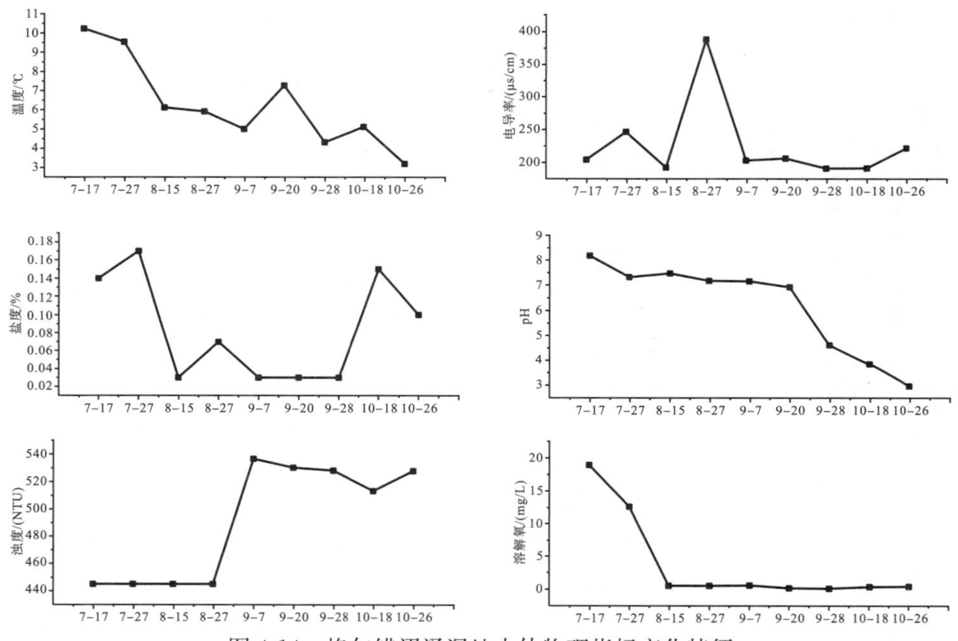

图 4-14 格仁错沼泽湿地水体物理指标变化特征

为了观测方便，格仁错河流湿地选择在申扎藏布一段较为平缓的河段，由于河水较深，基本无水生植物生存，电导变化波动较大，而浊度在进入 8 月份后一直维持较高值，pH 则随着气温降低而降低。盐度在 8 月后相对变化较小，如图 4-15所示。

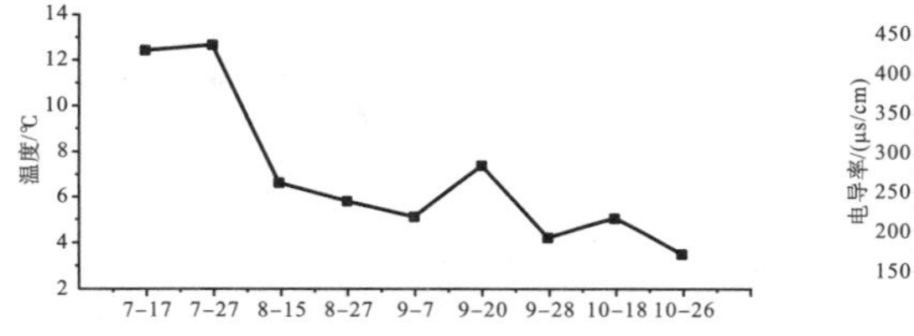

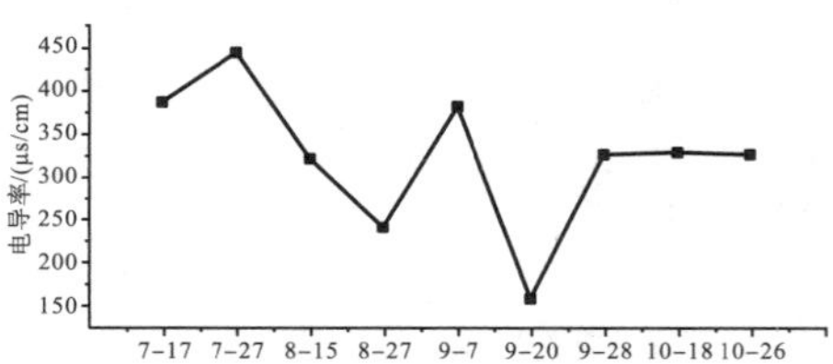

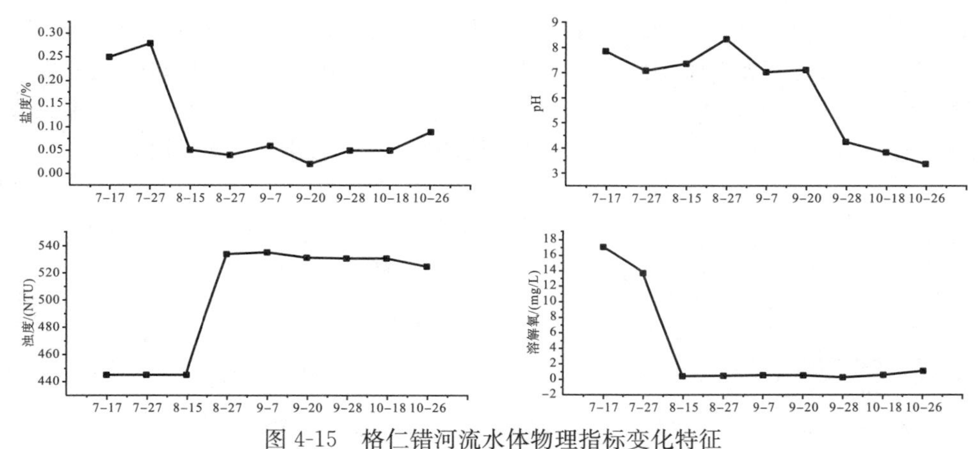

图 4-15 格仁错河流水体物理指标变化特征

该采样点选在放牧点，牛羊牧食较为频繁。可以看到，从 7～9 月，电导率持续下降，进入 10 月后，电导率开始迅速攀升，美国饮用水电导率为 50～1500μS/cm，台湾的湖泊水电导率为 100～400μS/cm，单从该指标来看，即使有牛羊粪便随地表径流进入湿地，但水体还是比较洁净。湿地内盐度从 8～10 月中旬基本稳定，pH 一直呈下降趋势，浊度在进入 9 月后维持较高水平，溶解氧从 8 月中旬开始基本稳定在一个较低的范围内，如图 4-16 所示。

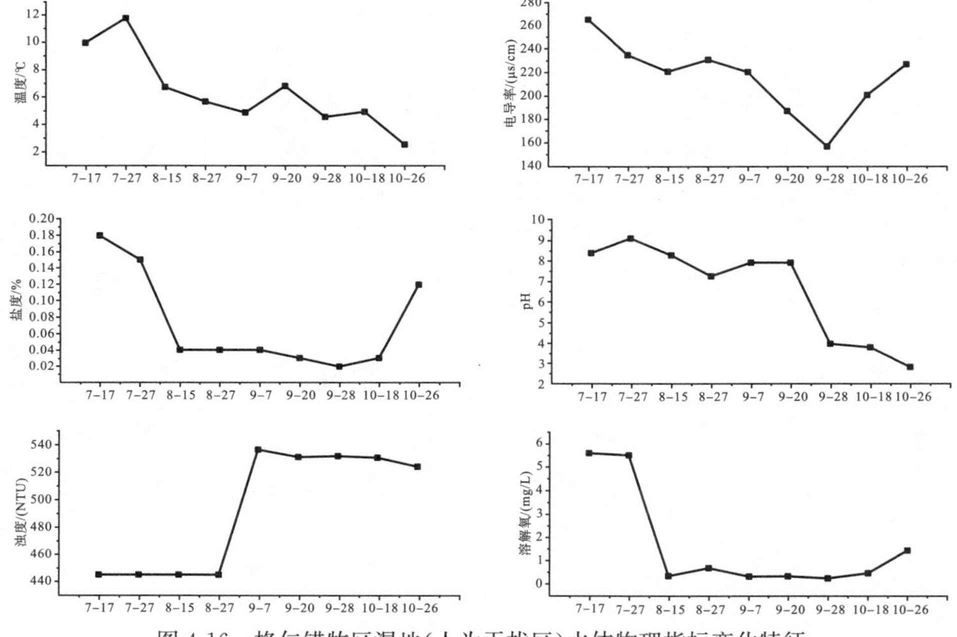

图 4-16 格仁错牧区湿地(人为干扰区)水体物理指标变化特征

城镇周边湿地观测点位于申扎县县城 1.2km 处，县城部分污水排入湿地，且居民在夏季时会前来洗衣。可以看到水体中电导率从 7～9 月下旬处于上升阶段，9 月维持一个较低值后迅速上升，9 月下旬之前，生活污水会随地表径流、河流进入湿地，增加水体中解离离子的数量。8 月中旬后，盐度开始降低并处于波动状态；pH 随气温的降低逐步降低。浊度从 8 月中旬后始终处于一个较高阈值范围内；DO 在 8 月中旬后维持在一个较低的水平，如图 4-17 所示。

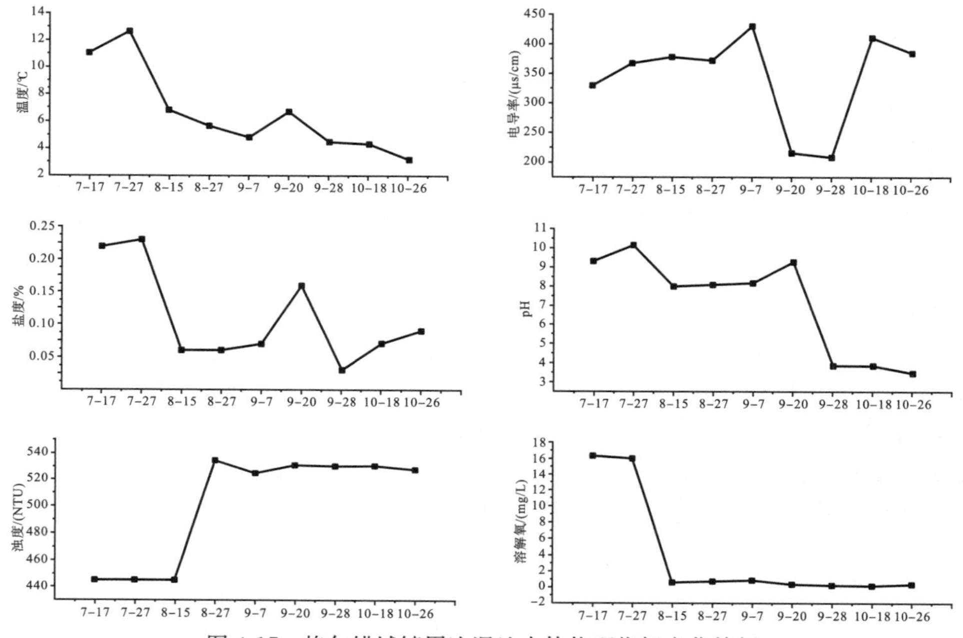

图 4-17　格仁错城镇周边湿地水体物理指标变化特征

该观测点位于申扎县城南 5km 处，周边无人为干扰，河流中无水生植物生存。电导率随时间总体呈不稳定下降趋势，盐度在 8 月中旬后处于一个较低的水平，pH 在九月中旬前较高，此后急速下降。浊度从 8 月中旬后始终处于一个较高阈值范围内；DO 在 8 月中旬后维持在一个较低的水平，如图 4-18 所示。

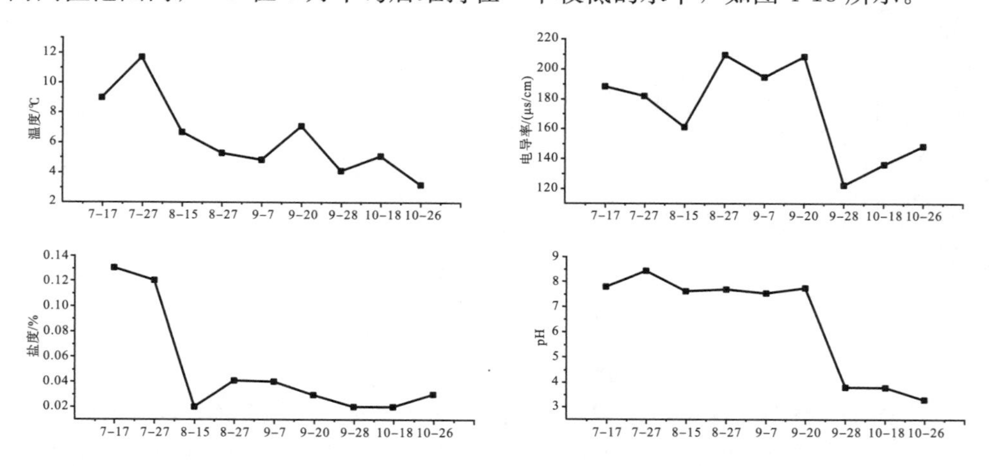

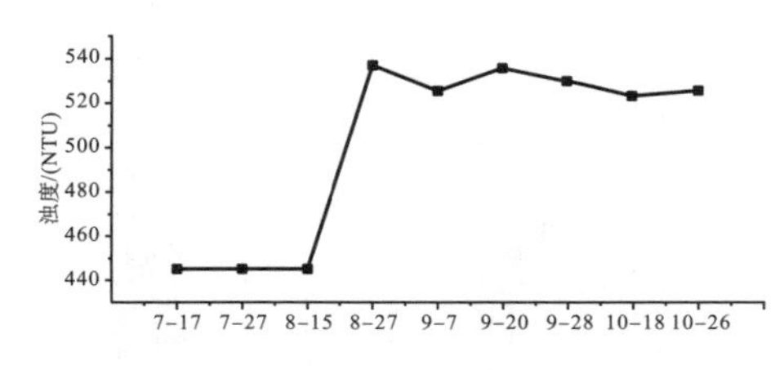

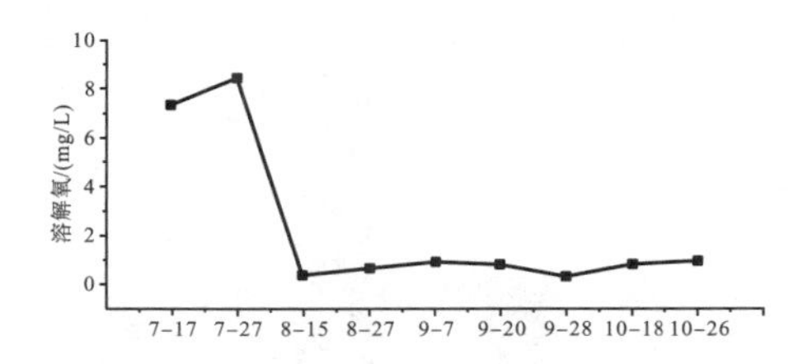

图 4-18　申扎藏布上游湿地水体物理指标变化特征

五、西藏湖泊湿地变化趋势

利用陆地资源卫星 Landsat 的多光谱图像，获取西藏水资源的周期化信息，探讨利用多时相、多信息源遥感图像来提高对各种湿地类型进行分类的精度，实时分析工程实施区域湿地的面积变化，经解译得到研究区湿地资源分布图。

结果表明，2000 年西藏六类地表水域总面积为 52657km^2，占西藏区域总面积的 4.28%，到 2010 年，地表水域面积增加到 54079km^2，所占区域面积的比例也增加到 4.40%。从 2000 年到 2010 年，西藏总地表水域面积呈现增长的趋势，总面积增加了 1423km^2。区域内湖泊湿地占总地表水面积的 58.36%，各大高原湖泊(纳木错、色林错、格仁错等)是地表水的主要代表类型，也是面积增长的最主要的地表水类型，十年间面积增加了 1413km^2。区域内第二大高寒地表水类型为草本沼泽，草本沼泽湿地约占总地表水面积的 34.98%，十年内沼泽面积略有增加(29km^2)，主要分布在那曲的聂荣、比如、安多、那曲、班戈、申扎等，另外在阿里的噶尔、日喀则的仲巴、昂仁等地也有少量分布。除去水库/坑塘略有减少外，其余地表水类型十年间都略有增加，森林沼泽增加 0.09km^2，灌丛沼泽 1.00km^2，河流面积增加 9.10km^2，如图 4-19 所示。

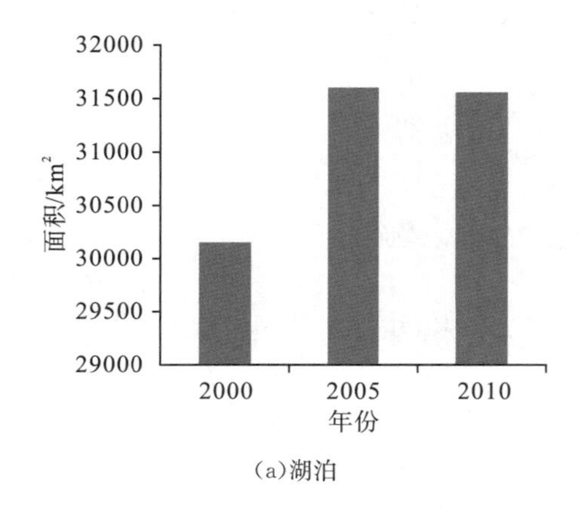

(a)湖泊

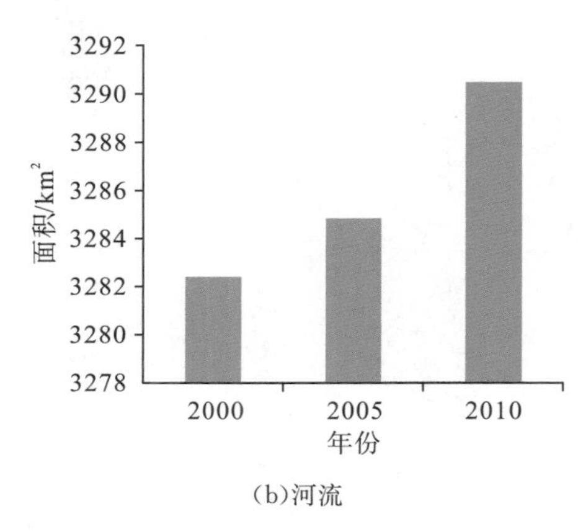

(b)河流

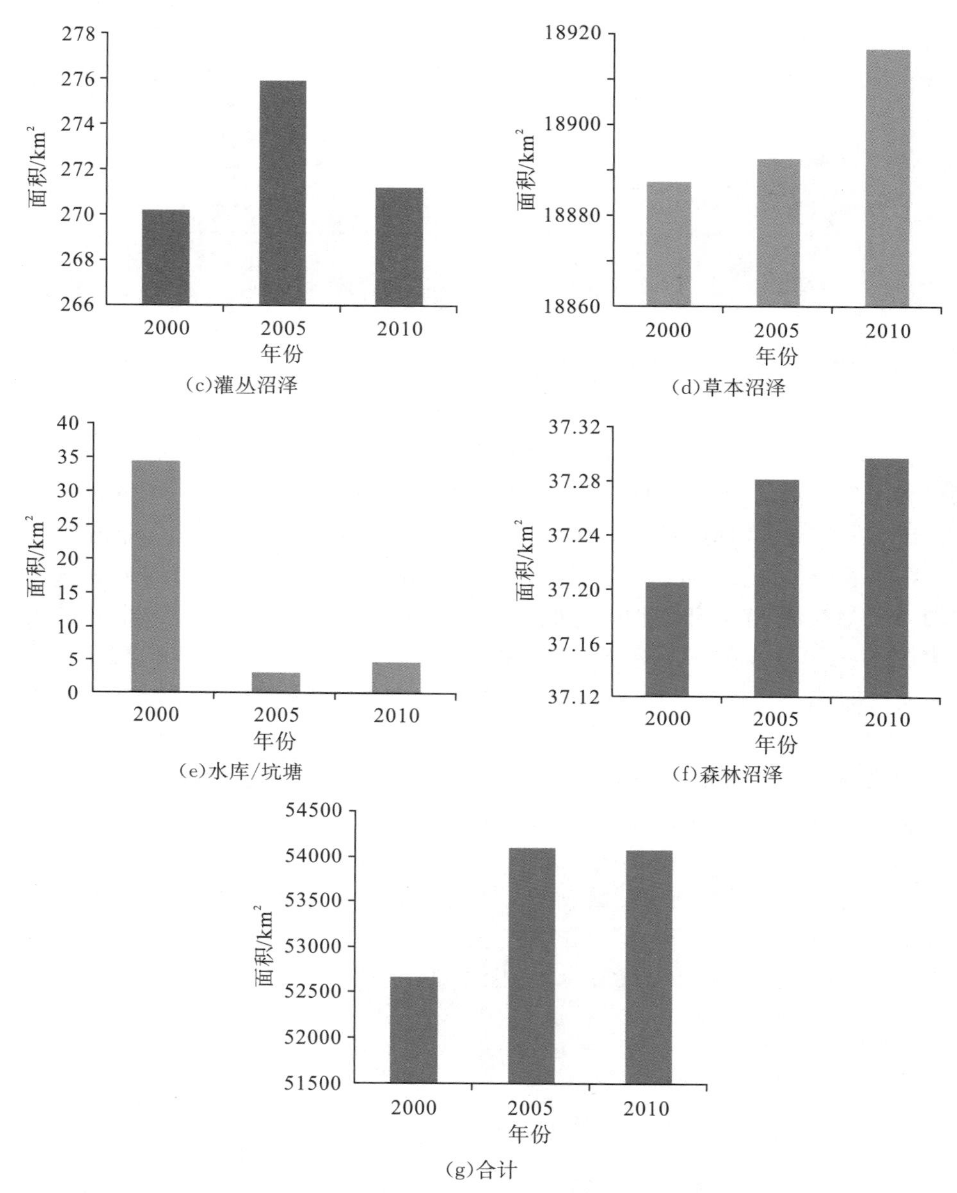

(c)灌丛沼泽

(d)草本沼泽

(e)水库/坑塘

(f)森林沼泽

(g)合计

图 4-19 西藏主要河流湖泊(湿地)水域面积变化

第二节 西藏湖泊湿地的水生生物

一、主要水生植物

根据 2010 年西藏第二次湿地资源调查，西藏湿地植物名录包括高等植物 591

种，隶属 65 科 205 属。其中苔藓植物 31 种，隶属 6 科 11 属；蕨类植物 7 种，隶属 5 科 6 属；裸子植物 2 种，隶属 1 科 1 属；被子植物 551 种，隶属 53 科 187 属，其中单子叶植物 15 科 54 属 144 种，双子叶植物 38 科 133 属 407 种。

（一）植物种类

本书所指的水生植物指维管束植物，以 1983 年中国科学院武汉植物研究所编著的《中国水生维管束植物图鉴》为准。按照生活型分类的主要水生植物如下。

沉水植物：穗状狐尾藻（*Myriophyllum spicatum*）、轮叶狐尾藻（*M. verticillatrm*）、穿叶眼子菜（*Potamogeton perfoliatus*）、尖叶眼子菜（*P. oxyphyllus*）、小叶眼子菜（*P. pusillus*）、龙须眼子菜（*P. pectinatus*）、菹草（*P. crispus*）、小茨藻（*Najas minor*）、黄花狸藻（*Utricularia aurea*）、黑藻（*Hydrilla verticillata*）、扇叶水毛茛（*Batrachium. bungei*）、黄花水毛茛（*B. bungei* var. *flavidum*）、梅花藻（*B. trichophyllum*）、金鱼藻（*Ceratophyllum demersum*）、短柱角果草（*Zannichellia palustris* var. *pedicellata*）15 种；

漂浮植物：满江红（*Azolla imbricata*）、浮萍（*Lemna minor*）、稀脉浮萍（*L. perpusilla*）、芜萍（*Wolffia arrhiza*）、大漂（*Pistia stratiotes*）5 种；

浮叶植物：白睡莲（*Nymphaea alba*）、睡莲（*N. tetragona*）、浮叶眼子菜（*P. natans*）、异叶眼子菜（*P. heterophyllus*）等约 5 种。

挺水植物：芦苇（*Phragmites australis*）、芦竹（*Arundo donax*）、短序黑三棱（*Sparganium glomeratum*）、黑三棱（*S. stoloiferum*）、宽叶香蒲（*Typha. latifolia*）、杉叶藻（*Hippuris vulgaris*）、沼生水马齿（*Callitriche palustris*）、水马齿（*C. stagnalis*）、灯心草（*Juncus effusus*）、水葱（*Scripus validus*）、水毛花（*S. mucronatus*）、菖蒲（*Acorus calamus*）、具槽秆荸荠（*Eleochalis valleculosa Ohwi f. setosa*）、舟萼谷精草（*Eriocaulon nepalense*）、碎米莎草（*Cyperus iria*）等；

湿生植物：在水源补给变化波动中，这些植物最易受到影响，水生植物陆生化和陆生植物水生化过程中这些植物最先受到影响。湿生草本植物种类丰富，是组成西藏沼泽植被的主要植物，常见的种类有：藏北嵩草（*Kobresia littleidalei*）、藏西嵩草（*K. deasyi*）、矮生嵩草（*K. humilis*）扁穗草（*Blysmus compressus*）、华扁穗草（*B. sinocompressus*）、大花嵩草（*K. macrantha*）黑褐苔草（*Carex atrofusca*）、芒尖苔草（*C. doniana*）、青藏苔草（*C. moorcroftii*）、少花荸荠（*Eleocharis quinqueflora*）、卵穗荸荠（*E. soloniensis*）、赖草（*Leymus secalinus*）、狗牙根（*Cynodon dactylon*）、苦荬菜（*Ixeris polycephala*）、江南灯心草（*Juncus leschenaultia*）、片髓灯心草（*J. inflexus*）、展苞灯心草（*J. thomsonii*）、西南鸢尾（*Iris bulleyana*）、金脉鸢尾（*I. chrysographes*）、狼把草

(*Bidens tripartita*)、北水苦荬(*Veronica anagallisaquatica*)、肉果草(*Lancea tibetica*)、水麦冬(*Triglochin palustre*)、蕨麻委陵菜(*Potentilla sericea*)、海乳草(*Glaux maritima*)等。

(二)植物区系分布

根据吴征镒(1991)的中国种子植物属分布类型的划分系统，西藏湿地种子植物188属分别属于下列不同的分布区类型(表4-5)。

表4-5 西藏湖泊湿地种子植物属的分布类型

分布类型	属数	占总属数比例/%
1. 世界分布	48	25.70
2. 泛热带分布	18	9.10
3. 热带亚洲和热带美洲间断分布	2	1.10
4. 旧世界热带分布	1	0.50
5. 热带亚洲至热带大洋洲分布	2	1.10
6. 热带亚洲至热带非洲分布	4	2.10
7. 热带亚洲分布	1	0.50
8. 北温带分布	72	38.60
9. 东亚和北美洲间断分布	3	1.60
10. 旧世界温带分布	14	7.50
11. 温带亚洲分布	3	1.60
12. 地中海区，西亚至中亚分布	7	3.70
13. 中亚分布	1	0.50
14. 东亚分布	9	4.80
15. 中国特有	3	1.60
合计	188	100.00

这些植物具有以下特点。

1. 区系地理成分复杂，兼有地带性和隐域性

从第一节的区系分析中可知，西藏湿地植物区系地理成分复杂，全国15个分布区类型的植物都有分布。其中，以温带分布的类型比例最高，反映了高原寒冷气候对植物的影响，突出了地带性特征。同时，除温带分布类型以外，以广布种为主，也表现出明显的隐域性特点。

2. 双子叶植物丰富度较高，而单子叶植物在多度上占优势

在西藏湿地植物区系中，共有双子叶植物405种，占种子植物总种数的

73.9%，其中菊科最多，有49种，占双子叶植物总数的12.1%。总体上，双子叶植物种类的特点是科数多，属类多。对比而言，单子叶植物物种数相对较少，共有143种，占种子植物总数的26.1%，且集中分布于莎草科与禾本科，两科分别有52种和42种，占单子叶植物总数的65.7%。在高原上广泛分布的湿地草本植物中的建群种多为单子叶植物，盖度大，重要值高。

3. 植被的水平和垂直分布规律明显

西藏由于它所处的地理位置、高亢的地势、广阔的面积，形成了其独特气候条件。植被分布因高原地形、地貌和海拔的差异，光、热、水分状况的再分配表现出明显的水平、垂直分异。从东南向西北依次分布有森林、灌丛、草原、荒漠植被；低海拔至高海拔，从热带植被向山地温带、高山寒带植被过渡。

湿地植被亦从藏东南向西北，随着海拔的升高、水热条件的差异，呈现出明显的规律。在藏东南部湿地植被类型丰富，出现了寒温性针叶林湿地植被、落叶阔叶林湿地植被、落叶阔叶灌丛湿地植被、常绿阔叶灌丛湿地植被、盐生灌丛湿地植被、莎草型湿地植被、禾草型湿地植被、杂类草湿地植被、漂浮植物、浮叶植物、沉水植物，其间常有热带、亚热带植物出现；西藏中南部以落叶阔叶灌丛湿地植被、常绿阔叶灌丛湿地植被、盐生灌丛湿地植被、莎草型湿地植被、禾草型湿地植被、杂类草湿地植被、浮叶植物为主，丰富程度明显下降，组成以温带植物为主；到西北部，仅有盐生灌丛湿地植被、莎草型湿地植被、禾草型湿地植被、杂类草湿地植被占主导，植被类型单一，盐生植物成分明显增加。

（三）湿地植物保护现状

自20世纪50年代以来的一系列湿地开发活动，特别是过牧、开沟排水、筑堤建坝等人为因素使湿地自身生态功能逐步衰退，湿地生物多样性下降。很多沼泽濒临干枯、甚至沙化的危险。为保护湿地生态环境、动植物重要栖息地及湿地动植物资源，西藏通过建立自然保护区、湿地公园、实施湿地保护与恢复项目等方式，积极维护湿地生物多样性，保护珍稀濒危物种。

西藏湖泊、沼泽湿地资源众多，不仅具有广布西藏的植被类型，同时随着气候带的过渡，由东南向西北还依次分布着不同的典型植被类型。为了保护这些珍贵的湿地环境、动物栖息地以及极其丰富的植物资源，西藏已建有多个国家级、省级、县(市)级的湖泊、沼泽湿地保护区和公园，如羌塘国家级自然保护区、色林错国家级自然保护区、拉萨拉鲁国家级湿地自然保护区、玛旁雍错湿地自治区级自然保护区、班公错湿地自治区级自然保护区、扎日南木错湿地自治区级自然保护区、洞错湿地自治区级自然保护区、麦地卡湿地自治区级自然保护区、然乌湖湿地自治区级自然保护区、桑桑湿地自治区级自然保护区、昂孜拉错-玛尔下错湖湿地自治区级自然保护区、多庆错国家湿地公园、嘎朗国家湿地公园、当惹雍错国家湿地公园、嘉乃玉错国家湿地公园、雅鲁藏布大峡谷国家级自然保护区、雅江中游河谷黑颈鹤国家级自然保护区以及雅尼国家湿地公园等。

二、主要鱼类

(一)鱼类品种

西藏湖泊和河流较多，适于鱼类的栖息，但由于水温较低，鱼类生长较慢。全区境内河流纵横，湖泊密布，河湖水面广阔，鱼类资源丰富，共有鱼类71种，约占全国鱼类总数4621种的1.50%。分隶于3目，5科。

全区湿地鱼类的具有重要的经济价值，共有3目、5科、71种。其中鲤形目种类最多，达59种，绝大部分为淡水鱼类，大多数具一定的经济价值；鲇形目次之，有11种；鲑形目占第3，仅有1种。

根据全区鱼类调查，并结合前人的研究结果分析，全区鱼类有71种，分隶于3目、5科和4亚科，22个属，约占我国整个青藏高原鱼类92个种和20个亚种的63.0%以上。

全区鱼类区系基本上是由三个大的类群组成；鲤形目鲤科的裂腹鱼亚科、鳅科的条鳅亚科和鲇形目的鮡科。其中裂腹鱼亚科有26个种和13个亚种，占全区鱼类总数的54.90%，它包括了我国已知裂腹鱼11个属中的7个属；条鳅亚科16个种，占22.50%；鮡科11个种，占15.50%。这3个类群合计占了全区整个鱼类的93.00%以上，其他类群只有7个种，所占比例较少，仅为6.60%。就裂腹鱼类来说，不论在种类还是数量上都占有绝对优势，这与整个青藏高原的鱼类区系特点相一致，只是这里的鱼类区系组成表现得更加单纯。

(二)各水系鱼类分布

西藏有金沙江、澜沧江、怒江、雅鲁藏布江；还有伊洛瓦底江、印度河等诸多亚洲乃至世界著名的外流水系以及大量内流湖泊。

金沙江主要指金沙江西藏段干流及西侧支流，鱼类中除小头高原鱼见于青海境内长江源头内外流体外，与青海境内江段区系成分基本相同，共有12个种。多为裂腹鱼类和高原鳅类，区系成分较为简单。原始的裂腹鱼属占的比例较大，有4个种；特化类群裸裂尻鱼属2个种；中间类群的裸腹叶须鱼1个种；高原鳅属4个种。

澜沧江在西藏区境内江段，共有7个种，区系成分简单。仍以裂腹鱼类为主，有3个种；叶须鱼属1个种；高原鳅属2个种；鮡科1个种，为该区所特有。

怒江在西藏境内全部为上游江段，有鱼类13个种，有澜沧裂腹鱼、怒江裂腹鱼、双须叶须鱼和裸吻叶须鱼等原始和中间类群，特化类群为热裸裂尻鱼、高原鳅属有7个种，鮡科2个种。

伊洛瓦底江在西藏境内仅为该水系的源头地区，流域面积很小。区系成分单一，仅有墨脱裂腹鱼1种。

雅鲁藏布江下游有鱼类15种，有全唇裂腹鱼、弧唇裂腹鱼、墨脱裂腹鱼等原始类群。条鳅类有墨脱阿波鳅和浅棕条鳅。还有鲃亚科的墨脱四须鲃和野鲮亚科的墨脱华鲮，还有裸吻鱼科的平鳍裸吻鱼，鮡科有6个属8个种。雅鲁藏布江中上游及其毗邻水系有19个种和9个亚种。裂腹鱼类10个种；原始类群裂腹鱼属3个种；中间类群的叶须鱼属1个种；裸鲤属、尖裸鲤属、裸裂尻鱼属等共6个种；高原鳅类7个种；鮡科1个种。

印度河-藏西内流水系包括印度河上游及班公湖和公珠错-玛法木错-拉昂错等内流水系。共有12个种，全由裂腹鱼和高原鳅类组成，裂腹鱼5个种，裂腹鱼属2个种，叶须鱼属和重唇鱼属各1个种，裸鲤和裸裂尻鱼属2个种；高原鳅属7个种，阿里高原鳅和窄尾高原鳅为该处所特有。

藏中内流水系包括冈底斯山-念青唐古拉山以北，怒江源头分水岭以西，喀喇昆仑山-唐古拉山以南，印度河-藏西内流水系以东的水系。该区鱼类成分十分简单，全为裂腹鱼类的纳木错裸鲤和小头高原鱼及高原鳅类的7个种组成。

藏北内流水系包括昆仑山以南，唐古拉山以北，东至青海-西藏分界处，西达印度河-藏西内流水系以东的水系，有少量的高原鳅类分布。

表4-6　西藏自治区大于500hm²的湖泊(刘务林等，2013)

序号	湖泊湿地名称	所属县	湖泊面积/hm²	湖泊类型	平均海拔/m
1	错麦隆	安多县	574.43	永久性淡水湖	4697
2	切里错	安多县	1355.24	永久性淡水湖	4675
3	错加	安多县	2013.23	永久性淡水湖	4586
4	错那	安多县	18744.25	永久性淡水湖	4585
5	嘎弄	安多县	1556.44	永久性淡水湖	4585
6	懂错	安多县	14655.24	永久性咸水湖	4551
7	蓬错	安多县	6209.79	永久性咸水湖	4529
8	兹各塘错	安多县	22832.81	永久性咸水湖	4568
9	赤布张错	安多县	19339.49	永久性咸水湖	4935
10	太平湖	安多县	2630.43	永久性淡水湖	5086
11	洋姜湖	安多县	539.44	永久性淡水湖	5193
12	甘桔湖	安多县	909.30	永久性淡水湖	5171
13	安多县31	安多县	1757.51	永久性咸水湖	5039
14	劳日特错	安多县	1270.31	永久性咸水湖	4954
15	美日切错玛日	安多县	8891.68	永久性咸水湖	4947
16	向阳湖	安多县	10223.75	永久性咸水湖	4858

续表

序号	湖泊湿地名称	所属县	湖泊面积/hm^2	湖泊类型	平均海拔/m
17	桃湖	安多县	2654.89	永久性淡水湖	4878
18	园湖	安多县	1399.91	永久性咸水湖	4848
19	多格错仁强错	安多县	33011.58	永久性咸水湖	4787
20	中岛湖	安多县	511.73	永久性咸水湖	4839
21	恒梁湖	安多县	2104.82	永久性咸水湖	4872
22	永波湖	安多县	4156.32	永久性咸水湖	4847
23	长湖	安多县	5046.53	永久性咸水湖	4839
24	东月湖	安多县	2575.30	永久性咸水湖	4840
25	安多县 993	安多县	1029.98	永久性咸水湖	4867
26	多尔索洞错	安多县	1409.18	永久性咸水湖	4929
27	长湖	安多县	855.02	永久性咸水湖	4839
28	长湖	安多县	35748.50	永久性咸水湖	4839
29	盐碱湖	安多县	1008.53	季节性咸水湖	4837
30	错卧莫	昂仁县	2215.95	永久性淡水湖	4969
31	打加芒错	昂仁县	987.94	永久性淡水湖	5063
32	丁珠错	昂仁县	538.40	永久性淡水湖	4877
33	阿木错	昂仁县	2082.22	永久性淡水湖	4846
34	曲珍错	昂仁县	567.29	永久性淡水湖	4759
35	昂仁金错	昂仁县	2156.94	永久性淡水湖	4307
36	坡孜错	昂仁县	2825.56	永久性咸水湖	4968
37	浪错	昂仁县	846.25	永久性咸水湖	4291
38	昂仁县 2038	昂仁县	3256.87	永久性淡水湖	4621
39	扎日南木错	昂仁县	16649.77	永久性咸水湖	4612
40	姆错丙尼	昂仁县	14668.69	永久性咸水湖	4684
41	许如错	昂仁县	20946.19	永久性咸水湖	4714
42	昂孜错	昂仁县	1280.94	永久性咸水湖	4685
43	打加错	昂仁县	10333.22	永久性咸水湖	5145
44	安目错	八宿县	726.86	永久性淡水湖	3916
45	然乌湖	八宿县	1287.18	永久性淡水湖	3916
46	姜拆错	班戈县	2783.70	永久性淡水湖	4660
47	申错	班戈县	4350.87	永久性咸水湖	4729
48	错龙确	班戈县	631.41	永久性咸水湖	4737
49	爬错	班戈县	1447.93	永久性咸水湖	4588

续表

序号	湖泊湿地名称	所属县	湖泊面积/hm^2	湖泊类型	平均海拔/m
50	崩错	班戈县	5203.55	永久性淡水湖	4666
51	巴木错	班戈县	24066.45	永久性咸水湖	4560
52	蓬错	班戈县	11171.33	永久性咸水湖	4529
53	徐果错	班戈县	3404.40	永久性咸水湖	4606
54	东卡错	班戈县	6985.20	永久性咸水湖	4620
55	江错	班戈县	3961.51	永久性咸水湖	4598
56	达如错	班戈县	5910.35	永久性咸水湖	4683
57	纳木错	班戈县	121970.99	永久性咸水湖	4724
58	普嘎错	班戈县	1930.37	永久性咸水湖	4792
59	纳卡错	班戈县	3023.72	永久性咸水湖	4537
60	班戈错	班戈县	12368.29	永久性咸水湖	4527
61	仁错	班戈县	6452.23	永久性咸水湖	4658
62	玖如错	班戈县	4082.06	永久性咸水湖	4687
63	色林错	班戈县	88968.05	永久性咸水湖	4539
64	班戈县 1	班戈县	5054.85	永久性淡水湖	4539
65	易贡错	波密县	1951.79	永久性淡水湖	2212
66	哲古错	措美县	6781.80	永久性咸水湖	4616
67	蔡几错	措勤县	2859.38	永久性淡水湖	4660
68	阿果错	措勤县	521.56	永久性淡水湖	4703
69	惩香错	措勤县	749.15	永久性淡水湖	5162
70	齐格错	措勤县	2060.07	永久性淡水湖	4662
71	敌布错	措勤县	6450.95	永久性咸水湖	4640
72	嘎仁错	措勤县	6541.58	永久性咸水湖	4668
73	多穷错	措勤县	632.66	永久性淡水湖	4611
74	其朵错	措勤县	920.83	永久性淡水湖	4628
75	达瓦错	措勤县	11500.57	永久性淡水湖	4623
76	杰萨错	措勤县	14785.00	永久性淡水湖	5198
77	扎日南木错	措勤县	82990.91	永久性咸水湖	4620
78	拿日雍错	错那县	2309.35	永久性淡水湖	4749
79	纳木错	当雄县	78736.78	永久性咸水湖	4724
80	普塘错庆	丁青县	886.03	永久性淡水湖	4662
81	普塘错琼	丁青县	634.85	永久性淡水湖	4595
82	共左错	定结县	811.41	永久性咸水湖	4379

续表

序号	湖泊湿地名称	所属县	湖泊面积/hm^2	湖泊类型	平均海拔/m
83	错母折林	定结县	5445.05	永久性咸水湖	4422
84	登么错	定日县	1171.28	永久性淡水湖	4165
85	朗琼林错	噶尔县	599.00	永久性淡水湖	4989
86	帮不溪错	噶尔县	606.88	永久性淡水湖	5627
87	错俄合	改则县	514.19	永久性淡水湖	4860
88	南扎错	改则县	737.13	永久性咸水湖	4868
89	西扎错	改则县	554.43	永久性淡水湖	4484
90	热那错	改则县	1841.48	永久性咸水湖	4594
91	纳丁错	改则县	1391.47	永久性咸水湖	4869
92	布若错	改则县	8770.79	永久性淡水湖	5166
93	扎西错	改则县	3080.01	永久性咸水湖	4416
94	冈玛错	改则县	1595.56	永久性咸水湖	4705
95	布尔嘎错	改则县	1426.75	永久性咸水湖	4598
96	心湖	改则县	5242.11	永久性咸水湖	4813
97	桃形湖	改则县	1016.55	永久性咸水湖	4728
98	改则县 1839	改则县	1981.63	永久性咸水湖	4866
99	五指湖	改则县	693.06	永久性咸水湖	4911
100	才玛尔错	改则县	8235.69	永久性咸水湖	4582
101	座倾错	改则县	1010.60	永久性咸水湖	4745
102	求如巴	改则县	979.39	永久性咸水湖	4725
103	走构山茶错	改则县	777.07	永久性咸水湖	4761
104	大熊湖	改则县	4076.57	永久性咸水湖	4880
105	扎也错	改则县	809.08	永久性淡水湖	4781
106	卧牛湖	改则县	730.67	永久性淡水湖	4958
107	大鹏湖	改则县	989.12	永久性淡水湖	5025
108	香桃湖	改则县	1476.33	永久性咸水湖	4900
109	戈木错	改则县	7061.77	永久性咸水湖	4677
110	拉相错	改则县	2296.31	永久性咸水湖	4971
111	雪源湖	改则县	2530.95	永久性咸水湖	5204
112	月岛湖	改则县	634.64	永久性淡水湖	4988
113	尖头湖	改则县	663.89	永久性淡水湖	4859
114	改则县 1033	改则县	788.68	永久性淡水湖	5087
115	羊湖	改则县	8706.76	永久性咸水湖	4778

续表

序号	湖泊湿地名称	所属县	湖泊面积/hm^2	湖泊类型	平均海拔/m
116	图中湖	改则县	2898.04	永久性咸水湖	5057
117	日湾擦卡	改则县	963.17	永久性咸水湖	4755
118	多玛错	改则县	1369.18	永久性咸水湖	4675
119	改则县 2094	改则县	593.59	永久性咸水湖	4534
120	查波错	改则县	6818.68	永久性咸水湖	4513
121	宁日错	改则县	1619.34	永久性咸水湖	5035
122	长湖	改则县	1089.09	永久性咸水湖	4934
123	图北湖	改则县	683.17	永久性咸水湖	5054
124	拉雄错	改则县	6089.36	永久性咸水湖	4885
125	木布村	改则县	1338.91	永久性咸水湖	4813
126	改则县 1580	改则县	1736.34	永久性咸水湖	4862
127	洞错	改则县	7520.76	永久性咸水湖	4394
128	拉果错	改则县	12101.13	永久性咸水湖	4467
129	改则县 776	改则县	1305.04	季节性咸水湖	4830
130	普绒错	改则县	667.61	永久性淡水湖	4866
131	错果错	改则县	997.49	永久性淡水湖	4676
132	吉布擦咔	改则县	755.56	永久性咸水湖	4472
133	吉多错	改则县	513.31	永久性咸水湖	4430
134	查尔康错	改则县	866.07	永久性咸水湖	4478
135	仲堆错	改则县	671.65	永久性咸水湖	4780
136	达绕错	改则县	1893.69	永久性咸水湖	4433
137	改则县 1484	改则县	605.63	永久性淡水湖	5246
138	夏碱湖	改则县	2117.60	永久性淡水湖	4983
139	托和平错	改则县	6087.36	永久性淡水湖	5021
140	鸭子湖	改则县	520.38	永久性淡水湖	5148
141	鸭岛湖	改则县	2268.31	永久性咸水湖	4900
142	万泉湖	改则县	7052.99	永久性咸水湖	4886
143	小泉湖	改则县	2604.79	永久性咸水湖	4861
144	温泉湖	改则县	1331.08	永久性咸水湖	4918
145	改则县 1781	改则县	616.25	永久性咸水湖	4861
146	改则县 1736	改则县	892.13	永久性咸水湖	4856
147	喀湖错	改则县	3322.21	永久性咸水湖	4772
148	改则县 1209	改则县	1205.41	永久性淡水湖	4955

续表

序号	湖泊湿地名称	所属县	湖泊面积/hm^2	湖泊类型	平均海拔/m
149	改则县 874	改则县	1236.70	永久性淡水湖	4916
150	阿鲁错	改则县	10999.66	永久性淡水湖	5033
151	改则县 1555	改则县	2844.72	永久性淡水湖	4946
152	改则县 799	改则县	939.78	永久性咸水湖	5038
153	改则县 1762	改则县	2162.82	永久性咸水湖	4918
154	改则县 1744	改则县	3098.72	永久性咸水湖	4889
155	果普错	改则县	5987.80	永久性咸水湖	4718
156	吓嘎错	改则县	2226.05	永久性咸水湖	4356
157	黑石北湖	改则县	9555.11	永久性咸水湖	5049
158	拜惹布错	改则县	14123.69	永久性咸水湖	4960
159	碱水湖	改则县	14870.43	永久性咸水湖	4889
160	玉环湖	改则县	1788.64	永久性咸水湖	4925
161	三岛湖	改则县	3481.74	永久性咸水湖	4924
162	恰贡错	改则县	2811.90	永久性咸水湖	5095
163	美马错	改则县	14734.34	永久性咸水湖	4920
164	小盆湖	改则县	1180.48	永久性咸水湖	5069
165	昆楚克错	改则县	2370.31	永久性咸水湖	5061
166	长条湖	改则县	5043.41	永久性咸水湖	4948
167	双湖	改则县	864.24	永久性咸水湖	5291
168	查木错	改则县	1088.74	永久性咸水湖	4767
169	别塘	改则县	1049.97	永久性咸水湖	4456
170	雄加日	改则县	644.76	永久性咸水湖	4452
171	拉布错	改则县	967.35	永久性咸水湖	4547
172	岛湖	改则县	1438.77	永久性咸水湖	4852
173	麻米错	改则县	8995.86	永久性咸水湖	4340
174	吓萨尔错	革吉县	1666.54	永久性淡水湖	5140
175	久玛错	革吉县	1676.52	永久性淡水湖	5354
176	阿尔过错	革吉县	6362.23	永久性淡水湖	5116
177	吓那错	革吉县	838.93	永久性咸水湖	4494
178	克琼错	革吉县	3153.60	永久性咸水湖	4346
179	擦咔乡	革吉县	4359.44	永久性咸水湖	4349
180	扎普错	革吉县	5547.63	永久性咸水湖	4346
181	杜给错	革吉县	605.60	永久性淡水湖	5050

续表

序号	湖泊湿地名称	所属县	湖泊面积/hm²	湖泊类型	平均海拔/m
182	徐旭	革吉县	608.39	永久性咸水湖	4369
183	洞古错	革吉县	605.35	永久性咸水湖	4589
184	聂尔错	革吉县	2333.87	永久性咸水湖	4397
185	捌千错	革吉县	1568.27	永久性咸水湖	4964
186	别若则错	革吉县	3793.65	永久性咸水湖	4402
187	错呐错	革吉县	5256.87	永久性咸水湖	4800
188	色卡执	革吉县	1840.13	永久性咸水湖	4570
189	古波克错	革吉县	1373.12	永久性淡水湖	4422
190	布木错	革吉县	618.18	永久性淡水湖	4529
191	布木错	革吉县	625.03	永久性淡水湖	4529
192	布木错	革吉县	679.45	永久性淡水湖	4529
193	纳屋错	革吉县	6974.72	永久性咸水湖	4376
194	革吉县 690	革吉县	2017.87	永久性咸水湖	4422
195	朗赛	工布江达县	2648.35	永久性淡水湖	3475
196	错戳龙	吉隆县	1353.40	永久性淡水湖	4618
197	佩枯错	吉隆县	27637.58	永久性淡水湖	4580
198	澎错	嘉黎县	814.33	永久性淡水湖	5007
199	加奈玉错	嘉黎县	713.36	永久性淡水湖	4499
200	什娥错	康马县	559.78	永久性淡水湖	5126
201	嘎拉错	康马县	2504.69	永久性淡水湖	4427
202	冲巴雍错	康马县	1248.11	永久性淡水湖	4568
203	空母错	浪卡子县	3758.78	永久性淡水湖	4445
204	巴纠错	浪卡子县	1438.28	永久性淡水湖	4510
205	巴纠错	浪卡子县	1660.78	永久性淡水湖	4510
206	珍错	浪卡子县	3832.91	永久性淡水湖	4492
207	羊卓雍错	浪卡子县	12510.78	永久性淡水湖	4442
208	羊卓雍错	浪卡子县	46224.38	永久性淡水湖	4442
209	普莫雍错	浪卡子县	28827.41	永久性咸水湖	5013
210	莽错	芒康县	1894.33	永久性淡水湖	4297
211	崩错	那曲县	8938.98	永久性淡水湖	4666
212	乃日平错	那曲县	9348.59	永久性咸水湖	4524
213	错鄂	那曲县	8556.95	永久性咸水湖	4523
214	日干配错	尼玛县	4157.42	永久性咸水湖	4672

续表

序号	湖泊湿地名称	所属县	湖泊面积/hm^2	湖泊类型	平均海拔/m
215	戈芒错	尼玛县	5931.43	永久性咸水湖	4605
216	当穹错	尼玛县	5970.95	永久性咸水湖	4464
217	佣钦错	尼玛县	2032.96	永久性咸水湖	4977
218	哦坐错	尼玛县	788.68	永久性咸水湖	4469
219	虾别错	尼玛县	1764.61	永久性咸水湖	4597
220	我扎错	尼玛县	679.89	永久性淡水湖	5040
221	错雄拉则	尼玛县	532.94	永久性淡水湖	5038
222	普许错	尼玛县	1430.92	永久性淡水湖	4494
223	查布罗错	尼玛县	716.88	永久性淡水湖	4472
224	错龙错	尼玛县	629.79	永久性淡水湖	5058
225	尼玛县 216	尼玛县	853.51	永久性淡水湖	4657
226	马尔下错	尼玛县	9127.04	永久性咸水湖	4701
227	懂布错	尼玛县	2711.27	永久性咸水湖	4745
228	控错	尼玛县	535.20	永久性咸水湖	4637
229	雀普	尼玛县	1086.34	永久性淡水湖	4478
230	吓先错	尼玛县	660.04	永久性咸水湖	4716
231	播委错	尼玛县	774.47	永久性咸水湖	4734
232	盐碱湖	尼玛县	547.53	永久性咸水湖	4702
233	依布茶卡	尼玛县	17750.80	永久性咸水湖	4557
234	它日错	尼玛县	3956.07	永久性咸水湖	4966
235	加青错	尼玛县	1086.79	永久性咸水湖	4607
236	孜如错	尼玛县	1102.96	永久性咸水湖	4483
237	张乃错	尼玛县	4129.86	永久性咸水湖	4606
238	垌莫错	尼玛县	1173.11	永久性咸水湖	4487
239	巫嘎错	尼玛县	1008.54	永久性咸水湖	4470
240	甲若错	尼玛县	1398.88	永久性咸水湖	4472
241	冻果错	尼玛县	2433.64	永久性咸水湖	4552
242	吐坡错	尼玛县	3582.34	永久性淡水湖	4924
243	双泉湖	尼玛县	546.71	永久性淡水湖	5057
244	孜桂错	尼玛县	7172.94	永久性淡水湖	4648
245	胜利湖	尼玛县	2865.91	永久性淡水湖	4867
246	青蛙湖	尼玛县	2614.03	永久性淡水湖	4921
247	尼玛县 1064	尼玛县	516.57	永久性淡水湖	4835

续表

序号	湖泊湿地名称	所属县	湖泊面积/hm²	湖泊类型	平均海拔/m
248	杂如错	尼玛县	500.89	永久性淡水湖	5273
249	冈塘错	尼玛县	1448.57	永久性淡水湖	4861
250	达则错	尼玛县	3087.36	永久性淡水湖	4465
251	扎西错	尼玛县	1608.14	永久性咸水湖	4416
252	玛尔盖茶卡	尼玛县	14675.40	永久性咸水湖	4793
253	吴如错	尼玛县	3213.75	永久性咸水湖	4554
254	元宝湖	尼玛县	1117.76	永久性咸水湖	4925
255	金泉湖	尼玛县	567.24	永久性咸水湖	4926
256	江尼茶卡	尼玛县	3026.31	永久性咸水湖	4800
257	玛耶错	尼玛县	704.64	永久性咸水湖	4861
258	嘎尔孔茶卡	尼玛县	6642.63	永久性咸水湖	4909
259	康如茶卡	尼玛县	1337.27	永久性咸水湖	4765
260	热觉茶卡	尼玛县	3475.89	永久性咸水湖	4755
261	唢呐湖	尼玛县	2920.22	永久性咸水湖	4822
262	玛尔果茶卡	尼玛县	8367.02	永久性咸水湖	4836
263	北于湖	尼玛县	1578.17	永久性咸水湖	4838
264	本松错	尼玛县	1200.76	永久性咸水湖	4910
265	次依如惹	尼玛县	952.71	永久性咸水湖	5100
266	达杂迪扎错	尼玛县	1868.06	永久性咸水湖	4722
267	孜狮错	尼玛县	1476.39	永久性咸水湖	4825
268	角木茶卡	尼玛县	574.34	永久性咸水湖	4751
269	昂孜错	尼玛县	42722.48	永久性咸水湖	4685
270	当惹雍错	尼玛县	83777.14	永久性咸水湖	4535
271	雅根错	尼玛县	4463.20	永久性咸水湖	4977
272	浪强错	聂拉木县	2360.75	永久性咸水湖	4646
273	郭强错	聂拉木县	538.76	永久性淡水湖	5352
274	公珠错	普兰县	6378.11	永久性咸水湖	4784
275	拉昂错	普兰县	27233.12	永久性淡水湖	4570
276	玛旁雍错	普兰县	41662.66	永久性淡水湖	4585
277	龙木错	日土县	3489.44	永久性咸水湖	5051
278	龙木错	日土县	639.22	永久性咸水湖	5057
279	曼冬错	日土县	5847.17	永久性咸水湖	4339
280	夏地错	日土县	865.03	永久性咸水湖	4353

续表

序号	湖泊湿地名称	所属县	湖泊面积/hm²	湖泊类型	平均海拔/m
281	宗雄错	日土县	698.24	永久性淡水湖	4346
282	昆仲错	日土县	1549.62	永久性淡水湖	4337
283	芦布错	日土县	1040.90	永久性淡水湖	4345
284	热帮错	日土县	4972.22	永久性咸水湖	4321
285	日土县 1119	日土县	768.09	永久性咸水湖	4421
286	日土县 792	日土县	676.18	永久性淡水湖	5638
287	埃永错	日土县	2138.82	永久性淡水湖	4289
288	马头湖	日土县	1027.43	永久性淡水湖	5209
289	日土县 244	日土县	1094.40	永久性淡水湖	5216
290	窝尔巴错	日土县	9562.74	永久性淡水湖	5194
291	月牙湖	日土县	1503.28	永久性淡水湖	5103
292	热白错	日土县	636.57	永久性淡水湖	5255
293	先且错	日土县	1223.03	永久性淡水湖	4680
294	骆驼湖	日土县	6655.43	永久性淡水湖	5100
295	清澈湖	日土县	7210.09	永久性淡水湖	5099
296	阿翁错	日土县	1334.89	永久性淡水湖	4428
297	结则茶卡	日土县	11399.19	永久性咸水湖	4525
298	常姆错	日土县	708.20	永久性咸水湖	4280
299	龙木错	日土县	10235.99	永久性咸水湖	5004
300	龙木错	日土县	1821.91	永久性咸水湖	5116
301	龙木错	日土县	915.47	永久性咸水湖	4993
302	心形湖	日土县	1349.95	永久性咸水湖	5047
303	日土县 206	日土县	716.62	永久性咸水湖	5089
304	兽形湖	日土县	730.60	永久性咸水湖	4991
305	郭扎错	日土县	25149.52	永久性咸水湖	5080
306	普尔错	日土县	4318.46	永久性咸水湖	5048
307	独立石湖	日土县	9077.42	永久性咸水湖	5039
308	邦达错	日土县	13738.49	永久性咸水湖	4904
309	日土县 105	日土县	1179.44	永久性咸水湖	5033
310	日土县 133	日土县	1475.59	永久性咸水湖	4922
311	芒错	日土县	1198.43	永久性咸水湖	5021
312	隆觉错	日土县	999.11	永久性咸水湖	5128
313	泽错	日土县	11924.45	永久性咸水湖	4961

续表

序号	湖泊湿地名称	所属县	湖泊面积/hm^2	湖泊类型	平均海拔/m
314	扎伊错	日土县	1064.71	永久性咸水湖	4495
315	扎伊错	日土县	743.05	永久性咸水湖	4490
316	雄玛德错	日土县	2332.87	永久性咸水湖	4812
317	鲁玛江冬错	日土县	34681.92	永久性咸水湖	4812
318	宅姆错	日土县	961.41	永久性咸水湖	4466
319	阿翁错	日土县	5763.24	永久性咸水湖	4425
320	班公湖	日土县	43848.21	永久性咸水湖	4652
321	夏围湖	日土县	1029.58	季节性淡水湖	5117
322	普嘎错	申扎县	2412.76	永久性咸水湖	4792
323	孔错	申扎县	1141.68	永久性咸水湖	4888
324	错俄木	申扎县	1637.18	永久性淡水湖	4678
325	果忙错	申扎县	11106.15	永久性淡水湖	4629
326	木纠错	申扎县	8178.66	永久性淡水湖	4675
327	申扎县 42	申扎县	662.73	永久性淡水湖	4739
328	越恰错	申扎县	5876.80	永久性淡水湖	4807
329	查藏错	申扎县	1978.10	永久性淡水湖	4833
330	格仁错	申扎县	47850.55	永久性淡水湖	4649
331	木地达拉玉错	申扎县	2383.06	永久性淡水湖	4802
332	吴如错	申扎县	14332.41	永久性咸水湖	4554
333	恰规错	申扎县	7621.50	永久性咸水湖	4553
334	错鄂	申扎县	25332.39	永久性咸水湖	4563
335	雅根错	申扎县	9881.72	永久性咸水湖	4537
336	时补错	申扎县	1486.61	永久性咸水湖	4566
337	仁错	申扎县	13191.65	永久性咸水湖	4656
338	瓦昂错	申扎县	703.25	永久性咸水湖	4802
339	色林错	申扎县	9047.63	永久性咸水湖	4539
340	色林错	申扎县	76860.36	永久性咸水湖	4539
341	色林错	申扎县	858.27	永久性咸水湖	4539
342	赛布错	双湖区	8007.47	永久性咸水湖	4515
343	诺尔玛错	双湖区	7711.62	永久性咸水湖	4700
344	崩则错	双湖区	1945.30	永久性咸水湖	4531
345	纳江错	双湖区	4648.13	永久性咸水湖	4607
346	赖玛日艾	双湖区	585.49	永久性淡水湖	4727

续表

序号	湖泊湿地名称	所属县	湖泊面积/hm^2	湖泊类型	平均海拔/m
347	查玛错	双湖区	558.31	永久性淡水湖	4493
348	本依晓曲	双湖区	517.23	永久性咸水湖	5039
349	毕洛错	双湖区	3162.11	永久性咸水湖	4810
350	鄂纵错	双湖区	1141.39	永久性咸水湖	4915
351	鸭湖	双湖区	1777.30	永久性咸水湖	4840
352	双湖区 2972	双湖区	724.89	永久性咸水湖	4923
353	果根错	双湖区	4768.05	永久性咸水湖	4668
354	北雷错	双湖区	2675.80	永久性咸水湖	4816
355	朋彦错	双湖区	6090.58	永久性咸水湖	4727
356	甲热布错	双湖区	4234.82	永久性咸水湖	4647
357	祝曲错	双湖区	522.90	永久性咸水湖	4617
358	尕阿错	双湖区	1104.95	永久性咸水湖	4615
359	鄂雅错琼	双湖区	7387.45	永久性咸水湖	4822
360	鲁雄错	双湖区	735.22	永久性咸水湖	4836
361	才多茶卡	双湖区	4758.99	永久性咸水湖	4840
362	蒂让碧错	双湖区	2927.92	永久性咸水湖	4846
363	扎木错玛琼	双湖区	2656.30	永久性咸水湖	4892
364	雀尔茶卡	双湖区	536.95	永久性咸水湖	4926
365	雅根错	双湖区	1090.55	永久性咸水湖	4872
366	雅根错	双湖区	11899.86	永久性咸水湖	4872
367	玛日巴晓萨	双湖区	568.44	永久性咸水湖	4841
368	括朗错	双湖区	2548.70	永久性咸水湖	4929
369	昂达尔错	双湖区	5127.76	永久性咸水湖	4839
370	瀑赛尔错	双湖区	2884.73	永久性咸水湖	4588
371	玛日埃错	双湖区	715.00	永久性咸水湖	4516
372	洋纳朋错	双湖区	1713.37	永久性咸水湖	4629
373	赞宗错	双湖区	1173.81	永久性咸水湖	4570
374	木地错	双湖区	553.64	永久性咸水湖	4539
375	德如错	双湖区	663.78	季节性咸水湖	4869
376	玉琳湖	双湖区	610.51	永久性淡水湖	4857
377	振泉错	双湖区	6428.28	永久性咸水湖	4792
378	雪梅湖	双湖区	4258.49	永久性咸水湖	4873
379	双湖区 1103	双湖区	1203.27	永久性咸水湖	4815

续表

序号	湖泊湿地名称	所属县	湖泊面积/hm²	湖泊类型	平均海拔/m
380	克拉力湖	双湖区	572.06	永久性淡水湖	4922
381	涌波错	双湖区	5254.91	永久性咸水湖	4882
382	玉液湖	双湖区	12777.70	永久性咸水湖	4856
383	琼浆湖	双湖区	2208.34	永久性咸水湖	4852
384	玉瓶湖	双湖区	793.80	永久性淡水湖	5002
385	饮龙湖	双湖区	1650.71	永久性淡水湖	5080
386	向阳湖	双湖区	1475.67	永久性淡水湖	5007
387	令戈错	双湖区	11070.39	永久性淡水湖	5062
388	天际湖	双湖区	513.40	永久性淡水湖	5280
389	达则错	双湖区	24106.34	永久性淡水湖	4465
390	小鸡湖	双湖区	570.44	永久性淡水湖	4878
391	双湖区 436	双湖区	568.58	永久性淡水湖	4850
392	双湖区 487	双湖区	583.56	永久性淡水湖	4881
393	淡水湖	双湖区	4610.11	永久性淡水湖	4815
394	双莲湖	双湖区	3726.61	永久性淡水湖	4816
395	玛尔果茶卡	双湖区	522.59	永久性咸水湖	4836
396	孔孔茶卡	双湖区	4647.70	永久性咸水湖	4778
397	恰岗错	双湖区	3756.33	永久性咸水湖	4756
398	玛日保索古来错	双湖区	682.44	永久性咸水湖	4837
399	肖茶卡	双湖区	2196.08	永久性咸水湖	4792
400	其香错	双湖区	17801.28	永久性咸水湖	4615
401	帕度错	双湖区	6896.76	永久性咸水湖	4758
402	吴如错	双湖区	16791.40	永久性咸水湖	4554
403	恰规错	双湖区	1240.24	永久性咸水湖	4553
404	国加轮曲	双湖区	5975.30	永久性咸水湖	4526
405	国加轮曲	双湖区	1002.27	永久性咸水湖	4526
406	沉鱼湖	双湖区	653.15	永久性咸水湖	4918
407	白冰湖	双湖区	1786.44	永久性咸水湖	4879
408	北岛湖	双湖区	956.79	永久性咸水湖	4796
409	得雨湖	双湖区	5027.44	永久性咸水湖	4848
410	涟水湖	双湖区	1408.69	永久性咸水湖	4796
411	雪景湖	双湖区	7119.76	永久性咸水湖	4807
412	青波湖	双湖区	785.74	永久性咸水湖	4841

续表

序号	湖泊湿地名称	所属县	湖泊面积/hm²	湖泊类型	平均海拔/m
413	盐池湖	双湖区	1639.07	永久性咸水湖	4788
414	江尼茶卡	双湖区	1726.78	永久性咸水湖	4800
415	错尼	双湖区	9595.15	永久性咸水湖	4933
416	鸭子湖	双湖区	2395.04	永久性咸水湖	4795
417	朝阳湖	双湖区	7661.42	永久性咸水湖	4744
418	双湖区 1361	双湖区	980.37	永久性咸水湖	4836
419	确旦错	双湖区	3812.11	永久性咸水湖	4883
420	半岛湖	双湖区	4153.31	永久性咸水湖	4913
421	托把湖	双湖区	873.05	永久性咸水湖	4828
422	映天湖	双湖区	1698.45	永久性咸水湖	4825
423	浩波湖	双湖区	1793.45	永久性咸水湖	4829
424	龙尾湖	双湖区	5455.41	永久性咸水湖	4942
425	琵琶湖	双湖区	1653.67	永久性咸水湖	4935
426	牛肚湖	双湖区	616.59	永久性咸水湖	5006
427	达尔沃错温	双湖区	4872.95	永久性咸水湖	4959
428	阿木错	双湖区	5034.43	永久性咸水湖	4958
429	色林错	双湖区	31897.24	永久性咸水湖	4553
430	色林错	双湖区	2014.89	永久性咸水湖	4537
431	色林错	双湖区	2315.11	永久性咸水湖	4537
432	浅水湖	双湖区	552.54	永久性咸水湖	4818
433	多格错仁	双湖区	7183.03	永久性咸水湖	4818
434	仙鹤湖	双湖区	4069.47	永久性咸水湖	4842
435	水乡湖	双湖区	1265.64	永久性咸水湖	4834
436	美菊湖	双湖区	1502.91	永久性咸水湖	4841
437	银波湖	双湖区	4080.76	永久性咸水湖	4877
438	镜明湖	双湖区	511.42	永久性咸水湖	4836
439	旭光湖	双湖区	538.24	永久性咸水湖	4883
440	围山湖	双湖区	3845.82	永久性咸水湖	4882
441	荷花湖	双湖区	2550.60	永久性咸水湖	4841
442	太苦湖	双湖区	557.25	永久性咸水湖	4913
443	玉盘湖	双湖区	1960.18	永久性咸水湖	4899
444	若拉错	双湖区	8833.95	永久性咸水湖	4815
445	长颈湖	双湖区	788.11	永久性咸水湖	4996

续表

序号	湖泊湿地名称	所属县	湖泊面积/hm²	湖泊类型	平均海拔/m
446	雪环湖	双湖区	4335.85	永久性咸水湖	4825
447	双湖区 1502	双湖区	518.26	永久性咸水湖	4883
448	白滩湖	双湖区	2127.80	永久性咸水湖	4831
449	万安湖	双湖区	1904.56	永久性咸水湖	4914
450	友谊湖	双湖区	1042.81	永久性咸水湖	4860
451	多尔索洞错	双湖区	42218.52	永久性咸水湖	4929
452	双湖区 2586	双湖区	3696.42	永久性咸水湖	4848
453	双湖区 2524	双湖区	10143.56	永久性咸水湖	4932
454	查尕热绞日强玛	双湖区	1189.53	永久性咸水湖	4807
455	迪吾玛擦咔	双湖区	597.60	永久性咸水湖	4818
456	双咀湖	双湖区	908.49	季节性淡水湖	4790
457	白土塘	双湖区	619.74	季节性淡水湖	5066
458	亚克错	双湖区	1914.14	季节性咸水湖	4905
459	黄水湖	双湖区	3191.88	季节性咸水湖	4892
460	多格错仁	双湖区	506.07	永久性咸水湖	4819
461	多庆错	亚东县	4456.23	永久性淡水湖	4472
462	错嘎木	札达县	561.33	永久性淡水湖	4620
463	果错	札达县	629.28	永久性淡水湖	4526
464	加波错	仲巴县	603.87	永久性淡水湖	4664
465	曲依错	仲巴县	6493.87	永久性淡水湖	4670
466	森里错	仲巴县	8536.66	永久性淡水湖	5387
467	查木错	仲巴县	22101.54	永久性咸水湖	4425
468	塔若错	仲巴县	48641.46	永久性淡水湖	4567
469	错日布者	仲巴县	1026.84	永久性咸水湖	5166
470	得阿壤错	仲巴县	978.41	永久性淡水湖	4506
471	挝那荣错	仲巴县	542.00	永久性咸水湖	4831
472	普塘错	仲巴县	690.27	永久性咸水湖	4635
473	那拉村	仲巴县	760.43	永久性咸水湖	4574
474	热布杰错	仲巴县	927.08	永久性淡水湖	4931
475	昂拉仁错	仲巴县	51004.72	永久性咸水湖	4716
476	仁青休布错	仲巴县	18769.60	永久性咸水湖	4760
477	帕龙错	仲巴县	14392.97	永久性咸水湖	5101

第五章 藏北高原土壤冻结与消融机制

土壤冻融循环(freeze-thaw circles)是指由热量的季节或昼夜变化，在表土及以下一定深度形成的反复冻结—解冻的土壤过程，这一现象在高纬度和高海拔地区普遍存在。冻融循环作为冻土环境的重要组成部分，是地-气热交换的主要过程，也是影响寒区生态环境的最活跃因素。土壤水热条件变化不仅改变土壤持水性，影响植被生存环境，而且还导致地表及活动层中能量平衡与水分分配，对气候变化产生快速地响应。

青藏高原是世界上中低纬度面积最大的高海拔冻土区，是我国气候变化的驱动机与放大器，其能量和水分循环对亚洲季风系统的形成和演化具有十分重要的作用。藏北地区是高寒冻土分布最集中的地带，受干旱化和荒漠化威胁，地表覆被及水分分布发生变化，影响冻融格局。已有观测结果表明，青藏高原多年冻土活动层水热状况对地表特征，特别是植被状况响应明显。只有揭示活动层在现代气候条件下的冻结和融化特征，才能预测其在全球变暖背景下的冻土层变化，并为理解西藏高原生态系统过程对气候变化的响应和反馈提供支持。

第一节 藏北高寒草原土壤冻融过程

研究依托中国科学院申扎高寒草原与湿地生态系统观测试验站(N30°57′，E88°42′，4675m)为高原冻土典型区，开展气象要素、土壤温度、土壤水分监测，通过对监测数据分析，研究藏北高寒草原土壤冻融循环过程。

一、研究区概况

申扎站位于西藏中部，地处高原腹地，属南羌塘高原大湖盆密集区，行政上隶属西藏申扎县，是典型的多年冻土区；气候为高原亚寒带半干旱季风型气候，空气稀薄，寒冷干燥，无霜期短，多年平均气温、降雨量、蒸发量、年日照时数和霜期持续天数分别为：0.4℃，298.6mm，2181.1mm，2915.5h，279.1d，冬季多大风，年平均风速为3.8m/s，8级以上大风达104.3d。生态环境原生性强，原始性状保存良好，高寒草原类型典型，优势种为紫花针茅(*Stipa purpurea Griseb*)和西藏苔草(*Carex thibetica Franch*)，伴生种为火绒草(*Leontopodium alpinum*)。在全球变化和人类活动的双重影响下，该区域草地退化严重，2005

年重度和中度退化草地面积达到 $16.06 \times 10^4 hm^2$ 和 $21.95 \times 10^4 hm^2$，比 2000 年增加了近一倍。

二、监测方法

申扎藏北高寒草地实验区在 2010 年 5 月建立了土壤剖面(深度 1m)观测系统，开展了多年冻土活动层土壤剖面水热过程的长期定位监测工作，包括土壤温、湿度因子，同时进行气象要素同步观测。观测系统利用数据采集器每半小时自动采集并记录一次监测数据。该站的水热监测设施如图 5-1 所示。

图 5-1　申扎站土壤水热观测设施

气象观测：利用小型自动气象站(WatchDog-2000)，根据国家二级气象站的观测标准测定大气温度、相对湿度、风速、风向、总辐射、降水、蒸发、地表温度等气象因子。

土壤温度测定：在所设定的土壤剖面，开展土壤不同深度(10cm，20cm，40cm，60cm，80cm 和 100cm)的温度观测。分层土壤温度测定采用 6 个铂金探头(美国 Onset 公司 HOBO S-TMB-M006 土壤温度传感器，适用范围 −40～100℃，分辨精度为±0.03℃)和数据采集器(15 通道 HOBO H21-001)。探头在剖面设定时固定布设，从而获得高寒草地冻土活动层的土温垂线变化数值。

土壤含水率测定：在所设定的土壤剖面，利用 6 个时域反射仪(TDR)探头(美国 Onset 公司 HOBO S-SMC-M005 土壤水分传感器，量程 0～100%，精度 8ds/m 内±3%，分辨率 0.07，操作环境 −40～50℃)和数据采集器(15 通道 HOBO H21-001)进行高寒草地冻土活动层土壤含水率分层测定，探头埋设深度与土壤温度分层布设相同。本书中 TDR 所测土壤含水率是指土壤中未冻水的体积含水量，不包括固态冰的水当量。

三、多年冻土活动层的冻结和融化过程

与美国阿拉斯加北部相似，藏北高寒草原申扎观测场附近活动层的冻结过程也是首先从活动层底部向上开始发展的。如果把 0℃作为观测场附近土壤的冻结温度，观测点附近活动层的冻结过程是从 9 月中旬开始由下向上缓慢发展的，此时地面温度在 4℃左右；11 月中旬到 12 月下旬从地表迅速向下冻结，开始了多年冻土区特有的双向冻结过程；到翌年 1 月中下旬，活动层的冻结过程结束。3 月中旬，地表附近就偶有日冻融过程发生，从 3 月下旬开始，形成了稳定的夜冻结和昼融化现象，而活动层的融化是从 4 月初开始向下发展的，到 9 月中旬融化到最大深度。

根据在年冻结融化过程中活动层水热状况的不同特征，把活动层的年变化过程划分成 4 个阶段，即夏季融化过程(ST)、秋季冻结过程(AF)、冬季降温过程(WC)和春季升温过程(SW)。其中的土壤冻结深度和水分变化的关系如图 5-3 所示。

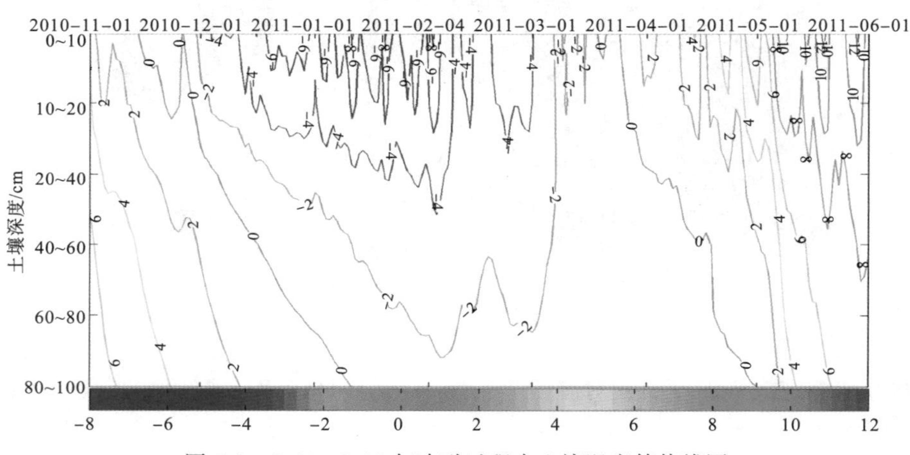

图 5-2 2010～2011 年冻融过程中土壤温度等值线图

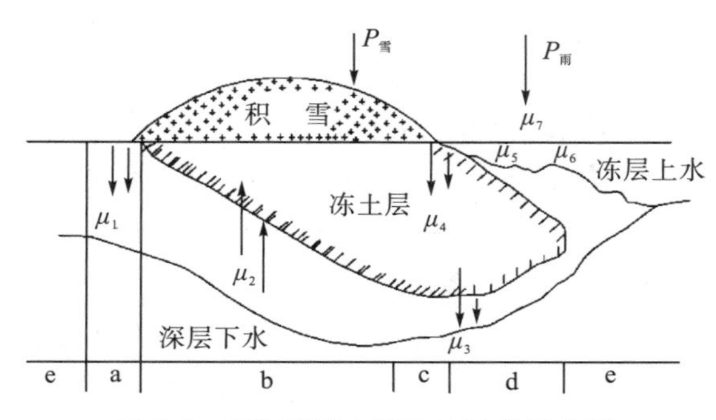

图 5-3 高寒草原土壤冻结过程示意图

（一）夏季融化过程(ST)

活动层的夏季融化过程是指活动层由地表向下融化开始(4 月底)至融化到最大深度结束(9 月中旬)的整个过程。此时活动层温度从地面开始向下随深度增加逐渐降低，活动层处于吸热过程中，热量传输由上向下，融化锋面逐渐向下迁移。水分输运以由上向下为主，具体表现出以下几个特点：①随着融化锋面的下降，位于其附近的自由水在重力作用下向下迁移，由于融化锋面附近的温度处于0℃附近，这些水分的重力输运所引起的热量传输量较小。②地表到融化锋面间的水分迁移过程较为复杂，当天气有降水时，在重力作用下，水分逐渐由地表向融化锋面渗透。其余时间，随着地面水分蒸发，在毛细管力的作用下，土壤中的水分向地表迁移；另外，在这一层土壤的不饱和土中，存在着水汽对流现象。③融化锋面之下到年最大融化深度的土壤一直处于冻结状态，在温度梯度的驱动下，水分向下迁移。在夏季的融化过程中，活动层中热量的传输过程极为复杂，融化锋面之上的热量传输方式有传导性热传输和非传导性热传输，两种热量传输过程均非常活跃；而融化锋面之下，传导性热传输占绝对优势。

（二）秋季冻结过程(AF)

活动层融化到最大深度后开始由底部向上冻结，从此开始了秋季的冻结过程，一直到活动层全部冻结结束为止。活动层的秋季冻结过程可以划分为两个阶段，即由下向上的单向冻结阶段和零幕层阶段。单向冻结阶段从由底部开始向上冻结始，到地表开始形成稳定冻结止；而零幕层阶段从地表开始形成稳定冻结始，到冻结过程全部结束止。

在单向冻结阶段，活动层基本上仍是一个开放体系，至少在白天的一些时段存在着与大气间空气的对流和水分的交换。活动层温度底部低，中间部分或上部略高，温度梯度较小，且仍在逐渐减小。活动层的上部在日间从大气中吸热，夜间向大气中放热，与大气间日均热交换量处于较为平衡状态。而在活动层底部，随着冻结锋面向上移动，水分在温度梯度的驱动下从融化层向冻结锋面迁移冻结，并有继续向下迁移的趋势，热量从融化层向冻结层传输；在尚未冻结的融化层中，除由于较小的温度梯度驱动的传导性热量传输外，还有因水汽对流引起的对流性热传输，并逐渐占据热量传输的主导地位。

在零幕层阶段，活动层中进行着双向冻结过程，活动层与大气间的水汽交换被地表的冻结层阻隔，成为一个封闭体系，活动层中的温度是中部高两端低，而两个冻结锋面之间的融化层温度为 0℃或略高于 0℃，传导性热传输不再能通过这一层向上或向下传输。根据零幕层的发展特征，又可以划分为两个阶段，即快速冻结阶段和相对稳定冻结阶段。

从地表形成稳定的冻结层开始，融化层上部的冻结锋面在不到 10 天内快速向下移动，融化层下部的冻结锋面也在缓慢地上移。同时，融化层中水分不断向冻结锋面迁移冻结，热量也在水相变放热的过程中从活动层中部向上下两侧传输，从而使此时整个活动层中的温度梯度逐渐变小。自然地，水分与热量同步耦合传输是这个阶段热量传输的主要方式。之后，两个冻结锋面间融化层的厚度减小，此时，整个未冻结土层的温度稳定在冻结温度附近，冻结锋面从上向下的移动速率也明显减小，这就是零幕层的相对稳定冻结阶段。在这一阶段，水分继续从融化层向两侧的冻结锋面迁移，并在冻结锋面处冻结放热。可以说，此时融化层中的热量传输完全是通过水热同步耦合传输实现的，而活动层的其余部分则以传导性热量传输为主。这种状况持续约半个月后，结束了融化层的冻结过程。

（三）冬季降温过程（WC）

在活动层的冻结过程全部结束后，开始了温度快速降低的活动层降温过程，一直持续到翌年的 1 月中下旬。这一阶段活动层中的温度上部低下部高，梯度逐渐增大，传导性热传输为这一阶段热量传输的主要方式，同时伴有少量由温度梯度驱动的未冻水迁移引起的耦合热传输。除地表附近少量的土壤水分蒸发外，活动层中的未冻水趋向于向上迁移，但由于地温极低限制了未冻水的含量和活力，使得其迁移量较少。

（四）春季升温过程（SW）

从 1 月下旬开始，随着气温的升高，开始了活动层的升温过程，活动层中的温度梯度逐渐减小，地表附近的水分蒸发量增大，而活动层内部的水分迁移量也逐步减小，此时的热量传输仍以传导性热传输为主。从 3 月下旬开始，地表附近开始出现日冻融过程，白天土壤表层融化，水分蒸发，夜间冻结时水分向冻结锋面迁移，周而复始，土壤表层的水分明显减少。当然，某些地方由于有地表雪盖，阻止了地表附近的日冻融过程发生，同时由于融雪水分的补给，土壤表层的含水量明显增大。

经过以上 4 个过程，活动层完成了一个冻融周期。通过分析可以看出，活动层中的水分在夏季融化过程和秋季冻结过程中以向下迁移为主，迁移量也较大，而在冬季降温过程和春季升温过程中虽有水分总体向上迁移的趋势，但迁移量较小，活动层中的水分在经历了一个冻融周期后有向下迁移的趋势。

四、日冻融循环

一般认为，当土壤日最高温 $T_{max}<0$℃时，表示土壤完全冻结（不考虑盐分等对土壤冻结点的影响）；当土壤日最低温 $T_{min}>0$℃时，则表示土壤没有发生冻结；而当 $T_{max}>0$℃且 $T_{min}<0$℃时，即存在日冻融循环（即土壤夜间冻结，白天消融）。

图 5-4 给出了藏北高寒草地土壤剖面(6 层，0～1m)不同深度处的日最高温、日最低温。从图中可以看出，在藏北地区，虽然浅层土壤日平均温度小于 0℃的时间不短，但即使日平均温度和日最低温都较低时，日最高温仍然为正，说明浅层土壤在白天仍然有消融；浅层土壤日最高温度小于 0℃的时间并不长，而日最低温小于 0℃的时间却较长，表明发生日冻融循环的时间较长。日冻融循环大致出现在 10～12 月、2～4 月末至 5 月初，而 1 月基本上为完全冻结时期。

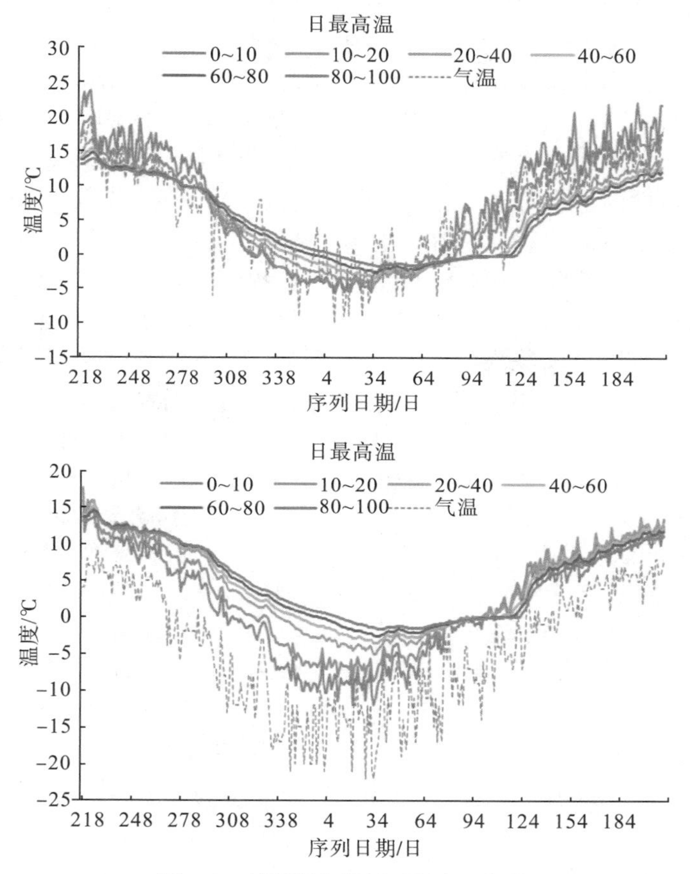

图 5-4　观测期土壤剖面温度日变化

表 5-1 为观测期内藏北高寒草原土壤活动层(0～1m)冻融过程中不同土层温度状况及相应持续天数。

表 5-1　2010～2011 年不同深度土壤温度状况及相应日数

深度/cm	T<0℃	T_{max}<0℃	T_{min}>0℃	T_{max}>0℃和 T_{min}<0℃
0～10	128	110	198	50
10～20	122	118	221	19
20～40	119	119	232	7

续表

深度/cm	$T<0℃$	$T_{max}<0℃$	$T_{min}>0℃$	$T_{max}>0℃$和$T_{min}<0℃$
40~60	123	123	233	2
60~80	112	112	244	2
80~100	111	109	246	3

注：表中T_{max}为日最高温度，T_{min}为日最低温度，T为日平均温度；第2~5列位对应的日数

从表中可以看出，藏北高寒草地土壤日冻融循环过程主要发生在表层(0~10cm和10~20cm两个深度)。10cm深度土壤从11月4日开始出现日冻融循环，一直持续到11月23日，发生冻融循环的天数为20天；11月24日土壤完全冻结，并一直持续到翌年的3月13日；3月14日，土壤开始解冻，在春季解冻期发生冻融日循环的天数为30天。20cm深度的土壤在秋季始冻期，11月24日开始发生日冻融循环，与10cm深度的土壤相比，推迟21天，持续时间额较短，仅为5天；完全冻结期比10cm深度土壤延长12天；在春季解冻期，发生冻融日循环的天数仅有14天。深度20cm以下的土壤日冻融循环已十分微弱，40cm土壤发生日冻融循环天数仅为7天，40cm深度以下土壤几乎不存在冻融日循环。无论是10cm还是20cm深度的土壤，春季解冻期发生日冻融循环的天数明显多于秋季始冻期的天数。这就说明，在藏北高寒地区，由于气温较低，土壤解冻速度要小于冻结速度。

通过分析研究区10cm深度土壤的日最高温度(T_{max})和日最低温度(T_{min})(图5-5)，可以看到，T_{max}在秋季始冻期变化比较剧烈，而在进入完全冻结期后，T_{max}逐渐下降；到翌年3月中旬，受气温影响，T_{max}波动变大；进入3月下旬，即进入春季解冻期后，T_{max}迅速上升，表明在春季，随着气温的回升，近地表层的地-气能量交换逐渐开始活跃。相对于T_{max}来说，10cm深度土壤的T_{min}波动较小，在11月中旬进入完全冻结期，其波动与T_{max}有较好的一致性。土壤温度日变幅也显示出在完全冻结期，由于受季节变化影响，气温较低，日最高气温与最低差值较小；在秋季初冻期(11月7日~11月31日)和春季解冻期(3月23日~3月31日)，地温日变幅最小，说明在这两个阶段该层土壤温度除受气温影响外，还受到冻融作用的影响，从而使得日温差在全年中为最小。

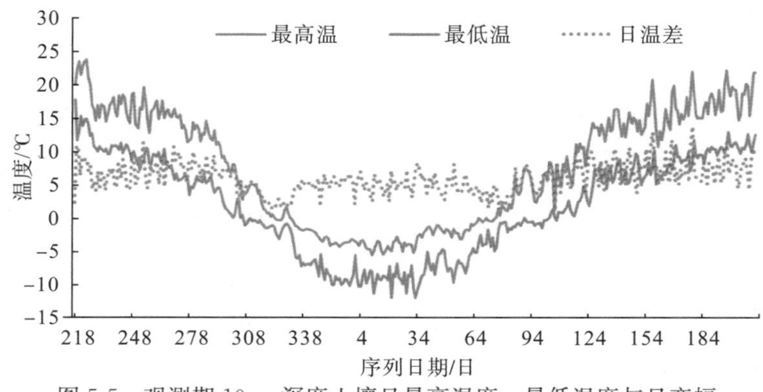

图5-5　观测期10cm深度土壤日最高温度、最低温度与日变幅

五、冻融过程中土壤温度变化

土壤产生冻结和融化的原因是地球表面和大气之间在不停地进行着能量交换，地表温度与辐射能的收支密切相关。白天太阳和太空的短波辐射使地面增温，夜间地面以长波辐射的方式散发能量使地面冷却。从地球以外向地球传播的能量，一部分被地球以长波的方式向太空辐射，一部分被地球表面反射回去，一部分被大气吸收，还有一部分进入地下，其他的被水分蒸发所消耗。由于地表能量收支的周期变化，使地表温度出现了以日和年为周期的波动。最高温度和最低温度之差，为地表温度的日或年较差。随着季节的变换，地表温度也是周期波动的。

多年冻土活动层的土壤温度常年处于 0℃之上，只有冬季来到时，活动层冻结由土壤表层向下发展，直至达到永久冻土冻结深度。之后随着春季的来临，温度上升，土壤又从地表向下和从活动层最大深度向上双向消融。

图 5-6 为藏北高寒草地土壤剖面 0～100cm 深度范围内土壤温度变化过程，由图中可以看出，藏北高寒草地土壤温度在季节上呈近似正弦曲线式的周期性变化，浅层土壤温度与太阳辐射的年际变化一致，表层土壤温度最大值出现在 8 月(10.48℃)，此时气温也最高(14.83℃)，土壤温度最低为 1 月。3 月中旬和 9 月下旬两个时期各土层土壤温度与气温基本一致，这就在 3 月、9 月形成了两个涵盖春分、秋分的土壤温度过渡期(气温向土壤温度靠拢)，即太阳辐射发生转折的时期。3 月中旬前和 9 月下旬后，土壤温度随深度增加而降低。

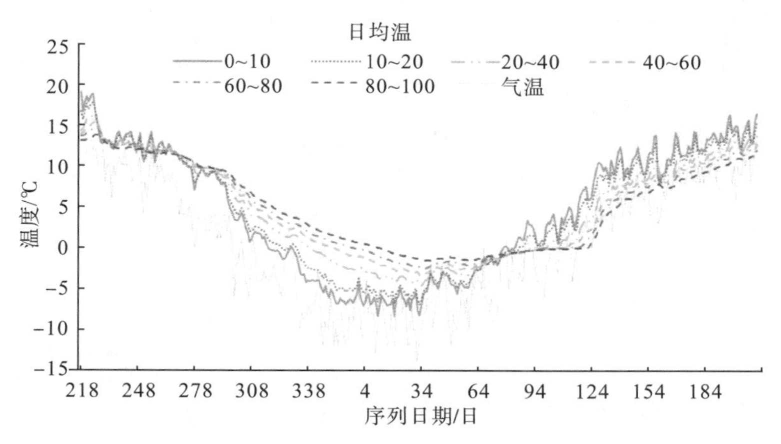

图 5-6　观测期土壤剖面不同深度温度变化

整个观测期，气温变幅大于各层土壤温度变幅，近地表层的温度受外界气温影响变化剧烈，而土壤深处的温度变化比较平缓，且随着深度增加而减小。图 5-7显示了不同时段土壤剖面温度变幅情况，在冻融期和非冻融期，温度变化总幅度随着土壤深度增加而减小，但 60～80cm 处土层在非冻融期由于上层和下层土壤的双重作用，该层土壤温度总变幅略大于上层土壤温度变幅；日均变幅在冻融期和非冻融期都随深度增加而减小。在冻结初期(11 月 7 日～11 月 30 日)和消融初期(3 月 23 日～3 月 31 日)，由于受气温和地温的共同影响，在土壤较上层(0～10cm，10～20cm)出现温度日变幅最小值。

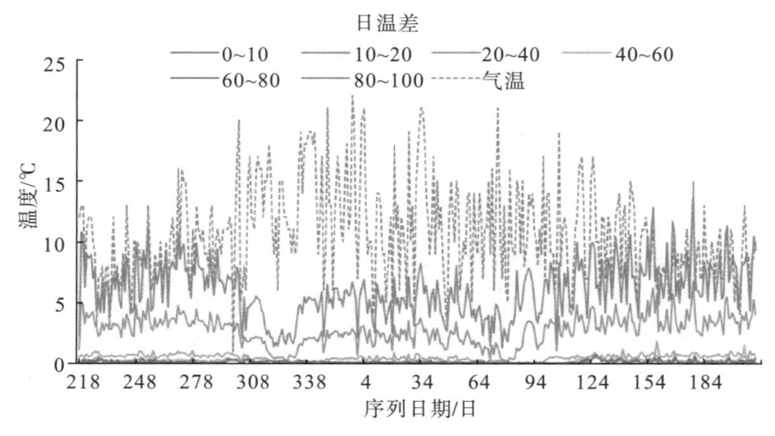

图 5-7 观测期不同深度土层温度日较差

1. 土壤温度日变化

在一定的土壤条件下，土壤内任何两个相邻土层间存在温度差异，就会引起温度梯度作用下的热量传导，且温度差越大，热传导越大。太阳辐射是土壤所有热量的来源，当太阳照射到土壤时，土壤表层受辐射而增热，且运动向下。夜间，土壤表层比下层冷，热运动朝向地表。随着昼夜变化，土体中的温度也有了以日为周期的波动。

在冻结期选取 4 个典型日(土壤冻结前期的 2010 年 10 月 1 日、初冻期的 2010 年 11 月 7 日、土壤稳定冻结中期的 2011 年 2 月 1 日、土壤冻结后期的 2011 年 3 月 6 日)，绘制其土壤剖面温度日变化曲线(图 5-8)。

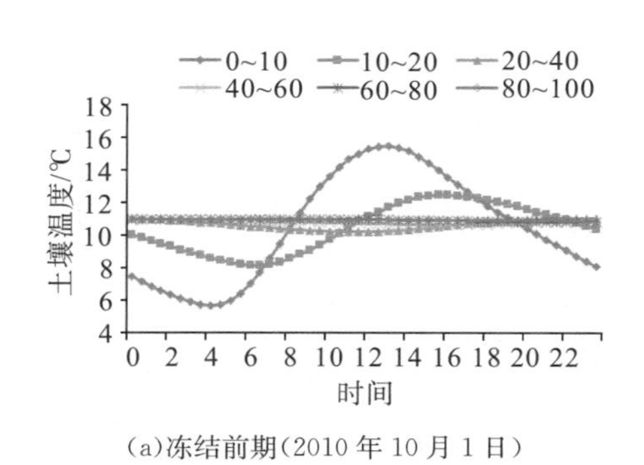

(a)冻结前期(2010 年 10 月 1 日)

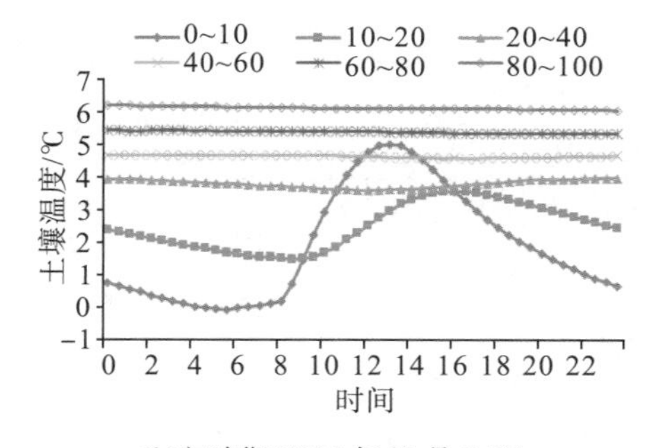

(b)初冻期(2010 年 11 月 7 日)

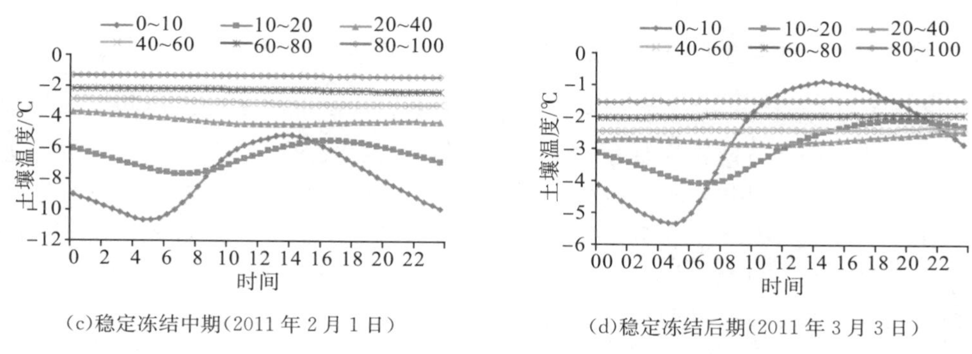

(c)稳定冻结中期(2011 年 2 月 1 日)　　(d)稳定冻结后期(2011 年 3 月 3 日)

图 5-8 冻融循环不同阶段土壤剖面温度日变化

冻结期不同时段土壤温度有以下日变化特点：①日变化过程中，近地表处的土壤温度在日出后开始上升，略滞后于太阳辐射，在下午 13：00～15：00 达到最高[图 5-8(a)]；②地表温度日较差最大，随土层深度增加变幅减小，直至一定深度日较差为 0。[图 5-8(b)]显示了初冻期 0～10cm、10～20cm、20～40cm 土层温度日较差分别为 5.1℃、2.1℃、0.31℃，而 40cm 以下深度土层温度的日较差仅为 0.10℃；③稳定冻结期土壤温度日变化规律与初冻期相似，但变幅较小且和缓；④稳定冻结中期[图 5-8(c)]土壤温度日变幅小于稳定冻结后期[图 5-8(d)]，这主要是因为冻结后期气温开始回升，日平均温度达到－5℃，外界气温的变化直接影响土壤温度日变幅，气温越低，日变幅越小。

2. 土壤温度垂直分布

[图 5-9(a)]显示了土壤不同深度处地温垂直分布日变化，从图中可以看出，在冻结过程的所有阶段，地表温度日变幅最大，随着深度增加温度变幅降低，土壤温度发生变化的深度范围呈现“浅—深—浅”模式，初冻期[图 5-9(a)]温度变化深度在 0～20cm，稳定冻结期[图 5-9(b)]深度达到 70cm 左右，稳定冻结后期[图 5-9(c)]气温回升，上层土壤温度变化加剧，下层土壤温度相对稳定，温度变化土壤深度在 40cm 左右。

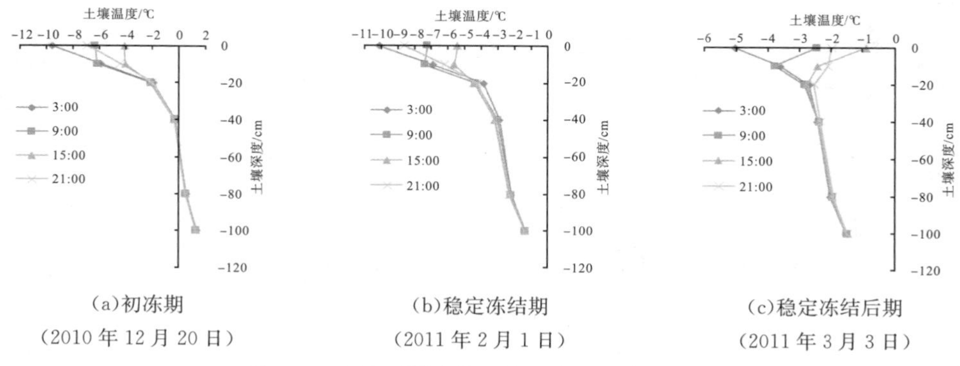

(a)初冻期(2010 年 12 月 20 日)　　(b)稳定冻结期(2011 年 2 月 1 日)　　(c)稳定冻结后期(2011 年 3 月 3 日)

图 5-9 冻结不同时段土壤温度的垂直日变化

3. 温度变化与土壤冻结和融化关系

图 5-10 显示了研究区多年冻土活动层土壤在冻融循环不同阶段的温度场情况，在 11 月中旬，地表开始发生冻结，并出现冻结日循环现象，随着气温的进一步降低，在 12 月初 20cm 深处开始冻结。由于地温辐射，100cm 深处土壤翌年 1 月份才开始发生冻结。3 月中旬，随着气温升高，活动层土壤进入消融期，随着地表温度增高，地表土壤开始出现日冻融循环，随着气温的进一步升高，在 5 月初，100cm 处土壤开始消融，温度>0℃。

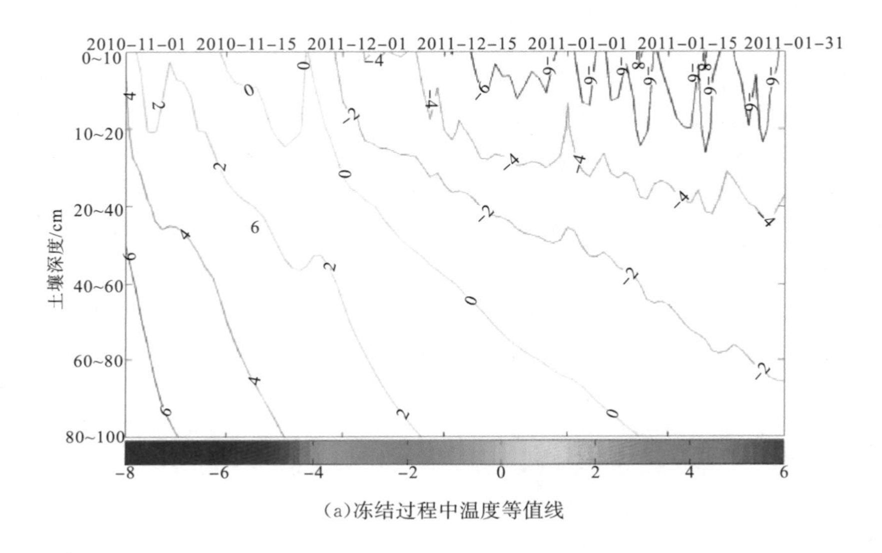

(a)冻结过程中温度等值线

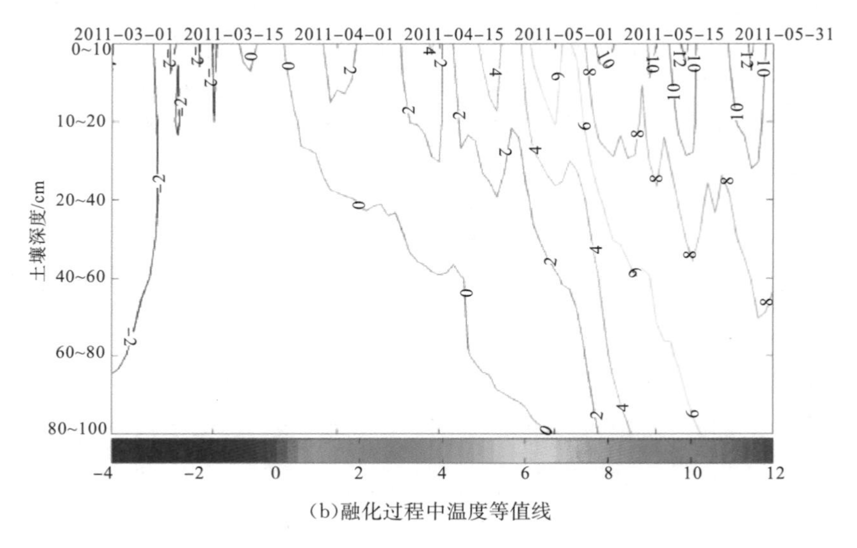

(b)融化过程中温度等值线

图 5-10 土壤活动层冻结与融化过程中温度等值线

六、冻融过程中土壤水分变化

（一）土壤水分的季节变化

图 5-11 显示了实验区在观测期内的土壤水分随深度的变化情况。由图中可以看出，夏季由于受降水影响，藏北高寒草原土壤湿度最大，各土层含水率均大于 7%；而冬季最小，各土层含水率均小于 4%。说明该地区土壤水分主要依赖于大气自然降水，土壤水分变化与干旱区相一致。

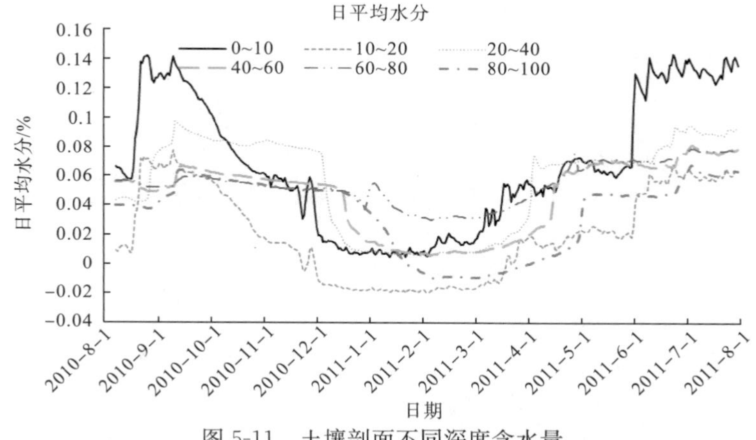

图 5-11　土壤剖面不同深度含水量

土壤剖面各层土壤在 5 月下旬～10 月中旬含水量较高，按含水量从高到低依次为：0～10cm>20～40cm>60～80cm>40～60cm>80～100cm>10～20cm；10 月下旬，0～10cm 土壤含水量开始降低。直到 11 月初冻期，20～40cm 土壤含水量在剖面中最高为 8%。在 12 月初，20～40cm 土壤含水量迅速降低，此时 40～60cm、60～80cm、80～100cm 土层土壤含水量基本持平为 5%，在翌年 1 月初至 3 月上旬，60～80cm 土壤含水量为整个剖面最高 3%；从 3 月开始，0～10cm 土壤含水量开始逐渐升高，并在 5 月初达到一个相对稳定值 7%，6 月初快速升高到 15%，20～40cm 土壤含水量在 4 月初开始快速上升达到 7%，并维持到 7 月初，之后出现小幅上升。

从土壤剖面各土层含水量变化来看，0～10cm 和 10～20cm 土壤含水量呈相同的变化趋势，说明该两层土壤水分变化的驱动方式一致。

图 5-12 显示了观测期内土壤剖面不同土层每日含水量变化情况，从图中可以看出，每日含水量变幅随着深度的增加而减小；0～10cm 土壤含水量日较差在观测期内共出现 4 个峰值，分别是 2010 年 8 月 26 日～2010 年 9 月 2 日、2010 年 11 月 6 日～2011 年 2 月 7 日、2011 年 3 月 7 日～2011 年 3 月 26 日和 2011 年 6 月 3 日～2011 年 6 月 5 日。结合图 5-12 中的降水数据可知，2010 年 8 月底和

2011 年 6 月含水量日较差峰值主要是降水造成；2010 年 11 月峰值则是由于该时期开始进入冻结期，地表气温每日在 0℃上下交替，从而造成土壤中水分发生冻结合消融的交替作用，导致在该时刻含水量日较差出现小的峰值，2011 年 3 月的峰值则主要是由于消融期温度冻融交替引起，这也说明土壤的日冻融循环引起了土壤水分相应的日循环。

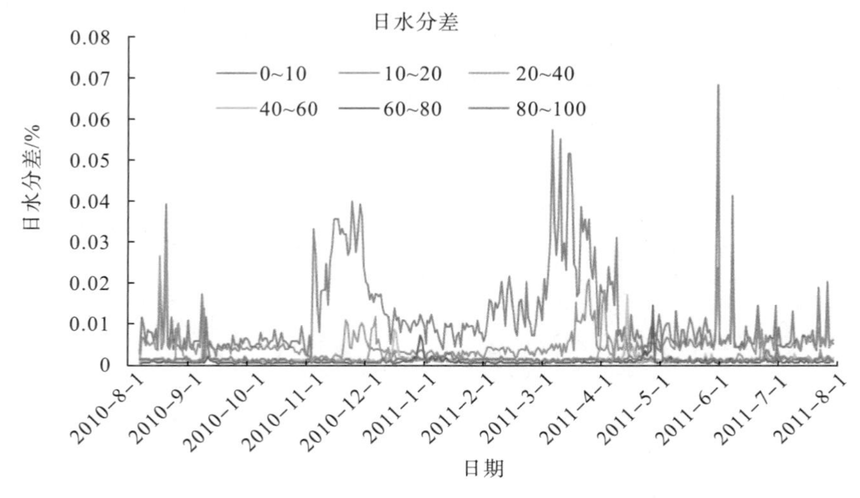

图 5-12 土壤剖面不同深度土壤含水量日变幅

从整个观测期来看，藏北高原土壤多年冻土活动层的土壤含水率经历了含量逐渐减少—最低点—含量逐渐增加的过程，曲线呈现“凹”形状。不同时段水分变化具有以下特点：①雨季，土壤含水量受降水影响明显，随降水的增加而升高，且随土层深度增加变幅减小；②旱季，降水少、蒸发强，浅层土壤含水量迅速降低，下层变化不明显，此时 20～40cm 深度土层土壤含水量最高(8%)；③冻结初期，各层土壤逐渐开始冻结，土壤含水量迅速降低，整个冻结期，60～80cm 土层由于受上层和下层土壤的双重作用，土壤含水量为剖面中最高(3%)；④消融初期，随气温升高，浅层土壤含水量逐渐升高，并在 5 月初达到一个相对稳定值。

(二)土壤水分的日变化

由于在夏季，土壤湿度容易受到降水等因素的影响，所以在此分析土壤水分日变化时，只考虑春、秋、冬三个季节。图 5-13 显示了不同时期，藏北高寒草原多年冻土活动层不同深度的土壤含水量变化情况。由图中看出，在初冻期，由于地表开始发生冻结，随着气温变化，0～10cm 土层土壤含水量发生轻微波动，在中午 12：00 左右土壤含水量达到最高；10～20cm 土壤波动更为轻缓，其他土层基本处于稳定状态；在完全冻结期，除地表 0～10cm 土层土壤含水量发生变化外，其他各层土壤含水量几乎没有变动；在解冻初期，由于受气温升高的影响，地表 0～10cm 土层土壤含水量变化明显。

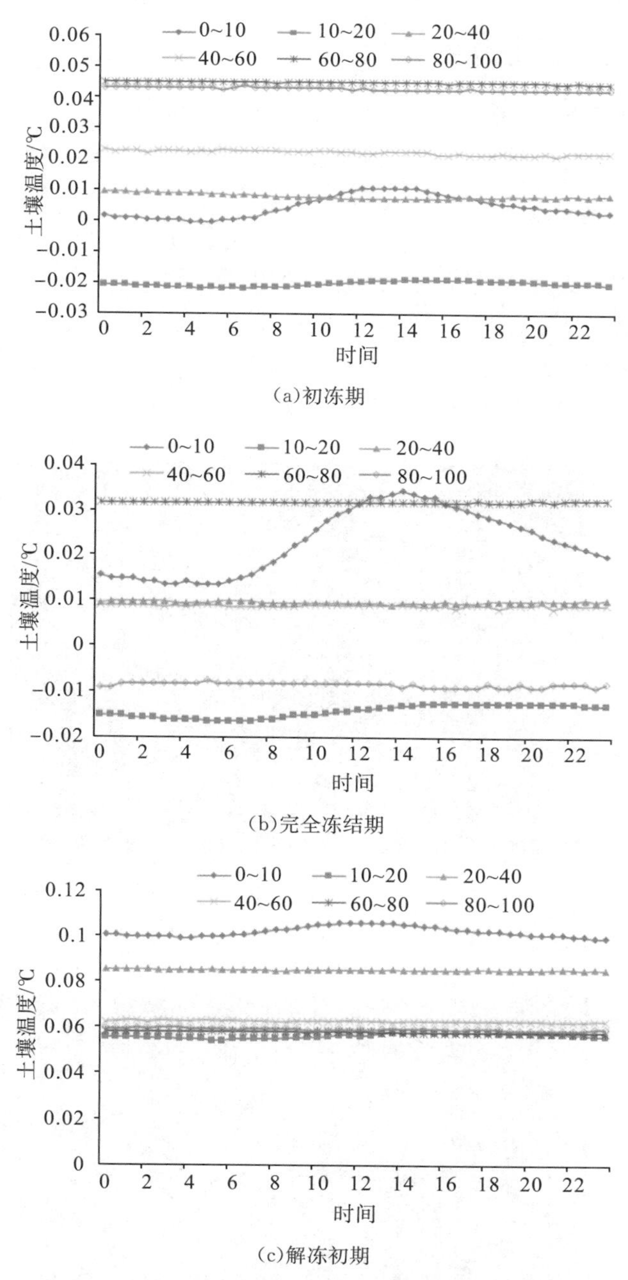

(a)初冻期

(b)完全冻结期

(c)解冻初期

图 5-13　冻融不同阶段冻土活动层土壤含水率日过程

由此可见，在研究区土壤湿度受积雪和冻土影响，在春季变暖，白天太阳辐射增强时，地面迅速升温，表层土壤融合，土壤湿度增大；而夜间表层土壤冻结，下层的水汽向表层移动并凝结，土壤湿度降低。

(三)冻结期和消融期土壤水分变化

从藏北高寒草原多年冻土活动层冻结期和融化期的土壤含水量廓线图(图5-14)中可以看出，在3月中旬至4月上旬随着气温逐渐回升，地表积雪开始消融，由于冻结过程中冻土层积蓄了大量水分，再加上积雪消融渗透，使得原冻土层位置的含水量进一步增加，成为土壤水的高能区，引起土壤剖面的土壤水分发生显著变化。在冻土层形成发育过程中，土壤水分以液相或气相运移，均会引起土壤表层的土壤含水量和地表1m土层的土壤贮水量的增加，在冻融初期增至最大。在冻融过程中，由于大量土壤水分的入渗，引起表层的土壤含水量和地表1m土层的土壤贮水量由增加转变为逐渐减小。在地表以下10cm、20cm、40cm等深度处

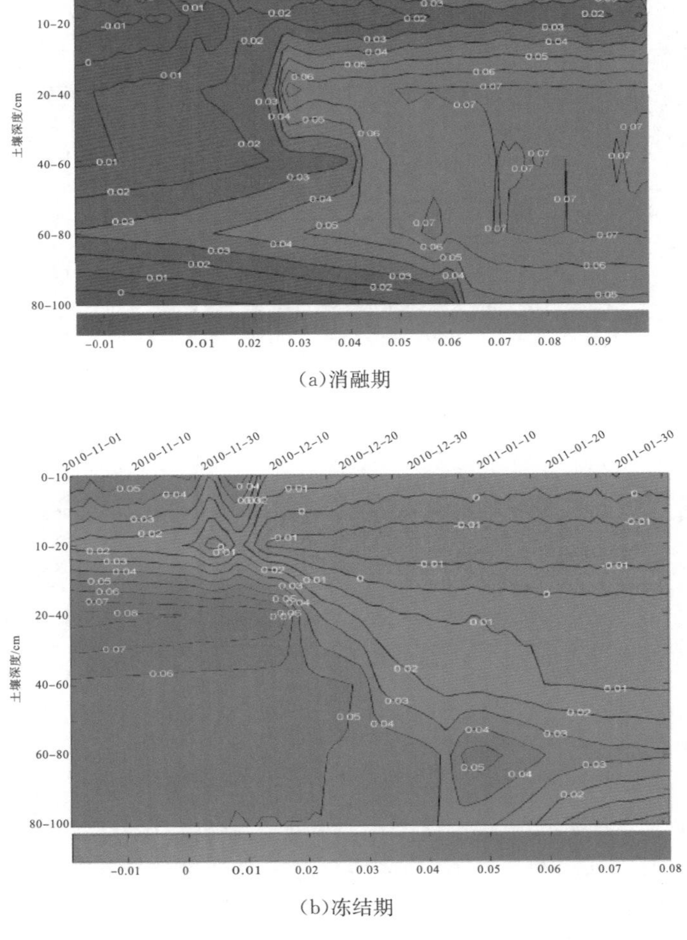

(a)消融期

(b)冻结期

图5-14　冻融不同阶段冻土活动层土壤含水量廓线图

的土壤含水量在冻结过程中均在逐渐增加。在消融过程中，由于土壤水的下渗和地表的蒸发作用，地表以下10cm深度处的土壤含水量迅速减小；因受土壤水的入渗过程的滞后作用影响，地表30cm处土壤含水量先增加后减少，而地表50cm深度处的土壤含水量仍处于增加阶段。在冻融过程，由于土壤水的蒸发和下渗损耗，表层1m土层的土壤贮水量逐渐减小。

（四）冻融作用对土壤水分的影响

冻融作用在活动层中形成季节性的冻结滞水，重新分配包气带中水分（刘务林等，2013）。藏北高寒草原土壤剖面不同土层含水量日较差显示，未冻结前，土壤含水量变化主要受降水控制，在2010年8月和2011年6月出现2个峰值。不稳定冻结期，虽降水很少，但由于土壤水的相变和土层间水分运动，0～30cm土壤未冻水含量波动较大，土壤水分日较差出现小的峰值。以2010年11月7日为例，由于土壤温度在0℃交替（0～10cm土壤温度从0时的0.67℃降低到5时的－0.16℃），土壤水分发生相变，影响水分运移，日较差出现小的峰值，土壤未冻结水含量从6.06%下降至5.55%。在稳定冻结期，各层土壤含水量小范围内波动。Perfect等（1980）的试验也表明在完全冻结的土壤中，只要存在温度梯度，就有水分的迁移。进入消融期，随土壤温度升高，土壤自上而下逐渐解冻，固态水转为液态水，表层土壤未冻水含量迅速增加。

冻融过程有利于维持土壤水分，表现为增加土壤蓄水和抑制土壤蒸发两方面。冻结期，在温度梯度作用下，浅层地下水向上层土壤转移，形成冰晶体，随着累积负气温增加，冻结土壤水分接近饱和状态，土壤蓄水增加；同时由于土壤水分垂向运动被冻结，冻结期蒸发以冻结层表面蒸发为主。消融期，土壤吸收的热量首先满足解冻耗能，然后才用于水分蒸发，蒸发以解冻层的水分蒸发为主，抑制土壤蒸发。因此，冻结过程有利于土壤维持其水分，这与杨梅学等（2002）在青藏高原、刘帅等（2009）在蒙古高原的研究结果相一致。藏北土壤在解冻过程中还可形成冻层上壤中流，在完全消融后增加土壤蒸发，这些都改变了土壤水分的运行规律，杨梅学的研究也表明与冻融过程相联系的特殊的土壤水热分布在青藏高原季节转换中可能扮演着一个重要角色。

第二节　影响冻土的因素

冻土一般是指温度在0℃或0℃以下，并含有冰的各种岩石和土壤。按土的冻结状态保持时间的长短，冻土一般又可以分为瞬时冻土（数小时、数日以至半月）、季节冻土（半月至数月）及多年冻土（数年至数万年以上）3种类型。不同的国家对冻土类型的划分标准并不一致。在中国，多年冻土定义为冻结状态持续3年或3年以上的土（岩）层，其年平均气温在－0.8～2.0℃的不连续冻土；季节冻土是指冬季冻结，夏季完全融化，冻结时间超过一个月的土层或岩层，年平均气温大约在 8.0～14.0℃，最低月平均气温低于 0℃；瞬时冻土为冬季冻结持续时间小于一个月，年平均气温为 18.5～22.0℃。结合中国 1∶400 万冻土分布图(图 5-15)可以看出：藏北高原冻土分布以大片多年冻土为主，有部分岛状多年冻土和零星的季节性冻土。

藏北高原多年冻土活动层的冻融规律一般是：在严冬过后，3 月中旬到 4 月上旬，气温开始升高，但每日会出现 0℃的上下波动，活动层表层出现时冻时融的日冻融循环；4 月中旬到 5 月初，进入温度融化阶段，大致在 8 月中旬至 9 月上旬达到最大融化深度。之后，地面开始自上而下地冻结，与由最大融化深度初自下而上的冻结逐渐汇合，在 12 月上旬至翌年 1 月中旬季节融化层全部冻透。多年冻土活动层的融化过程发生在春季，即气温和地面温度转为正温后开始，而冻结过程发生在冬季，在气温和地面温度转为负值后。由于不同时期土壤含水量、地表覆被、气温和地温等要素的差异性，土壤的冻融过程差异也较大且较为复杂。

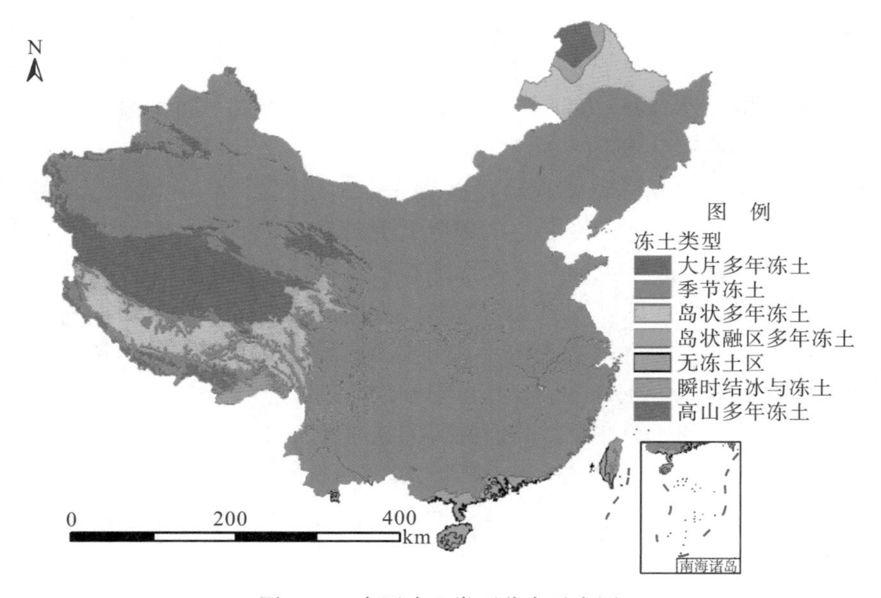

图 5-15 中国冻土类型分布示意图

从冻土热物理学观点来看，冻土是在岩石圈—土壤—大气圈系统热质交换过程中形成的，自然界许多地理地质因素参与这一过程，影响和决定冻土的形成和发展。土壤的冻融受土壤质地、土壤含水量、地温和植被等多种因素的影响，较为复杂。气温是冻土生成、发育和演化的热量条件，同时还受大尺度气候变化的影响。因此，冻土的冻结与融化受全球气候变化的制约。

一、气候变化的影响

气候是对冻土有重要影响的因素。近数十年，在全球气候变化的背景下，青藏高原气候也有显著的变化。气候影响着青藏高原多年冻土的发育和分布，而多年冻土温度、厚度及空间分布的变化则是对气候变化的响应。

多年冻土的生存、发育和消融是相当复杂的，多年冻土的地温尤其是较深层的地温，同时受不同周期气候及其他因素综合作用的结果。青藏高原气温从20世纪70年代开始逐渐升高，80年代转暖，冬季气温明显偏高。这种气候转暖的趋势对青藏高原冻土有明显的影响，表现为浅层多年冻土层呈区域性退化，但这种趋势并不能导致多年冻土的全部退化。不同地区、不同深度段冻土退化的内涵也有差别，在地温较低的大片连续多年冻土区，冻土层地温升高，尽管冷储量减小，并不造成冻土层融化，厚度也未变；但在高温冻土区内，地温由负温升至零度然后转为正温，造成冻土和地下冰融化，冻土层逐渐从量变向质变发展，使多年冻土分布面积缩小，融区范围扩大，垂向上呈不衔接状。由此可见，冻土退化状况，在不同地区、不同类型冻土条件下表现形式是有差别的。在季节冻土区和消融区内，季节冻结层以下的土层并不存在水的相变问题，进入土层中的热量几乎全部用于升高土温，所以地温升值幅度较大，为0.3～0.5℃，而且受几年的短期气候波动影响较明显；在岛状多年冻土和融区的边缘地段，多年冻土层薄，年平均地温高，气温转暖不但造成年平均地温升高，而且使多年冻土层开始融化，这时进入土层的热量不但要升高土温，而且还要使冻土层中冰融化，所以含冰量高的冻土层，地温升值小，退化速度亦慢；在大片连续多年冻土区内，由于岩性、含冰量的差异，浅层地温升值也不同。在含冰量大或有多层纯冰的地段，地表温度波振幅向下衰减速度快，向下传递较慢而浅。

20世纪90年代以后，国内学者采用不同的方法对青藏高原未来冻土变化进行了研究，但预测结果不一。王绍令等(1996)根据未来东亚气温与降水变化数据，预测到2040年青藏高原年平均地温上升0.4～0.5℃，届时现在的岛状多年冻土将大部分消失，多年冻土总面积明显减少。李新等(1999)认为多年冻土在未来20～50年不会发生本质变化，多年冻土总的消失比例不会超过19%，然而到2009年青藏高原多年冻土将发生显著变化，消失比例高达58%。南卓铜等(2004)的模拟结果表明，气候年增温0.02℃情况下，50年后多年冻土面积比显著缩小约8.8%，100年后冻土面积减少13.4%；如果升温率为0.52℃/10a，青藏高原在未来50年后退化13.5%，100年后退化达46%。

秦大河等(2002)根据中国区域气候模式，在假定大气CO_2继续增加的情境下，预测未来50年青藏高原气温能上升2.2～2.6℃。杜军等(2004)根据这一结果，选取未来青藏高原升温率0.44～0.52℃/10a作为气候变化情景，分别记录了两种升温率下，未来 50 年西藏 16 个观测站点最大冻土深度的变化。结果表明：如果气候按升温率 0.44℃/10a 变化，50 年后西藏最大冻土深度减小 1.1～77.3cm，未来 100 年可能减小 1.2～91.4cm；气候按升温率 0.52℃/10a 变化，50 年后最大冻土深度减小 2.1～155cm，未来 100 年可能减小 2.5～183cm。那曲、安多、江孜等海拔 4000m 以上地区冻土深度减小最大。

二、植被覆盖的影响

已有研究表明，冻土厚度与植被盖度之间有直接的关系，冻土层厚度越大，植被的盖度越高，表明冻土厚度对地表土壤的持水能力有很好的保护和支持作用；冻土层越厚，土壤水下渗的能力越弱，下渗量也越少，冻土越厚对土壤的保温作用也越好。王根绪等(2007)对 3 种覆盖度下的青藏高原高寒草甸多年冻土活动层的土壤水分进行了观测研究，结果显示：多年冻土活动层土壤水分分布对植被覆盖变化响应强烈。年内不同时期，植被覆盖度为 65%和 30%的土壤表层 20cm 深度内水分含量及分布相似，每次降水后 30%覆盖度土壤水分的变率略大于 65%覆盖度的；而 93%覆盖度土壤水分在年内解冻开始到冻结前均小于前两种覆盖类型；植被覆盖度越小，土壤冻结和融化响应时间越早，响应历时也越短；浅层土壤冻结和融化对植被覆盖度的响应程度较强，接近深层土壤冻结和融化对植被覆盖度的响应程度降低。土壤冻融的相变水量对植被覆盖度变化响应明显，植被覆盖度降低，土壤冻结和融化相变水量增大。由于受植被蒸腾与地表蒸散发和土壤温度梯度的影响，融化期土壤剖面的水分重新分配，总体上呈现出水分向剖面上部和底部迁移。

三、人类活动的影响

在自然状态下，多年冻土和其他生态环境要素虽然对外界轻微扰动具有一定的自身负荷能力，但人类工程活动能够诱发冻土生态环境发生剧烈变化，进而对生态系统稳定性产生深远的影响。在人为活动或工程影响下，地表条件变化将导致融化层厚度变化，这种变化对区域地下水位及生态水位产生重新分配，结果表现为水分不再被局限于近地表土层的深度，使植物可利用水分大为减少，导致短根系植物枯死，生物多样性减少，植被退化，荒漠化趋势增强等生态环境问题。不同地温条件和地表条件对人为活动或工程影响的热稳定性响应过程不同。反之，人类工程活动对融化层厚度、地温和土壤含水量的影响，也会随着植被类型、海拔、地貌不同而出现分异。研究表明，青藏高原近 20 年来多年冻土上限每年以 2～10cm 的速率加深。气候变暖引起的冻土上限变化是缓慢的，而人类工程活动(如铺设光缆、修筑公路和铁路)对地表特征的影响是突变的。例如，植被完全被铲除，生物多样性几乎为零，地表土壤条件也突然发生较大的变化。

(一)对活动层厚度的影响

冻土季节融化深度(活动层厚度)是冻土热融敏感性评价模型的主要指标之一，因此分析人类工程活动对冻土活动层厚度的影响，有利于准确评判冻土的环境。由于各类工程对工作区进行任意取土、开挖地表、破坏植被等活动，人为地扰动了原有冻土的水热冰的动态平衡机制，加快了该区域冻土上限土壤温度的变化，致使某些区域(主要是高温多年冻土区)冻土上限持续下降，消融区不断扩大，甚至有些地区多年冻土逐渐退化消失。据1980～1995年青藏公路沿线钻孔的地温升高状况，在多年冻土区，小于20m深的浅层地温普遍升高，十几米厚或数米厚多年冻土减薄或消失。

(二)对土壤水分的影响

人类活动直接影响到地表状况以及冻土活动层的冻结融化过程，首先改变土壤水分的季节性冻结和释放，进而影响到地表水和浅层地下水的径流过程、径流量及其在年内的分配等。在青藏公路改建时，大规模机械化施工，破坏了公路两旁(30～40m)脆弱的冻土地表环境和地层结构，导致该区域地下冻土层融化加快，地表水下渗量增加，沿公路和铁路两旁的地表和地下水水位及运动规律被改变，部分路段低洼处出现了地表积水、地面沉降、季节融化层含水量增加等现象。

人类活动也将对冻结层上水埋深度造成影响。由于人为的干扰破坏造成地表水、地下水埋深及它们运移规律发生改变，并随干扰破坏程度的大小而不同，路基地段的原地貌破坏最为严重，所以其地下冻结层上水明显比人为干扰区域的冻土层上水位低。

人类工程活动对土壤含水量垂直格局有影响。人类活动改变冻土融化过程，从而引起土壤含水量变化，影响植被组成变化和土壤结构的改变，进而造成土壤含水量垂直格局变化。

(三)对土壤温度的影响

地温是决定冻土分布的重要因素之一，也是导致冻土退化的主要原因之一，因此分析人类工程活动对地温的影响具有重要意义。从人类工程干扰带和非干扰带的对比分析可以看出，尽管风火山和开心岭的海拔相差约400m，但人类工程活动对地温的影响基本一致，均表现为干扰带低于非干扰带。风火山和开心岭的地温变化格局存在差异。在高海拔的风火山地区，表层10cm处的地温低于30cm层的地温，随后随着土层深度的增加，地温逐渐降低；在海拔相对较低的开心岭地区，地温从地表浅层开始均表现为随土层深度增加而降低的变化趋势。

（四）对高原植被的影响

在青藏公路、青藏铁路及通信光缆、输油管线的建设中，不可避免地要开挖地表，铲除地表植被，对原土壤、植被造成干扰破坏。在青藏高原的高寒、干旱、贫瘠等特殊环境条件下，高原冻土与高原植被之间有相互依存的特殊生态环境。植被对冻土的影响具有两个非常重要的功能，即保温作用和冷却作用。青藏高原广泛分布着高寒灌丛、高寒草甸、高寒草原、高寒荒漠等植被类型。高寒植被环境是极其脆弱的寒区生态环境，一旦遭受严重破坏，长期不能恢复，同时也对其他生态环境产生较大影响。工程活动对植被的影响主要表现在植被覆盖度降低、植物群落改变、植物种类减少等方面，这种影响不是由某一个因素所决定，还与冻土层厚度、冻土上限、冻结层上水埋深以及土壤特性等冻土环境要素都有一定关系。

第三节　地面积雪和冻土消融的关键参数

一、积雪消融参数

（一）雪量修正系数(SN)

用雨量筒测雪，由于风吹、树木拦截等原因往往偏小，所以实测值应乘以一个大于 1 的修正系数——SN，SN 的大小对年水量及融雪径流过程有影响，先给定 SN 一个起始值，然后在调试过程中，以年水量误差最小及春季融雪峰形拟合较好控制，取 SN=1.3。

（二）基础温度(TB)

基础温度(TB)是指融雪的零界温度。TB 一般在 0℃左右，变幅不大，TB 减小 1℃与各带输入的气温增高 1℃是等效的。

（三）划分雨雪的临界温度(TK)

中高山带季节性积雪融化带是随气温的升降而变化的，由于各高程带的气温相差较大，雨量观测站实测到的某一天的降水量在中山带降雨，在高山带则可能是降雪，这就需要用 TK 来识别。根据水文气象资料分析，由于气温的垂直分带性，不同的区域雨雪划分的临界温度有一定的差异，可由研究区的地形特征不同的高程带确定不同的临界温度值。如果处于不同高程带的某一栅格单元的气温小于 TK(P)，则该栅格单元进行积雪累积；反之，则进行降雨产流过程或同时进行融雪产流过程。因此，TK 是一个较为灵敏的参数。

(四)气温日融雪率(RA)

气温日融雪率(融雪因子)RA是融雪模型中最为敏感的参数之一，为每日温度上升1℃时所融化的积雪深度。融雪因子不仅反映气温与融雪之间的关系，还反映了多年平均情况下辐射对融雪的影响。由于辐射随着太阳高度角变化，因此融雪因子随季节变化，且各地有差异，纬度、山地坡向等都将影响融雪因子的大小。

RA在积雪消融期不是常数，初期小，而后递增。这主要是因为初期积雪的冷储量较大，融雪水在下层再次冻结，并且初期积雪量大，雪层的持水能力也大。其获取方法一是使用雪枕、雪槽进行野外观测而得到；二是利用统计公式推算得到，其推算公式为

$$\mathrm{RA}=1.1\times\frac{\rho_s}{\rho_w}$$

式中，ρ_s为积雪密度(g/cm^3)；ρ_w为水密度(g/cm^3)。

对于融雪径流占较大比重的山区河流，RA较为灵敏，其大小将直接决定积雪水量的大小。如果RA偏大，会造成春季融雪峰偏高，后期偏低；如果RA偏小，则相反，甚至到了无雪季节还会有积雪。由度—日法可知，RA与积雪密度和水密度有关，而水密度为一定值，因此其大小直接取决于积雪密度。但由于积雪密度的影响因素较多，如风速、地形、下垫面和植被覆盖等，不同时期、不同区域积雪密度的大小不一致，因此，RA随积雪密度的变化而变化。

由于植被的分布情况对融雪因子也有一定的影响，因此可根据研究区自然分带和土地利用状况，把研究区分为不同高程带，根据研究区积雪密度的观测资料，分别计算出各个高程带各月不同的融雪因子。

(五)积雪日蒸发(升华)量

积雪蒸发或升华是积雪区域水量平衡和热量平衡的重要分量之一，积雪具有独特的辐射和热力学特征，强烈影响地表的能量平衡和大气环流，是区域乃至全球气候变化的主要影响因素之一。在积雪区，季节性积雪既是最重要的环境因子，也是最敏感的环境变化响应因子。

二、冻土消融参数

(一)土壤水冻结气温

土壤的冻结与融化过程实质上就是土壤水分的相变过程，当土壤中的热量通过对流、传导等方式放出来，并使其温度降低到土壤起始冻结温度时，其中的水分便开始冻结。在冻融土壤入渗规律、冻融土壤水分运移规律、土壤墒情研究

中，土壤冻结深度的测定至关重要。一般认为，土壤的冻结温度随土壤含水率的增高而升高，且符合三次多项式关系；土壤的冻结温度随土壤含盐量的增大而线性降低。在已知土壤质地并测定了土壤含水率和含盐量的情况下，可以通过测定土壤温度方便地获得土壤冻结状况，对于研究冻融条件下土壤水分运移规律具有实际意义。由于高寒地区地温监测站点少，因此可以用土壤冻结时的临界地温相对应的气温作为土壤水冻结温度。

(二)土壤冻结系数

这里用日负温的土壤水冻结量来作为土壤冻结系数，是指气温每下降 1℃时，土壤中水分的冻结量(冻结深)。土壤冻结系数不仅反映了气温和冻土中水分的关系，还反映了多年平均情况下气温对冻土融化的影响。

第六章　基于土壤热力学的冻土积雪变化模型

第一节　气温-地温模型

地-气之间的能量和水分等物质相互交换和传输问题是陆面过程研究的核心问题之一，温度是表征能量的关键指标之一，同时也是影响冻融过程水分变化的核心因素。地温是指地表面和以下不同深度处土壤温度的统称，包括地面温度、浅层地温（距离地面 5cm、10cm、15cm、20cm）和深层地温（距离地面 40cm、80cm、160cm、320cm）。地气温差的正负和趋势变化基本上可以反映地表感热通量的变化特征。因此，地、气温的变化特征以及基于气温差所近似表征地表感热通量可以反映下垫面热量变化以及地-气之间的热量交换过程，进而有助于了解土壤冻融过程的驱动力变化特征。

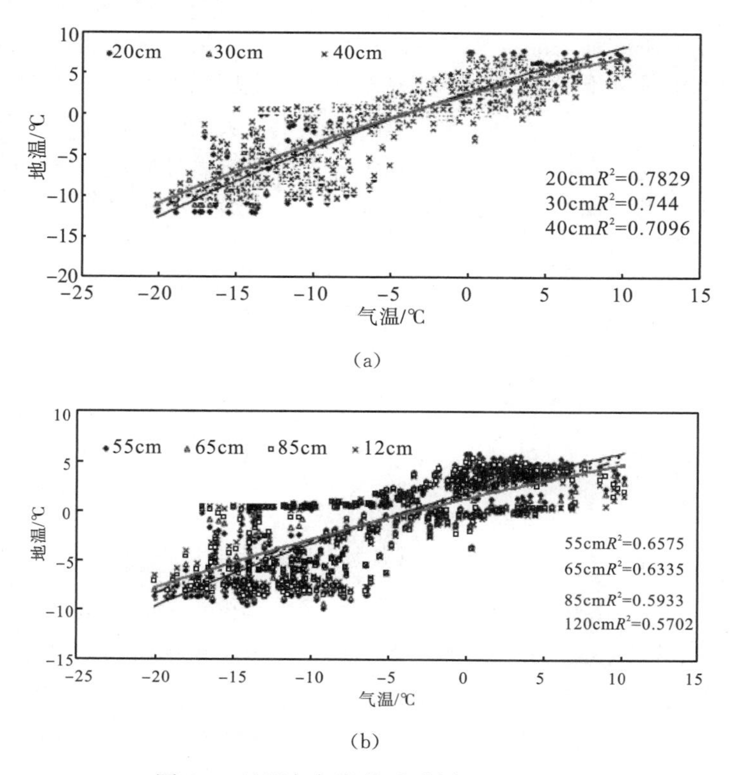

图 6-1　地温与气温关系（刘光生，2012）

根据刘光生(2012)的研究，在青藏高原多年冻土区，冻土活动层土壤温度的变化与气温的变化密切相关。在同一个坡面，气候条件都相同、地貌地形都一样的情况下，不同深度土壤温度对气温变化的响应都表现出了一致的规律。从地表至120cm深度，30％、65％和92％盖度土壤温度与气温的相关系数 R^2 分别由0.85降到0.65，0.83降到0.53，0.78降到0.57，表明活动层不同深度的温度对气温的响应过程差异很大，在浅层响应程度高，深度越深响应程度越低。同时，出现了大致以40cm为界限的分层现象，表明在同一盖度不同深度土壤间，活动层约40cm以上部分的地温与气温呈现出显著的线性正相关关系($p<0.01$)，冻结过程和融化过程基本吻合；40cm以下部分的土壤温度与气温的相关关系不显著。随着深度增加受到土壤结构组成、水分和冰含量等影响变得复杂(图6-1)。

一、申扎高寒草原站

藏北高寒草原土壤的冻融状况主要取决于土壤温度、水分、盐分等因素，其中土壤温度是主要因素。冻土是一种对温度极为敏感的土体介质，因而土壤温度是对冻土有重要影响的因素，土壤温度的变化与气温的变化紧密相关，尤其是地表及地表下10cm范围内的土壤温度随着气温的变化而同步变化(图6-2)。土壤温度主要依靠太阳的辐射能，从地球内部传导到地表的热量非常小，因而其对土壤温度的影响也是微不足道的。土壤自身性质对土壤温度有很大影响，如土壤的颜色、组成、水分含量等。土壤颜色影响着热量吸收的强度，土壤的组成和含水量影响土壤比热的大小，土壤紧实度和水分含量影响着导热度的变化。疏松的土壤与紧密的土壤相比冻结的日期早而深度大，含水率大的土壤与含水率小的土壤相比冻结的日期晚而深度浅。

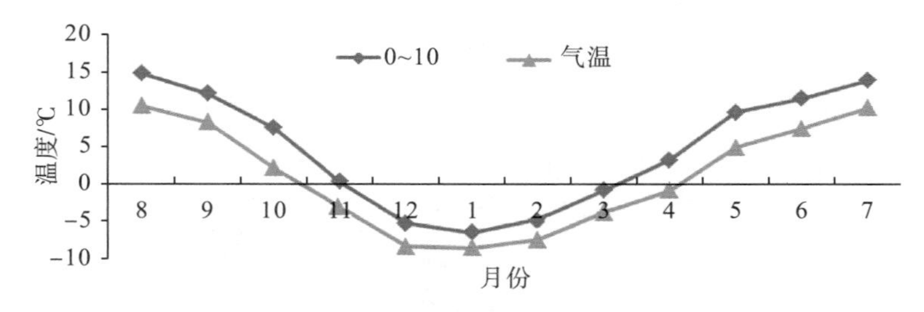

图6-2 研究区气温、地表温度年内变化

研究区位于北半球高海拔高寒地带，各个季节接受太阳辐射能量的差异非常明显，夏季多，冬季少，形成冬季严寒漫长，春季干旱多风，夏季温暖短促，气温年较差也较大，四季差别相当明显，是典型的高原亚寒带半干旱季风型气候。该地区的地表年平均温度和气温具有相同的变化趋势，地表平均温度比气温高3～4℃(表6-1)。

表 6-1　试验期内土壤剖面 0～100cm 深度月平均温度　（单位：℃）

月份	气温	0～10	10～20	20～40	40～60	60～80	80～100
8	10.48	14.83	14.44	13.94	13.57	13.34	12.86
9	8.30	12.11	12.01	11.99	11.89	11.87	11.65
10	2.10	7.54	7.88	8.62	9.00	9.34	9.54
11	−3.03	0.33	1.17	2.74	3.66	4.42	5.14
12	−8.39	−5.28	−3.81	−1.26	0.07	0.96	1.75
1	−8.58	−6.48	−5.47	−3.48	−2.26	−1.32	−0.38
2	−7.46	−4.75	−4.33	−3.28	−2.64	−2.05	−1.41
3	−3.87	−0.85	−1.27	−1.36	−1.33	−1.09	−0.90
4	−0.83	3.18	2.22	0.87	0.12	−0.05	−0.15
5	4.87	9.64	8.62	7.02	5.89	5.21	4.26
6	7.43	11.48	10.83	9.84	9.10	8.63	7.89
7	10.20	13.96	13.29	12.30	11.58	11.10	10.35

冻土研究中，往往取地表面作为分析对象的上界面，把地表面的有关参数及其变化作为上边界条件。但是，由于地表面的一系列参数很难取得，因此可以用与近地面气温有关的参数来代替。

地表温度的高低直接决定土壤冻融量，而在实际中只有气象站进行不同深度的地温监测，在高寒山区几乎无进行地温监测的站点，水文及遥测站点只进行气温监测，因此对流域各栅格单元土壤冻融过程的研究产生一定影响。考虑到气温与地温之间存在一定的联系，因此，本书选用研究区地温监测站点年日平均地温与气温数据建立两者之间的关系，以便较好确定各栅格单元土壤的冻融量。藏北高寒草原气温与地表温度的关系如图 6-3 所示。

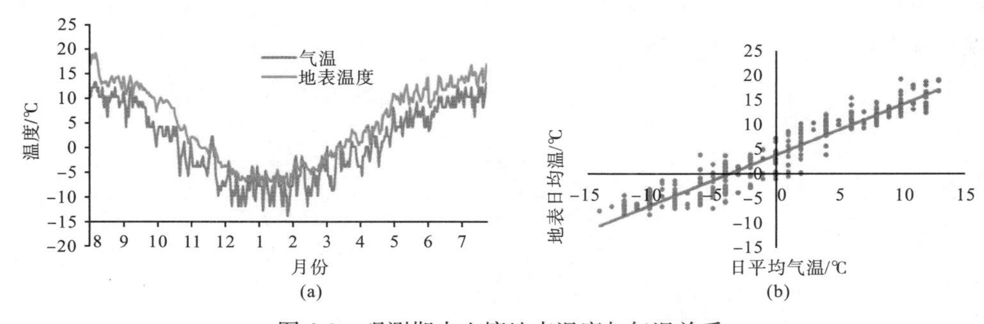

图 6-3　观测期内土壤地表温度与气温关系

表 6-2 列出了各土层温度与气温的相关关系，由表中可以看出浅层土层(0～10cm，10～20cm)温度与气温相关系数 R^2 都大于 0.9。随着土层深度增加，R^2 值

减小，说明浅层土壤温度与气温具有良好的相关关系，随着深度增加，土壤温度变化与气温相关性减小。这也符合藏北高寒草原多年冻土区活动层土壤温度变化特征，即土壤温度随外界气温的波动而变化，变化趋势基本一致，随着深度的增加波动性减小；地温的变化滞后于气温的变化，在一定周期范围内，地表温度的变化不会立即对土壤下层的温度场产生影响，要滞后一定的时间，并且这种滞后的时间随着土壤深度增加而增大，所以持续时间较短的地表温度波动不会对深层土壤温度产生很大的影响。

表 6-2 土壤深度的地温与气温关系

土壤深度	相关关系	
	拟合曲线	R^2
0～10cm	$y=0.0035x^2+1.0129x+3.5074$	0.9238
10～20cm	$y=0.0077x^2+0.927x+3.3461$	0.9116
20～40cm	$y=0.014x^2+0.7815x+3.3378$	0.864
40～60cm	$y=0.0171x^2+0.6923x+3.3095$	0.8121
60～80cm	$y=0.018x^2+0.6296x+3.4581$	0.7659
80～100cm	$y=0.0184x^2+0.5543x+3.5222$	0.7005

二、贡嘎山森林生态站

贡嘎山位于青藏高原东缘，是横断山最高峰，贡嘎山东坡 3000m 气象站有连续的气象观测数据。选择典型年份的资料进行相关分析，发现不论是生长季(无冻融季节)、非生长季(冻融期)，还是全年，气温与各层地温均存在良好的线性关系。对 1988～1997 年的月均气温和地温进行拟合，平均截距为 3.15℃，发现均存在良好的线性关系(图 6-4)。

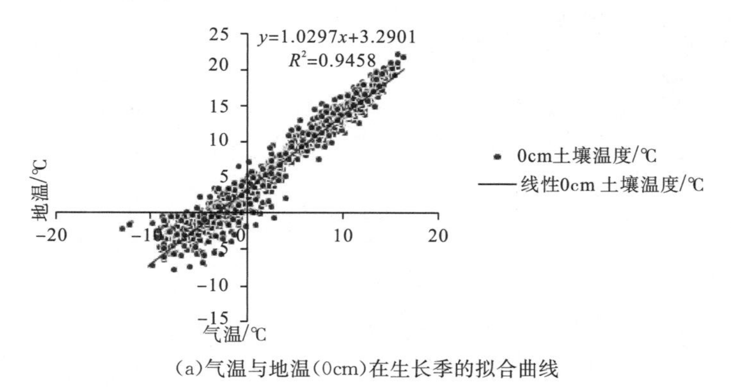

(a)气温与地温(0cm)在生长季的拟合曲线

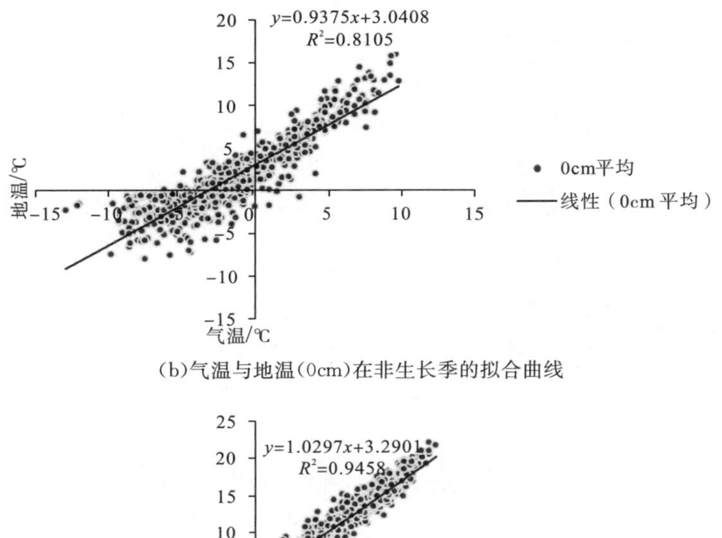

(b)气温与地温(0cm)在非生长季的拟合曲线

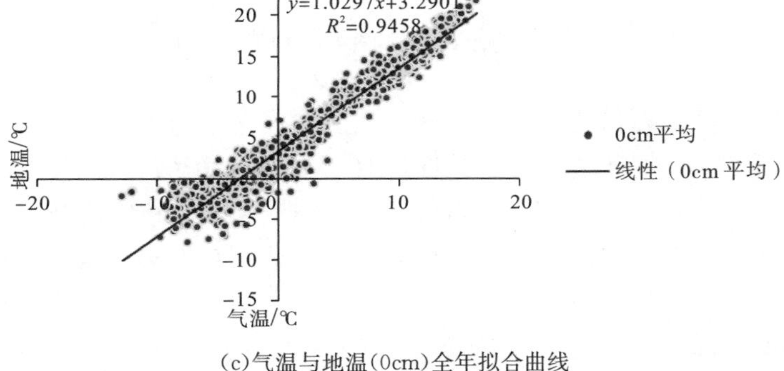

(c)气温与地温(0cm)全年拟合曲线

图 6-4　1995～1997 生长季、非生长季以及全年气温与地温(0cm)拟合关系

选择 1995～1997 年的日数据进行拟合，发现气温与不同层土壤温度都有线性关系，只是越往下层这种线性关系越弱。选择 0cm、40cm 全年土壤温度与气温回归都发现 0℃以上气温与 0cm 地温的显著线性关系(表 6-3)，0℃以下点分布较散。

表 6-3　贡嘎山 3000m 站气温与地表温度回归结果

年份	气温－0cm 地温回归方程	确定性系数	斜率 a	截距 c
1988	$y=1.0157x+3.0636$	$R^2=0.9942$	1.0157	3.0636
1989	$y=0.9768x+3.5796$	$R^2=0.9949$	0.9768	3.5796
1990	$y=1.0435x+3.2624$	$R^2=0.9862$	1.0435	3.2624
1991	$y=1.0093x+3.3116$	$R^2=0.9933$	1.0093	3.3116
1992	$y=0.9898x+3.4564$	$R^2=0.9801$	0.9898	3.4564
1993	$y=1.0795x+2.3947$	$R^2=0.9900$	1.0795	2.3947
1994	$y=1.0597x+2.7163$	$R^2=0.9962$	1.0597	2.7163

续表

年份	气温−0cm 地温回归方程	确定性系数	斜率 a	截距 c
1995	$y=1.1071x+2.1834$	$R^2=0.9885$	1.1071	2.1834
1996	$y=1.0201x+3.6096$	$R^2=0.9956$	1.0201	3.6096
1997	$y=0.9981x+3.9604$	$R^2=0.9895$	0.9981	3.9604
平均	$y=1.0293x+3.1616$	$R^2=0.9853$	1.02996	3.15389

从上述观测结果可以看出，气温与地温间存在非常好的相关关系，相关系数R^2均大于0.92，因此可以借助气温资料来获得流域面上各单元栅格上的地温数据。

第二节 地面积雪和融雪模型

降雪是降水的重要形式之一，在寒冷地区则几乎成为主要的水源。雪是地球表面最为活跃的自然要素之一，其特征(如积雪面积、积雪分布、雪深等)是全球能量平衡、气候、水文以及生态模型中的重要输入参数。冰雪融化后产生大量的水分，将改变土壤水文状况，并形成地表径流，从而对水文和水资源调节产生巨大的影响。雪盖的状态和过程对于气候变化与水文循环都有极其重要的作用。雪盖的表面温度和冻(融)状态变化极大地影响着雪盖与大气之间的质量和能量交换；雪盖的不同状态对雨水的入渗、而后的再凝固或继续下流以及融雪水本身的下渗都有影响，进而影响地表径流和陆面水文循环。因此，融雪所形成的径流在水资源利用中起到极其重要的作用。

雪约占地球表面全部降水的5%，由于其蒸发损耗小于降水，实际对河流补给的贡献远大于5%。然而融雪的变化是一个极其复杂变化过程，受多种因素(如空气对流、辐射、降雨、凝结等)的制约。当温度较低时，降水以降雪的形式降落在流域上，随温度的升高，流域上的积雪融化成水流，该过程是寒区重要的水文过程。从物理学的角度上看，蒸发过程与积雪过程极其相似，两者都属于热力学过程，都能用能量平衡法来处理。融雪的能量主要来源于以下几个方面：净辐射、降雨时补给的热能、下垫面土壤的传导等。融雪径流模型按积雪和融雪在流域上的分布，可以分为集总模型和分布模型。集总模型把流域空间看成均匀分布的系统，可以作为一个点来处理；分布模型则考虑流域空间的不均匀性。

融雪模型的构建思路为：考虑降水、气温和蒸发的垂直地带性，利用GIS软件将流域进行单元格划分，每一计算单元的融雪、积雪、产流都单独计算(图6-5)。若降水形式为雪，计算积雪总量；根据当日平均气温计算融雪量，根据积雪量计算积雪面积，融雪水超出积雪持水能力部分流出积雪层进入产流模型；若当降水雨雪交加，则需雨雪分开再分别计算。

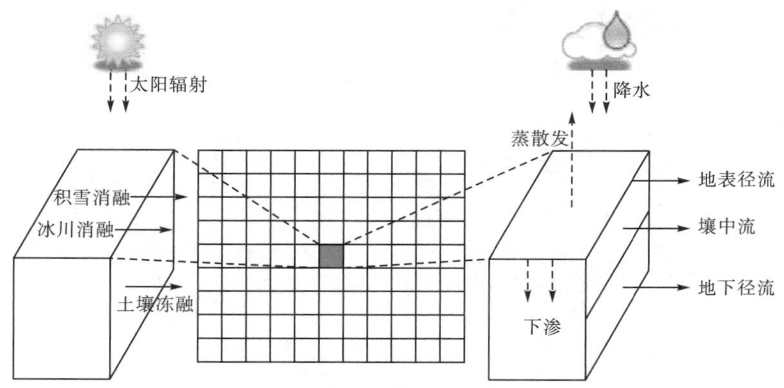

图 6-5　地表融雪与径流的关系

对于每一计算单元，融雪模块一般都包括 3 个部分：①降水处理：判断降水是降雨形式还是降雪形式，是降在有雪的地方还是直接降在地面上；②融雪计算：确定积雪量、蒸发量和融雪量；③出水量计算：当融雪水满足积雪层的持水能力后才能流出积雪层，如图 6-6 所示。

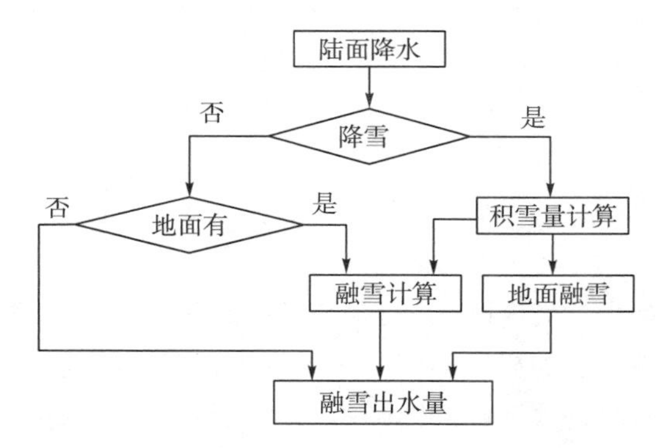

图 6-6　融雪径流计算模块

上述融雪计算模型仅适合于点计算，不合适整个流域的计算；或者对资料的要求太高，不适合无资料或缺乏资料地区的应用，应用范围有限；或者计算单一，适应性不强，用于整个流域的计算时，也只能作为比较粗略的估算值。本书采用的计算模型是在基本的融雪径流模型的基础上，结合融冰和融雪的特点，建立一种同时可用于计算冰川消融和积雪消融的模型。

图 6-7 是模型的结构示意图。该模型原理简单，结构清晰，模型参数较少，对资料的要求也不高，需要输入的实测数据只有降水量、蒸散发能力及气温三种。模型可以分为降水修正、可能融水计算、有效融水计算、出流计算和汇流计算五个部分。降水修正根据降水量参照站的降水形式，确定是否对参照站进行雪量改正。可能融水计算将融雪(融冰)水分为高温融雪(融冰)和降水融雪(融冰)两种方式进行计算；有效融水计算分为积雪区和冰川区两种情况讨论实际的融水量；出流计算将所有融水视为融雪水，根据积雪的持水能力和积雪水量计算出水

量，汇流计算跟其他各种水文模型的汇流计算一样。

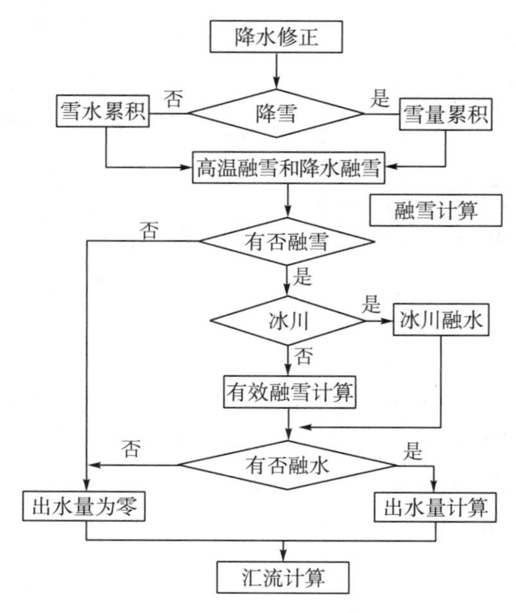

图 6-7 融雪径流模型结构

一、降水处理

降水处理主要是指对大气降水过程中降雨和降雪的区分。在山区，由于温度的垂直分带性，不同高程的温度不同，一场降水在较低的地方可能以液态降水的形式出现，在较高的地方则会以固态降水的形式出现。降雨可以立即进入土壤或产生径流；而降雪则视地面温度而定，可能立即融化，与降雨发生同样的过程，也可能冻结，形成积雪，待融雪条件满足时融化。

降水可以以降雨、降雪、雨雪混合等多种形式到达下垫面。为简化起见，模型认为降水只有两种形式：降雨或降雪。计算栅格单元降水形式的判断以气温为依据，即假设存在一临界气温（TK），当气温大于临界气温时，降水形式为降雨；否则降水形式为降雪。

当参照站点的降水形式为雪时（$T<\mathrm{TK}$，TK 为临界气温），需要对每一计算栅格单元进行雪量修正，以修正后的降水量来推求计算栅格的降水量。雪量改正公式如下：

$$P'_{\mathrm{t}}=P_{\mathrm{t}}\times \mathrm{SN}$$

式中，P'_{t} 为修正后的降水量，单位为 mm；P_{t} 为实测降水量，单位为 mm；SN 为雪量修正系数，为模型参数，可取常数。

二、积雪与融雪的判断

降雪如果不能立即融化，就形成积雪。积雪在什么条件下融化，决定于流域积雪的热状态和热量平衡。如果积雪没有达到融化的条件，则积雪储存在流域内，积雪形成一个特定的蓄水体。这个蓄水体对流域水文过程起着一定的调蓄作用，其蓄量即积雪量的估计是流域水量平衡的重要组成。

本模型中根据临界气温 TK 和各栅格单元雪面温度 TP 来判别降水是积雪还是直接参与汇流。当 TP>TK 时，降水为降雨直接参加产汇流过程，当 TP<TK 时，降水为降雪，暂时堆积在流域面上成为积雪(SC)。

$$\mathrm{TP}<\mathrm{TK}\text{ 时，}\mathrm{SC}=\mathrm{SC}+P'$$

$$\mathrm{TP}>\mathrm{TK}\text{ 时，}\mathrm{SW}=\mathrm{SW}+P'$$

式中，TP 为雪面温度；TK 为临界气温；SC 为积雪厚度；SW 为融雪水量。

三、积雪消融计算

当融雪条件满足时，积雪开始融化。需要计算融雪强度或速率以及在一定时段内的融雪量，以便确定流域水分的输入过程和对此输入的响应。融雪强度和融雪量决定于积雪的状态和融雪的热量平衡条件。

根据积雪吸收热量来源的不同，可以将积雪消融分为两种形式：高温融雪和降雨融雪。高温融雪是指由于气温的升高而使积雪融化，降雨融雪是指由于降雨所携带的热量而使积雪融化。

$$M=M_{\mathrm{t}}+M_{\mathrm{p}}$$

式中，M 为总融水当量，单位为 mm/d；M_{t} 为高温融雪水当量，单位为 mm/d；M_{p} 为降雨融雪当量，单位为 mm/d。

假定风速均匀，日高温融雪的计算可采用气温日数法。气温日数法又称度日模型，是指 1 天的平均温度增加 1℃时需要的能量，是基于冰雪消融与气温之间的线性关系而建立的，这一概念是 Finsterwalde 等在阿尔卑斯山冰川变化研究中首次引入。随后，由于其参数获取方便且积雪消融量估算较准确，被大多数融雪计算模型所采用，已广泛应用于北欧、格陵兰、青藏高原和新疆等地区的冰雪消融研究中。本研究也选用该方法来计算积雪消融量。度日模型计算融雪量的公式为

$$M_{\mathrm{t}}=\mathrm{RA}\cdot(T_{\mathrm{s}}-\mathrm{TB})$$

式中，M_{t} 为高温融雪水当量，单位为 mm/d；RA 为度日因子，单位为 mm/(℃·d)，是模型参数；T_{s} 为要计算融水栅格的平均气温，单位为℃，可利用参照站气温提取；TB 为雪面温度，单位为℃，一般可取常数 TB=0。

在假定雨滴温度与气温相等的条件下，由降雨引起的积雪融化量为

$$M_{\mathrm{p}}=\frac{1}{80}\cdot P_{\mathrm{s}}\cdot(T_{\mathrm{s}}-\mathrm{TB})$$

式中，M_{p} 为降水融雪水当量，单位为 mm/d；P_{s} 为要计算融水栅格的降水量，单位为 mm，根据降水量参照站修正后的降水量推求而得；T_{s} 为要计算融水栅格的平均气温，单位为℃，可利用参照站气温提取；TB 为雪面温度，单位为℃，一般可取常数 TB=0。

由于度日因子是在有充分积雪的前提下的融雪率，所以 M_{t} 和 M_{p} 是可能的最大融雪水当量，具体还得看积雪情况。

四、有效融水量确定

有效融水当量即是实际融水当量。可分冰川区和积雪区计算，其中冰川区可能含有积雪，而积雪区不含冰川。

当计算地区为冰川区时，如果流域积雪水当量小于可能总的融水当量 M 时，则积雪全部融化，其余部分由冰川融水补给；如果流域积雪水当量能够满足总的融水当量 M 时，则不产生冰川融水，即

$$\mathrm{SC}<M\Rightarrow\begin{cases}\mathrm{MI}=M\cdot(\mathrm{d}t/24)-\mathrm{SC}\\ \mathrm{MS}=\mathrm{SC}\end{cases}$$

$$\mathrm{SC}\geqslant M\Rightarrow\begin{cases}\mathrm{MI}=0\\ \mathrm{MS}=M\cdot(\mathrm{d}t/24)\end{cases}$$

式中，SC 为流域(欲计算地区)积雪水当量，单位为 mm；MS 为有效(实际)融雪水当量，单位为 mm；MI 为有效(实际)融冰水当量，单位为 mm；dt 为计算时段长，单位为 h。

当计算地区为积雪区时，融冰水当量为零。当全流域被雪时，积雪充分，则有效融雪水当量等于 M；当全流域不完全被雪时，积雪不充分，则有效融雪水当量小于 M。假设有效融雪水当量与积雪覆盖率成正比，即

$$\mathrm{MS}=K_{\mathrm{v}}\cdot M\cdot(\mathrm{d}t/24)$$

式中，K_{v} 为积雪面积占要计算融雪地区面积的比例，即积雪覆盖率，$K_{\mathrm{v}}=0\sim1$。假设积雪分布函数为安德逊分布函数，则可得

$$K_{\mathrm{v}}=(\mathrm{SC}/\mathrm{CM})^{n}$$

式中，K_{v} 为流域积雪覆盖率；其值≤1；SC 为流域积雪水当量，单位为 mm；CM 为全流域被雪时积雪水当量单位为 mm；n 为指数，根据地形起伏状况而定，取 1.0～1.5。

综上所述，每日流域有效融雪量可由下式求得

$$\mathrm{MS}=\begin{cases}(\mathrm{SC}/\mathrm{CM})^{n}\cdot M\cdot(\mathrm{d}t/24) & \mathrm{SC}<\mathrm{CM}\\ M\cdot(\mathrm{d}t/24) & \mathrm{SC}>\mathrm{CM}\end{cases}$$

$$\mathrm{MI}=0$$

有效融水计算后，积雪水当量发生变化。由前面可知，当流域及雪水当量小于总的可能融水量时，流域积雪全部融化；否则积雪水当量将扣除可能融水量。所以积雪水当量 SC 为

$$\mathrm{SC}=\begin{cases}0 & \mathrm{SC}<M\cdot(\mathrm{d}t/24)\\ \mathrm{SC}-M\cdot(\mathrm{d}t/24) & \mathrm{SC}\geqslant M\cdot(\mathrm{d}t/24)\end{cases}$$

积雪深度也是融雪模型中的一个必须考虑的参数。

五、出流计算

积雪消融出水过程可分为两个阶段：①停蓄阶段，融雪水分首先以液态水的形式渗入并浸润积雪下层，补充积雪液态水蓄水量；②外流(出水阶段)，当蓄水量满足积雪持水能力时，剩余的融雪水在重力的作用下排出来，积雪内部开始有水流出，成为融雪水出流，即为产流。

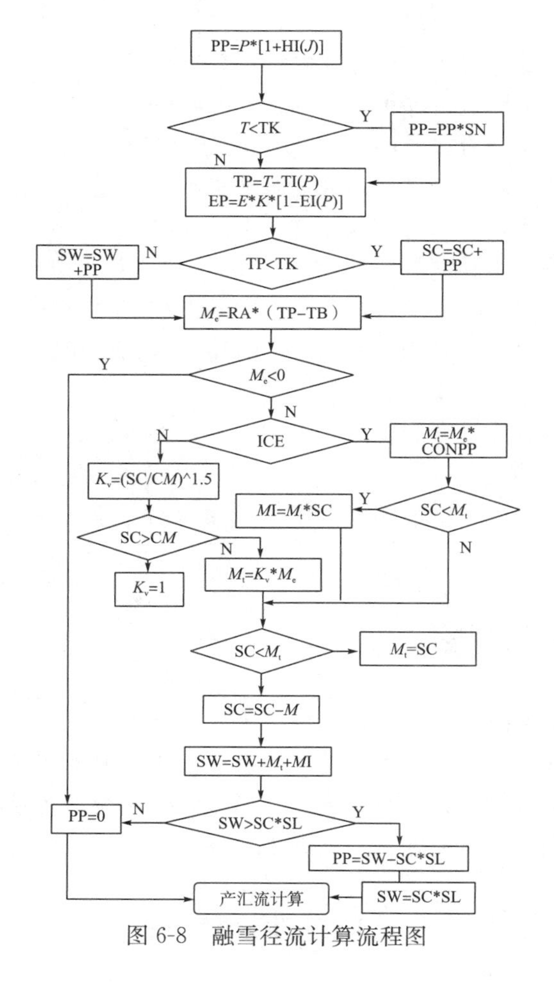

图 6-8　融雪径流计算流程图

与土壤的持水能力类似，积雪的持水能力也是不均匀的，这跟积雪密度有关。松软的新雪持水能力较大，颗粒状的陈雪持水能力较差，为了简化计算，取积雪水当量的比率 SL 作为积雪持水能力平均值，而不考虑积雪持水能力的时间变化和空间差异。

$$R=\begin{cases}\mathrm{SW_0+MS+MI-SC\cdot SL} & \mathrm{SW_0+MS+MI>SC\cdot SL}\\ 0 & \mathrm{SW_0+MS+MI\leqslant SC\cdot SL}\end{cases}$$

$$\mathrm{SW}=\begin{cases}\mathrm{SC\cdot SL} & \mathrm{SW_0+MS+MI>SC\cdot SL}\\ \mathrm{SW_0+MS+MI} & \mathrm{SW_0+MS+MI\leqslant SC\cdot SL}\end{cases}$$

式中，R 为时段融冰融雪的出流量，单位为 mm；$\mathrm{SW_0}$ 为初始积雪持水量，单位为 mm；SW 为时段末积雪持水量，单位为 mm。

积雪融雪计算过程如图 6-8 所示。

第三节 土壤冻结和消融模型

寒冷地区土壤冻融过程对全球气候变化具有重要的意义，冻土表面温度和冻融状态的变化极大地影响着冻土与大气之间的物质和能量交换；冻土还与它上面的积雪相互作用，从而直接或间接地影响它与雪盖或它与上面大气的能量交换；冻土独特的水文特征对水分循环和水资源平衡都有极其重要的作用，冻土状态可以直接减少土壤入渗，从而对雨水和雪融水的入渗产生影响，对地表径流和陆面水文循环起到调节作用。

与地面积雪类似，高寒地区在地面温度低于零度的地方，土壤发生冻结，冻结将吸收土壤水分，成为固态水分积蓄，而在地面温度升高到零度以上之后，地表冻土发生融化，补充土壤有效水分。

本土壤冻结与融化模型的思路为：对每一计算单元的冻结、消融、产流都单独计算。冷季，土壤发生冻结，计算冻结水量(冻土厚度)；暖季，冻土发生消融，计算冻土消融量。冻结消融过程中土壤中水分根据土壤水分径流转换模型，计算出流。

一、冻结与消融判断

土壤的水热状态决定了每个计算栅格单元的土壤状态，即是否为冻土。进入土壤的大气降水和地表积雪融水，是保持液态形式下渗还是冻结成固态冰存储在土壤中，主要是由计算单元的地温决定。即假设存在临界地温，当地温大于临界温度时，土壤中固态冰将消融；当地温小于临界温度时，土壤中的液态水将冻结成冰。

一般认为，地温高于 0℃，冻土发生消融，地温低于 0℃，土壤水分进行冻结，而且地温的高低直接决定了土壤冻融量；由于高寒地区，地温监测站点少，地温数据不易直接获得，但考虑到气温—地温存在一定联系，可以假定存在一临界气温 T_{sf}，当气温 $T_a > T_{sf}$时，冻土发生消融，需要计算冻土消融量；否则达到土壤冻结条件，冻土进行冻结，推算冻结水量(冻土厚度)。

T_{sf}根据地形、土壤类型等状况而定，一般取$-2 \sim -5$℃。

(一)土壤冻结过程与冻结水量计算

目前关于土壤冻融规律方面部分学者做了大量的工作，并取得了较好的成果。但由于受资料和认知水平的限制及冻融过程的复杂性，还有待于进一步研究。计算土壤冻融水量的主要方法有能量平衡法、实测资料法和经验公式法。在资料受限的情况下可采用徐学祖等提出的土壤中的总水量计算含冰量的计算方法：

$$\theta_1 = \alpha \left| T_{soil} - 237.15 \right|^{-c}$$

式中，θ_1 为未冻水含量；α 和 c 为与土质有关的经验常数；T_{soil}为土壤温度(K)。

实际中冻结水量计算，采用与新安江模型三层蒸发计算模式一致，土壤冻结先后顺序为先上层土壤水冻结，其次是下层，最后才是深层。土壤冻结计算流程如图 6-9 所示。其中模型各参数与蒸发模块相同，F_{ru}、F_{rl}和 F_{rd}分别为上层、下层和深层冻结水量，F_{rc}为土壤冻结系数，F_{rsum}为实际冻结水量，F_{rz}为冻结累积水量。

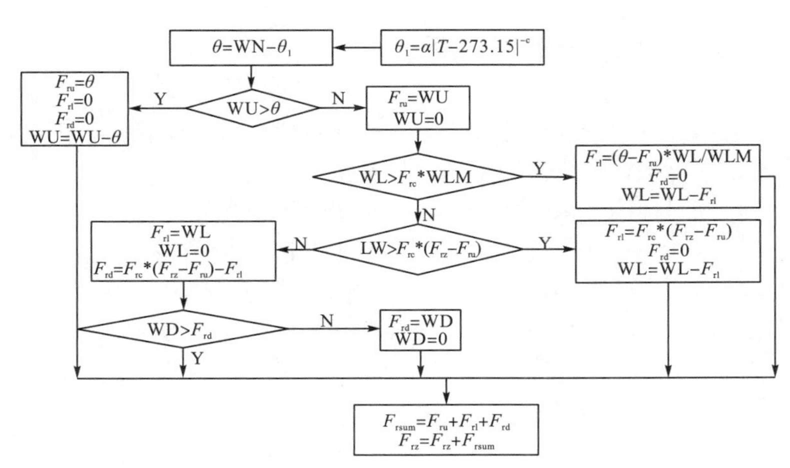

图 6-9　土壤冻结判断关系图

模型中用气温 T_a 和地温 T_g 来决定降水形式和土壤水分物理状态。如果 $T_a < T_{sf}$，土壤水分以一恒定速率冻结。

$$T_a < T_{sf}: \qquad \text{Frost} = (T_{sf} - T_a) \times F_{rc}$$

式中，F_{rc}为日负温土壤水冻结量(地表土壤冻结系数)。

需要指出的是，积雪的覆盖影响冻土区的地表热量及地下热量的传输，能够防止土壤过度降温，从而影响土壤的冻结深度、冻结速率、冻胀量和热质迁移状况。因此，在地表有积雪的冻土计算单元，需要考虑积雪覆盖对冻融冻融的影响，计算公式如下：

$$F_{ru} = -F_{rc} \times (-T_{sf} + T)/[a + b \times (F_{snow} + F_{rz})]$$

（二）土壤融化过程

暖季，随着温度上升，积雪和冻土活动层开始融化，融水由浅层到深层渗入土壤。当气温大于融冰温度时，采用度日模型计算冻土消融量，公式为

$$M_e = \mathrm{RA}(T - \mathrm{TB})$$

式中，M_e 为冻土消融量，单位为 mm/d；RA 为气温日融雪率，单位为 mm/(℃・d)；T 为气温，单位为℃；TB 为基础温度，单位为℃。

对于每个计算栅格，实际冻土消融量取决于该栅格的冻结水量和融化能力两方面。当冻结水量大于气温变化所引起的冻土消融量时，实际冻土消融量为度日模型计算的消融量；当计算栅格冻结水量小于由温度变化引起的冻土消融量时，实际冻土消融量为计算栅格冻结水量。

冻土消融量中的部分将通过土壤中的空隙直接入渗到地下水中：

$$W_g = M_e \times \mathrm{por}$$

式中，W_g 为进入地下水量，单位为 mm/d；M_e 为冻土消融量，单位为 mm/d；por 为土壤孔隙率，即土壤颗粒之间的孔隙体积(V_v)占土壤总体积(V)的比率。

二、土壤水分和径流转化模型

考虑到蓄满产流原理同样适用于藏北高寒草原融雪冻土径流，因此，透水面积上的产流采用蓄满产流模型。蓄满产流是指包气带土壤含水量达到田间持水量之前不产流，这时称为“未蓄满”，此前的降雨全部被土壤吸收，补充包气带缺水量成为张力水($W = P - E$)。而在包气带的含水量达到田间持水量，即蓄满后开始产流，此后所有的降雨(扣除雨期蒸散发)后全部形成净雨产流($R = P - E$)，它可能包括地面、壤中和地下径流。各要素关系如图 6-10 所示。

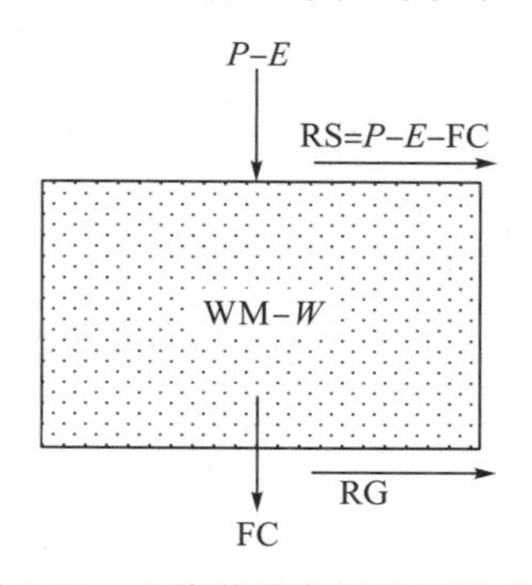

图 6-10 土壤蓄满产流关系示意图

蓄满产流以满足包气带缺水量为产流控制条件，包气带缺水量的分布用流域蓄水容量曲线来表示。上述的概念是对流域的一个点而言，一般来说，流域蓄水容量曲线在流域内的实际分布较复杂，通过直接测定土壤含水量的办法来建立蓄水容量曲线较困难。对于一个具体流域，因流域内各处的地质、土壤、坡向、地形、植被、土壤湿度等并不是全流域同步发生，而是最先发生在透水性较差或土壤湿度较大的地方。因此，流域内各点包气带的蓄水容量 W'_m是不同的。将全流域各点的 W'_m从小到大排列，计算小于和等于某一 W'_m值各点的面积之和 f 占全流域面积的比重 f/F，则可绘制流域蓄水容量曲线，如图 6-11 所示。

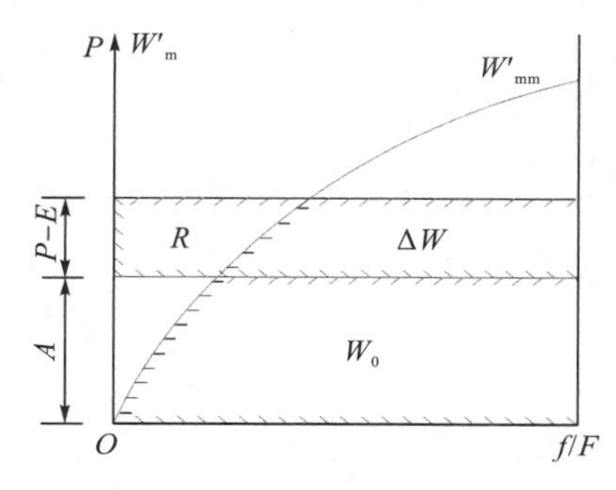

图 6-11　蓄满产流的流域蓄水容量曲线及其净雨量计算模式

蓄水量计算公式为

$$\frac{f}{F}=1-\left(1-\frac{W'_{m}}{W'_{mm}}\right)^{B}$$

式中，W'_{mm}为各点蓄水容量 W'_m 的最大值；B 为蓄水容量曲线函数的指数。

由上式可以推导出流域平均蓄水容量：

$$\mathrm{WM}=\int_{0}^{W_{mm}}\left(1-\frac{f}{F}\right)\mathrm{d}W'_{m}=\frac{W'_{mm}}{B+1}$$

模型增加不透水面积比例参数 IM 后，上式又可改为

$$W'_{mm}=\frac{1+B}{1-\mathrm{IM}}\mathrm{WM}$$

流域初始平均蓄水量 W_0相对应的纵坐标 A 为

$$A=W'_{mm}\left[1-\left(1-\frac{W_{0}}{\mathrm{WM}}\right)^{\frac{1}{1+B}}\right]$$

WM 是流域蓄水能力指标，反映流域最大可容纳降水的能力，是个土壤地理因素。B 代表蓄水容量曲线的方次，它反映流域上蓄水容量分布的不均匀性。一般流域越大，各种地形地质配置越多样，B 值也就越大，代表分布越不均匀。B 值和 WM 值是模型中重要的参数，它们之间相互并不独立，如果 WM 增大，B 就相应减小，或反之。

若 PE 记为降水量和蒸发量之差，即 PE=P−E。模型计算判别条件为：当 PE>0，则流域产流，反之不产流。

产流时，当 PE+A＜W'_{mm}，即降雨量和土壤初始含水量W(深度为A)之和小于等于流域最大蓄水容量W'_{mm}，部分流域面积产流：

$$R = PE - WM + W_0 + WM\left[1 - \frac{PE + A}{W'_{mm}}\right]^{B+1}$$

当 PE+A≥W'_{mm}，流域全产流：

$$R = PE - (WM - W_0)$$

在这里，土壤含水量隐含了截留蓄水容量，蓄满产流计算如图 6-12 所示。

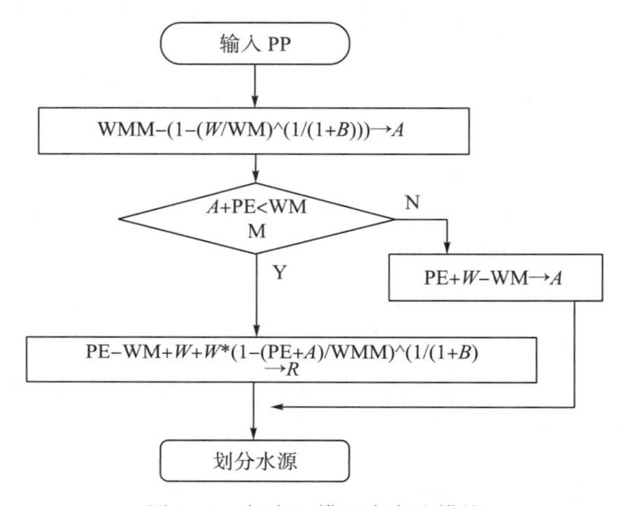

图 6-12 新安江模型中产流模块

三、典型的土壤冻融水文模型

由于冻土影响土壤-植被-大气系统的能量传输和水分迁移，冻土水文过程对寒区水文过程具有重要调节作用，是寒区水文研究的核心过程。20 世纪 50 年代，Philip 和 De Vries 以质量、能量守恒的水-气-热耦合传输理论为基础，开发了土壤水热传输耦合模型；Milly 等用基质势梯度代替含水量梯度模拟土壤水分迁移，对 Philip 模型进行了改进，使得该模型能适用于非均值土壤；基于水热平衡理论，Harlan 于 1973 年构建了 Harlan 模型，该模型考虑了冻融土中非饱和水分迁移、热传输与液态含水量之间的关联，可以模拟水分从温度高的融区向冻结峰面迁移的现象。这些耦合理论为建立能考虑相变的冻土水文模型奠定了理论基础，相继涌现一些优秀的冻土水文模型，最具代表性的是 SOIL 模型和 SHAW 模型。它们进一步发展后改名为 Coupmodel。耦合变饱和水分传输方程和热传输方程的新方法的提出使得该模型可以计算水和冰在重力、压力梯度和温度梯度下的传输过程。在陆面过程模型框架下，一些冻土参数化方案也得到发展，研究发现在陆面水文过程模型中考虑冻土作用能显著地增强模型模拟能力。研究表明，运用不具备冻土模拟功能的分布水文模型在冻土明显的寒区流域进行模拟时，不能准确捕捉融雪径流过程，由于缺失冻土模块而严重低估融雪期间的径流洪峰，但暖期径流量又明显偏高。不少研究人员尝试在分布式水文模型中添加冻土过程，以适应寒区环境水文过程模拟，如 ARHYTHM、WEBDHM、DWHC、REW、CRHM、VIC、GEOtop 等。

(一)Coupmodel 模型

1. 模型描述

Coupmodel 是由 SOIL 和 SOILN 发展而来的，能够模拟水、热传输过程，同时也能模拟土壤-植被-大气传输系统中碳、氮等养分运动，是一个一维的动态模型。Coupmodel 内嵌的水文和陆面过程主要包括降水、蒸散发、截留、土壤水分下渗、植被生长、根系提水和碳氮运移过程等。基于实际的物理机制，模型将大气、植被、积雪、地表水、土壤和地下水流动整合为一个整体进行考虑。在土壤层之上，一层或几层植被层被应用，同时分层考虑水分在土壤中的流动且引用 Richard 非饱和水流方程进行计算，而地下水下渗可以看作排水予以考虑。Coupmodel 模型具有模拟寒区水文和生态过程的能力。

该模型依据数学物理方法和概念，利用偏微分方程计算公式来模拟水、热过程。其原理是质量和能量守恒定律，流动是由水势的梯度和温度产生的。在中国寒区，当土壤温度高于 0℃或低于 T_f(土壤完全冻结临界温度阈值)时，土壤处于非冻结或完全冻结状态(液态含水量为残余含水量)，此时不存在水分相变问题，简单的 Darcy 定律或热传导方程即可反映土壤的水、热运动。但当土壤温度低于 0℃但高于 T_f时，土壤水迁移与土壤温度和热量状态紧密相连，土壤实际孔隙分布、导热系数和导水率随土壤液态和固态含水量的变化而变化，土壤水分运动极为复杂，必须考虑土壤水热耦合过程，此为 Coupmodel 的精髓。模型的一个重要优点是可以使用有限的输入数据取得较为合理满意的模拟结果。在模型运算时，将土壤剖面分成若干个层，层的厚度根据实际观测而定。

2. 土壤水过程

土壤水流过程的模拟主要基于达西定律和水量平衡方程：

$$q_w = -k_w(\partial_\psi/\partial z - 1) - D_v(C_v/\partial z) + q_{bypass}$$

$$\partial\theta/\partial t = -\partial q_w/\partial z + s_w$$

式中，q_w 为水流通量；k_w 为非饱和导水率；∂ 为求偏导数符号；ψ 为土壤水势；z 为土层深度；C_v 为土壤空气中水汽浓度；D_v 为土壤水蒸汽扩散系数；t 为时间；q_{bypass}为大孔隙绕流；θ 为土壤含水量；s_w 为源汇项。

模型对于土壤表面水分的边界状况，考虑了积雪融化及植物对降水的拦截以及形成积水的地表水分及灌溉等情况。对于土壤水分下边界，则假设最下层土壤剖面的水分为非饱和状态，剖面底部不能渗透。

3. 土壤热过程

土壤热过程的模拟主要基于热传导定律和能量守恒方程：

$$q_h = -k_h \partial T/\partial z + C_w T q_w + L_v q_v$$

$$\partial(CT)/\partial t - L_f \rho(\partial\theta_i/\partial\theta_t) = \partial(-q_h)\partial z - s_h$$

式中，下标 h 为热；下标 v 为气态水；下标 w 为液态水；q 为通量；k 为传导热；T 为土壤温度；C 为热容量；L 为潜热；z 为深度。下标 i 和 f 分别为冰与结冻；ρ 为密度；θ 为体积含水量；s_h 为土壤热源强度。

该过程中涉及到的主要参数土壤热传导率，即土壤质地和土壤水分的函数，在土壤冻融过程前后，存在较大的差异。模型将土壤分为非冻结土壤、完全冻结土壤和未完全冻结土壤来计算，假定低于阈值 T_f的土壤处于完全冻结的状态。

当地温在 0℃以上时，土壤处于未冻结状态，此时土壤导热系数为

$$k_{hm} = 0.143[a_1 \cdot \log(\theta/\rho_s) + a_2] \cdot 10^{a_3\rho_s}$$

当地温在 0～T_f时，土壤处于未完全冻结状态，此时土壤导热系数为

$$k_h = Qk_{hm,i} + (1 - Q)k_{hm}$$

当地温小于 T_f时，土壤处于完全冻结状态，此时土壤导热系数为

$$k_{hm,j} = b_1 \cdot 10^{b_2\rho_s} + b_3(\theta/\rho_s) \cdot 10^{b_4\rho_s}$$

式中，a_1、a_2、a_3 和 b_1、b_2、b_3、b_4 为试验参数；ρ 为干土的密度；Q 为冻结水分占总土壤水分的质量比。

模型中对于热量上部边界的传导 $q_h(0)$的计算为

$$q_h(0) = k_{h0}(T_s - T_1)/(\Delta z/2) + C_w(T_a - \Delta T_{pa})q_{in} + L_v q_{v0}$$

式中，k_{h0}为地表有机质的热传导率；T_s 为地表温度；T_1 为最上层土壤温度；T_{pa}为参数（表示空气和降水温度间的差别）；q_{in}为水分渗透率；q_{v0}为水汽流；T_a 为大气温度；C_w 为热容量。

模型对下边界的热传导情况用温度表示，温度 T_{lowB}依据年均地温（T_{amean}）和振幅（T_{aamp}）的估计值，由传导方程进行计算为

$$T_{lowB} = T_{amean} - T_{aamp}e^{-z/d_a}\cos[(t - t_{ph})\omega - z/d_a]$$

式中，t 为时间；t_{ph}为相位变化时间；ω 为循环频率；z 为深度；d_a为减幅深度。

4. 空气动力学阻抗

空气动力学阻抗按以下公式计算：

$$r_a = \ln^2[(z_{ref} - d)/z_0]/k^2 u$$

式中，z_{ref}为相对高度；d 为位移高度；z_0 为粗糙度；k 为卡曼常数；u 为风速。

5. 积雪过程

模型中的积雪模块是基于能量平衡和质量守恒进行的，积雪融化考虑了辐射

过程和地表地热通量，积雪融化量按以下公式计算：

$$M = M_T T_a + M_R R_{is} + f_{qh} q_h(0)/L_f$$

式中，T_a 为空气温度；R_{is}为全球辐射；f_{qh}为尺度系数；L_f 为冻结潜热。

6. 模型的输入输出

模型输入数据包括模型驱动数据和模型运行相关的参数数据。

气象要素是模型的基本驱动，主要包括太阳辐射、净辐射、气温、风速、相对湿度、降水和地表温度等。

除气象资料外，还需要输入模型的参数数据，主要包括植被生长状况参数、土壤参数和水力参数。模型要求输入的植被参数主要包括植被的高度、叶面积指数(leaf area index，LAI)、根深、地表反照率(albedo)等；另外，模型对土壤理化性质也有一定的要求，要求输入各分层土壤的厚度、粒度、孔隙度和导水率等参数数据。

模型的输出结果以层按时间序列分别表示，主要包括土壤温度、水分，土壤冻融起止时间和冻融深度、渗漏和蒸发、蒸腾、冰的含量、水势、根部水吸收、水和热的储存变量等，同时模型还可以输出长短波辐射和土壤热通量。

(二)CRHM 模型

CRHM 由 Pomeroy(加拿大萨斯喀彻温大学水文学研究中心)等基于水文物理过程的参数化方案研发而成的，模型的目的是对高海拔、高纬度地区中尺度的水文循环过程进行模拟。该模型是基于面向对象的模块化建模环境(MMS)发展起来的一个综合的寒区水文建模平台。CRHM 最大的优点在于其开放性，该模型属于模块化的分布式模型，提供了一个面向目标和数据的模块化建模框架，其优势在于其整合了国际上先进的寒区水文过程模拟方法，建立了完整的寒区水文过程模块库，便于用户使用，用户可以根据自己研究区域的实际情况，采用动态链接库(dynamic link library，DLL)添加需要的模块。

现有的 CRHM 模块库主要包括的寒区水文过程有：风吹雪过程、降水截留过程、积雪升华、积雪融化、冻土和未冻土中的水分迁移、土壤冻融过程、冻土坡面汇流、蒸散发、辐射交换过程、径流、地下径流和流动的路径等。

针对每个寒区子水文过程的刻画，CRHM 模块库既包含简化的基于经验理论的算法，也有复杂的基于物理机制本身的算法，使用者可以根据目标、驱动数据、参数化方案和算法固有的假设等条件有针对性地选择模块和设计模型结构搭建模块化的水文模型。子模块可以选择从简单概念模块到基于实际物理机制的模块；在空间复杂程度上，CRHM 可以搭建模块化的集总式模型，也可以选择模块构建复杂的分布式模型。

CRHM 模拟寒区水文过程是基于水文响应单元的，每个水文响应单元代表的下垫面水文过程可以用模型结构和参数来刻画，进而计算其代表下垫面的能—水平衡和产流过程。水文单元的产流组分依据其下垫面重力和排水条件通过顺序汇流的方法得到流域出口处径流量。风吹雪过程是寒区水文单元间特殊的水平物质交换过程，依据其下垫面大气动力学和风速条件计算每个单元的交换量。最新版本的 CRHM 已经将冰川物质平衡和消融过程考虑在内。

CHRM 主要为了达到以下目的：实现水平衡的空间分布计算，使用有重要水文参考价值的参数进行自然景观单元划分，建立对地表和气候敏感的陆面过程模式，能够有效地与其他模式进行耦合，实现与 GIS 有机融合等。

风吹雪运动：

$$\frac{\mathrm{d}s}{\mathrm{d}t}(x) = P - p\left[\Delta F(x) + \frac{\int E_{\mathrm{B}}(x)\mathrm{d}x}{x}\right] - E - M$$

式中，$\mathrm{d}s/\mathrm{d}t$ 代表雪累积；P 为净降雪率；p 为风吹雪发生的概率；F 为顺风传输率；E 为雪表面升华速率；M 为雪融化速率；E_{B}为风吹雪升华速率；x 为水平坐标。

蒸发热通量：

$$Q_{\mathrm{E}} = G[s(Q^{*} - Q_{G}) + C_{\mathrm{v}}\mathrm{d}d_{a}/r_{\mathrm{a}}]/(sG + \gamma)$$

式中，C_{v} 为空气热容量；$\mathrm{d}d_{a}$ 为水汽密度亏损；r_{a} 为空气动力学阻抗；s 为饱和水汽密度曲线斜率；γ 为干湿球常数；G 为相对蒸发量。

（三）GEOtop 模型

GEOtop 是一种分布式流域水文模型，它是由意大利水文学家 Riccardo Rigon、Giacomo Bertoldi 和 Thomas M. Over 在 2006 年发布的水分和能量耦合模型。该模型目前已经有 2.0 版本，可以在以下网页上下载其程序代码和说明文件(http：//www. geotop. org/wordpress/)。在过去的 30 年里，已经提出了几个比较经典的分布式水文模型，如 TOPMODEL(Beven et al.，1979)，THALES(Grayson et al.，1995)和 TOPKAPI(Ciarapica e Todini，1998)等。这些模型都能对洪水事件进行成功的模拟(假定适当的初始条件，及对两三个参数进行率定)，但是他们通常不能进行后续的洪水演化过程，很显然，更难精确估计流域蒸散发及流域内土壤水分的变化。反之亦然，也有许多的陆面过程模型得到发展，它们对不同程度复杂性和准确性的地气间相互作用进行模拟。从简单模型(Manabe，1969)到一些复杂的交互作用土壤多层分布模型，如 BATS(Dickinson，1986)、SiB(Sellers，1986)、VIC(Wood et al.，1992)。然而，这些陆面过程模型的发展主要为支持全球大气环流模式(general circulation model，GCM)，它们在小流域尺度水文过程无法被赋予一个详细的表现。因此，可以预见，GEOtop 作为一个降雨径流模型连续模拟水能循环过程，将可能在小尺度范围内结合陆面过程模式解决水文变异性的影响，尤其在土壤的空间异质性和土壤内水热状况的时空差异较大的情况下，可以在复杂的地形和河网的小流域中应用。

1. 模型简介

GEOtop 是通过将分布式水文模型与陆面过程模型耦合，来持续模拟水文循环中的水分和能量平衡过程(图 6-13)。GEOtop 模型地形参数化是在数字高程模型(digital elevation model，DEM)的基础上进行的，同时也可以采用遥感图像和雷达观测的数据，或者基于 GCM 气象模型的输出结果。模型致力于采用特殊解决方案分析地形变化对水能循环过程的影响及其相互作用，适合应用高山小流域的模拟。模型同时考虑了融雪和冻融模块，能精确地模拟包气带水分运移，也可用于描述分布式雪水当量积雪表面温度。此外，该模型综合考虑山区小流域大气-植被-土壤连续体间水能传输过程及降雨径流过程，尤其重视流域蒸散量的分析，可以获得流域出口断面的径流量，对土壤水分、地温、感热、潜热及地热通量进行准确的估计。刘光生等(2009)采用该模型对长江源头(风火山)的小流域冰雪冻融过程进行了模拟，发现该模型在反映高寒流域的径流形成机制方面具有很大的优势。

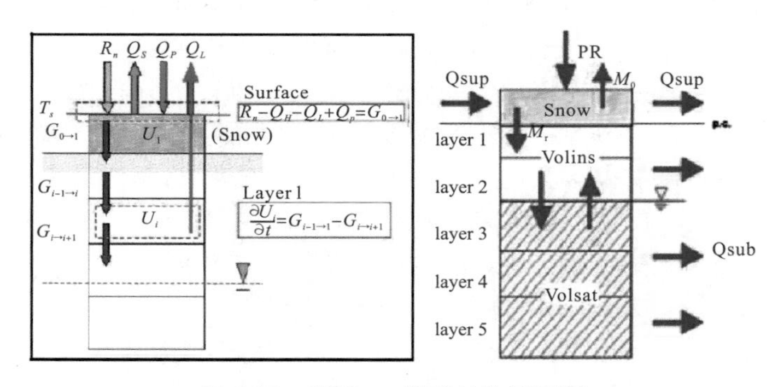

图 6-13　GEOtop 模型结构原理图

Xu 等于 1994 年提出了具有两层土壤的 VIC-2L 模型。该模型考虑了大气-植被-土壤之间的物理交换过程，反映了土壤、植被、大气之间的水热状态变化和水热传输。该模型采用上层土壤表示土壤对降雨过程的动态影响，采用下层土壤描述土壤含水量的季节特性。VIC-2L 采用空气动力学方法计算感热和潜热通量，应用概念性的 ARNO 基流模型，模拟下层土壤产生的基流。为更好地描述表层土壤的动态变化，又将 VIC-2L 上层分出一个顶薄层，成为 3 层，称为 VIC-3L。同时 VIC-3L 模型还考虑了 3 层土壤层间水分的扩散。之后，还发展了一种用来研究区域气候和通用环流模型 GCM 的新的地表径流参数化方法，它可以在一个计算单元网格内动态表示 Horton 和 Dunne 产流的机制，同时考虑了土壤和降雨空间分布不均匀性对 Horton 和 Dunne 产流的影响，并用于 VIC-3L。两个模型一致的特点：都属于分布式模型，土壤地形的参数化都基于 DEM；单元网格内水能平衡都以耦合的方式处理；土壤基本上相当于分为两层，上层为包气带层，下层为饱和层；都考虑导水率随深度的可变性；考虑地表的植被状况；都包括积雪模块。两个模型的差别：GEOtop 模型将河流单元格与坡地单元严格区分开来，河网汇流仅在河流单元格中进行，而 VIC 模型采用瞬时水文响应单元法(IUH)；VIC 模型被用来作为较大空间尺度的大流域模拟(如单元网格，0.125°＊0.125°)，而 GEOtop 模型开发用来应用于小尺度的小流域模拟(单元网格 10m＊10m，100km²以下)；流域面上的降雨截留模块，VIC 采用几何学方法，而 GEOtop 采用数理统计的方法。下面将对 GEOtop 模型的模型结构及水能平衡和参数化进行介绍。

2. 模型结构

GEOtop 模型能够综合完整连续模拟整个流域的水能平衡过程，模拟持续时间可以达到 1 年及以上，它结合最新的陆面过程模型和分布式降雨径流模型。新版本的 GEOtop-1.45 模型增加了冻土模块及对非饱和介质中壤中流的精确描述。相对于 0.875 版本，更新了代码并进行完全重新整合，重新改写了能量和质量参数化模式，输入/输出文件也是重新定义的。GEOtop 模型使我们通过出口断面的径流量，估计土壤水分、土壤温度、潜热通量和感热通量、热通量和净辐射及其他水文气象分布式变量在流域内的分布，此外它描述了分布式雪水当量和积雪表面温度(图 6-14)。该模型的一个重要变量是活动层土壤厚度，如果该数据无法获得，将在土壤厚度的基础上通过线性模型获得。冠层的模拟采用单层模型，用大气温度来表示冠层的温度。如果存在积雪，第一层无限小，其温度及雪层表明温度，第二次相当于整个积雪层，它的温度是雪层平均温度。

GEOtop 模型是一种采用网格单元的分布式结构，流域水平面上按照网格大小划分，地面分为若干层(图 6-15)。土壤被分为上部非饱和区以及下部饱和区。非饱和区的水分主要是垂直下渗，饱和区的水流方向平行于基岩(假定为一种无法渗透的界面)。如果降雨强度高于饱和导水率，或是水位线水达土壤表面时，地表径流发生。该模型很好地应用在一些山区流域，如意大利的特伦托省等，流域面积为 10～1000km²。

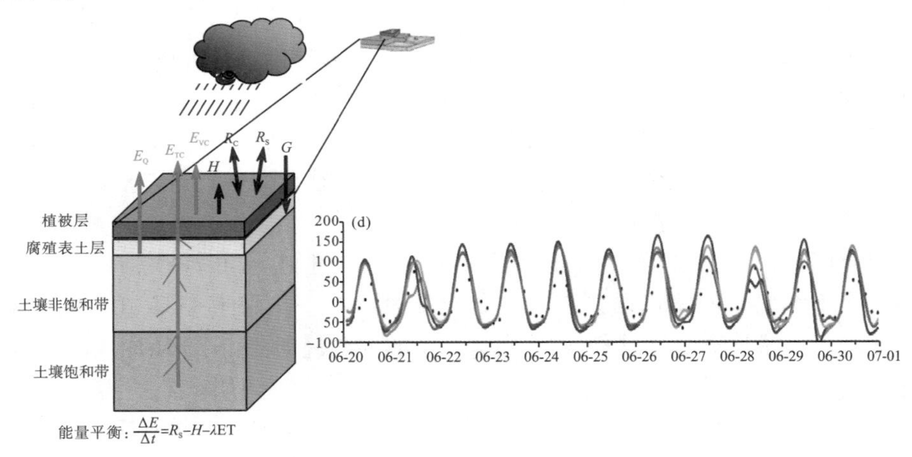

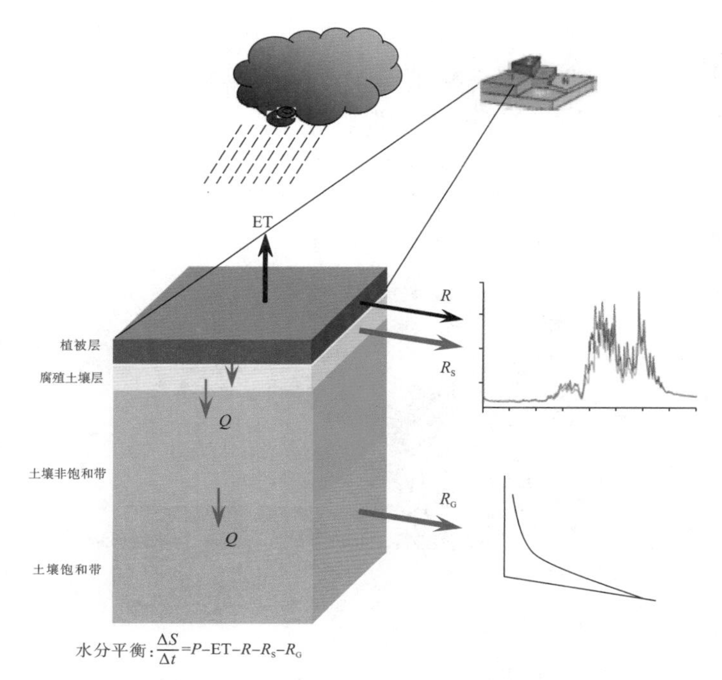

图 6-14 GEOtop 模型水量平衡和能量平衡图

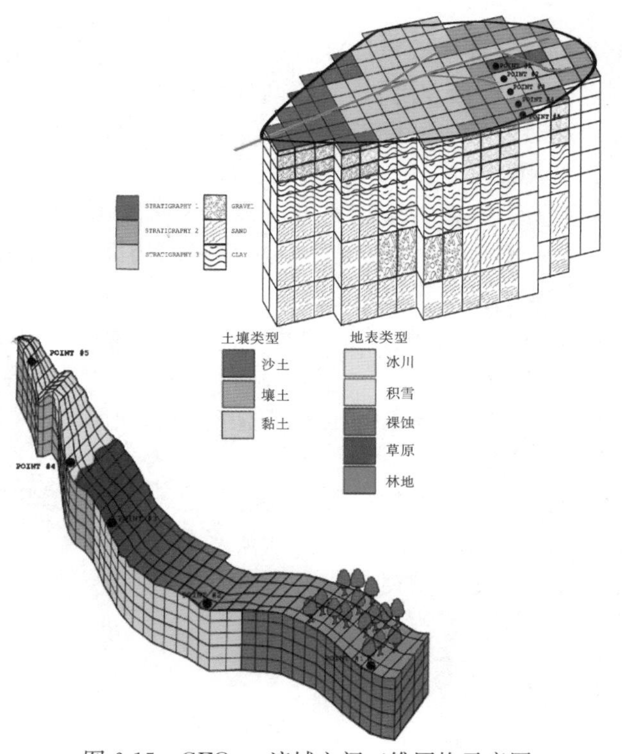

图 6-15 GEOtop 流域空间三维网格示意图

3. 模型参数

模型参数的选择是进行流域模拟的基础。不同的水文模型对所需的模型参数、输入数据的格式和精度有不同要求，为了比较细致地反映流域的物理过程，该模型所需要的参数较多，分别是气象与气候参数、植被参数、土壤参数、河网、河道与径流参数以及地形与地貌参数，如图 6-16 所示。

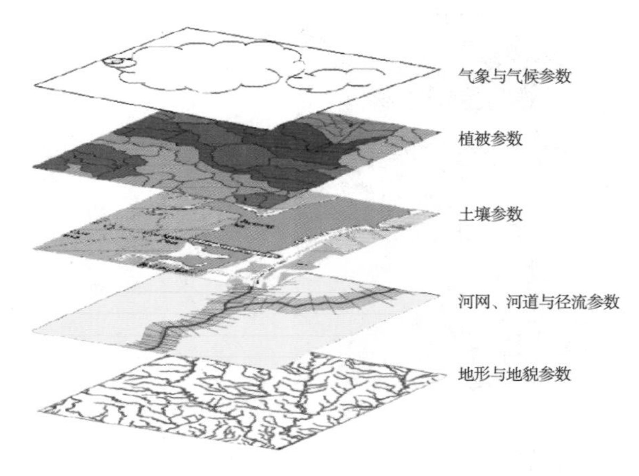

图 6-16　GEOtop 模型的参数类型关系图

流域水文模型的关键环境要素数据包括气候与气象条件、地形、植被覆盖、地表渗透性(土壤类型及渗透速度)、河道网分布与河道特征。流域所有的气象、地形、植被、土壤特性参数以网格为单位，存入相应的数据库文件中，供程序运行时根据编号加以调用。

GEOtop 模型必须输入的气象数据为观测的气温、相对湿度、风速、风向、向下短波辐射(总辐射)和降水。可选择输入气象资料为向下长波辐射、向下散射辐射、净辐射、云层覆盖状况及降雪。

该模型的空间参数资料有填洼后的 DEM、坡向、河网、坡度、土壤类型及 LUCC。可选择输入的分布式资料有土壤质地、土壤深度(活动层深度)、土壤水力传导率、地表粗糙度、植被密度、植被覆盖指数(normalized difference vegetation index，NDVI)等分布图。

模型还需要地面植被的叶面积指数、植被高度、植被截留量等植被参数以及土壤类型、根系厚度、孔隙度、容重、田间持水量、饱和含水量、入渗速率等。这些参数代表流域下垫面的物质组成特点及其水力学特性，可以根据调查资料或者相似流域的分析数据设定。

第七章　中大尺度流域的分布式水文模型

流域是水分再分配的场所，降水通过流域地表和地下土壤进行拦蓄和输送而形成径流。研究水分循环不但要掌握水文要素的动态变化，还要确定对流域各组成单元之间的联系，计算和模拟各个径流成分的动态变化，流域水文数学模型在这方面具有独特的优点。

水文数学模型是根据系统工程方法，按径流形成的主要阶段，概化成流域功能单元，采用数学方法对各单元的状态参量、输入和输出变量进行描述，再按产流和汇流的物理联系进行组织，构成一个完整的、逻辑协调的、水量平衡的、时间上可递推的系统动力学体系，在系统输入(水量、热量、动量)的激励下，对系统输出(径流、蒸发、水分存储)进行模拟仿真。

第一节　流域水文模型的主要结构

数学模型仿真的水平取决于模型结构和参数，其中模型结构代表了对流域水文规律的认识和概括，如下渗方程代表了对坡面下渗现象的认识，蓄泄方程代表了对流域调蓄能力的认识，产汇流划分体现了对径流形成阶段性的认识。模型结构是根据影响水分运动的主要因素，归纳为一组数学方程式，以状态变量(通常是水分蓄量)反映其动态特点，各部分之间保持能量传送或水量交换。由于这种结构体现了单元之间的水量平衡和动态交换联系，因此自然满足系统的稳定性和物质平衡要求。

真正能体现系统真实合理性的是模型的参数。系统结构只是对水文循环中的一般规律的概括，然而参数才是对一个流域具体特点的定量化描述。一个流域水文模型通常包括二三十个参数，分别代表时间尺度、水平尺度、垂直分配、单元组成、耦合关系及传递函数等数学特征。这些参数大都具有一定的物理意义，但又是流域面上综合的量，因此可以从流域自然地理特征调查来初选，但最后还是要用模拟结果的拟合精度来决定。

一般流域水文模型设计的要点为：以降水 P 和蒸发能力 EM(或者辐射能量 RM)为系统输入，降水首先被树木林冠截留，林冠截留水量 WT 满足截留能力 WT_m后产生林下降水 P_1，P_1补充灌草层持水量 WV，WV 超过地表生物层持水容量 WV_m后进入土壤层，土壤入渗的水量 P_f首先补充土壤张力水分亏缺(WS_m −WS)，当张力水满足后，多余的水分产生流域(或者单元格)总径流量 R，总径流按汇流路径和速度划分为地表径流(快速流)R_s，壤中流(中速流)R_b，浅层地下径流(快速地下水)R_g和深层地下径流(慢速地下水，基流)R_d四部分。林冠截留 WT、灌草持水 WV 和土壤张力水 WS 均消耗于蒸散发 E，即产生林冠蒸发 ET，林下蒸发 EV 和土壤蒸发 ES。森林还有林冠蒸腾 ER 存在，林冠生物体内含水 WL 取之于土壤水 WS(根系吸水)，消耗于蒸腾 ER。如果是集中式水文模型，考虑到流域内部的不均匀性，需要在模型中设置森林植被覆被因子 CF(森林和灌草覆盖占流域总面积的比例)和森林郁蔽度因子 FP，以及不透水面积比 IM(如裸岩、河道水面和城镇公路地面)，落在不透水地面上的降水将产生直接径流 R_i。R_s、R_b都进入土壤层，受土壤水库调节后进入河道，R_g、R_d则受地下水库调蓄后再出流，而 R_i 可直接进入河流。河流接纳流域总入流后，按流域单位线 HU 作河网的汇流计算，得到河流干流的入流过程 Q_i，之后再按河道的马斯京根(Muskingum)法进行河槽调蓄演算，最后产生流域出流 Q_o。

流域水文模型主要的功能模块如下。

一、植被截留蒸腾作用

流域与大气接触的界面首先是地表的植被层，包括森林林冠和灌丛草地枝叶层，它们对水分的调节作用主要是对降水的截留和蒸散发。

(一)降水的植被截留

树木和灌丛的冠层截留是雨水在林灌叶面吸着力、承托力和水分子内聚力作用下的叶面水分储存现象。林冠截留是森林的重要生态功能，降雨落到植被的表面受到截留，改变了雨滴向下的速度和动能，同时，雨水也湿润了植物的表面。被阻拦的雨水，少部分就停留在植物的枝、叶表面，形成冠层截持，大部分则穿过冠层，继续向下降落，形成穿透雨，于是产生降雨的第一次分配。

冠层截持水量随降雨过程不断变化。当冠层完全饱和时所持有的水量为饱和持水量，亦为最大持水量。饱和持水量的大小是有效拦截面的大小和拦截面的持水能力的函数，而有效拦截面的大小由植物叶片的形状、累积叶面积的大小以及枝叶伸展的角度决定。如枝叶上扬时，有效拦截面较下垂时有所增加。拦截面的持水能力即植物表面的最大水膜厚度，同样与植物枝叶的展开角度等生物学特性有关。

植物的生物学特性决定了该物种的单位叶面积的最大持水能力，而植物群落的最大冠层持水量由该群落的组成和结构决定。群落的结构和物种组成等生态特性还决定了该群落有效拦截面在空间上的分布。因此，群落的最大持水量在水平方向和垂直方向上均随着群落的结构和组成的变化而变化。这说明植被的空间异质性导致植被对降雨的拦截作用的空间差异性。

植物群落冠层的实际拦截雨量，即降雨通过冠层的损失量，是冠层表面的前期持水量、冠层持水量的蒸发损失强度、降雨强度的函数。当空气比较干燥、风力较大时，有利于冠层表面水分的蒸发，导致实际拦截雨量增加。同样的降雨条件下，当树冠比较湿润时，拦截的雨量相对较少。

蒸散发是水文循环过程中自降水到达地面后由液态或固态化为水汽返回大气中的一个阶段，它是除径流以外水分从流域散失的唯一途径。蒸散发包括植物的蒸腾和不同表面的水分蒸发。蒸散发主要包括冠层植被蒸散发、雪面蒸发、土壤水分蒸发。

(二)地面蒸散发

地面蒸散发包括植被冠层蒸散发和土壤蒸发。植被蒸散发包括两个阶段，第一个阶段是植被截留水量的蒸发，当截留的水量不能满足蒸发能力时，进入第二个阶段，此时植物通过蒸腾拉力，促使根系从土壤中吸收水分，除微小部分留在植物体中外，几乎全部水分沿着植物体内的导管向上运动到枝叶，大部分经由气孔进入大气中。植被蒸散发作用的强度受到三个方面因素的影响，一是温度、风力等天气状况；二是土壤含水量；三是植物的生物学特性和生长发育状况，不同树种的蒸腾作用是不同的。

土壤蒸发过程是土壤失去水分的主要过程。土壤蒸发过程大体上可分为三个阶段：当土壤含水量大于田间持水量时，土壤十分湿润，土壤中的水分可以充分地供给土壤蒸发。这一阶段由于供水充分，土壤蒸发只受到气象条件的影响。随着土壤蒸发的不断进行，土壤含水量将不断减小，当土壤含水量减少到小于田间持水量以后，土壤蒸发进入第二个阶段。此时土壤中毛细管的连续状态将逐渐受到破坏，通过毛管输送到土壤表面的水分也因此而不断减少，供给土壤蒸发的水分越来越少，直到土壤含水量减至毛管断裂含水量为止。在这一阶段中，蒸发除了与气象因素有关外，还与土壤含水量有关。当土壤含水量小于毛管断裂含水量后，土壤蒸发进入第三个阶段。此时土壤中的毛管水不再呈连续状态存在于土壤中，依靠毛管作用向土壤表面输送水分的机制将遭到完全破坏，土壤水分只能以膜状水或汽态水形式向土壤表面移动，由于这种仅靠分子扩散而进行水分输移的速度十分缓慢，数量也很少，气象因素和土壤含水量对土壤蒸发不起明显作用，此时的蒸发量必然很小而且比较稳定。

如果地面出现积雪，土壤蒸发还需要考虑积雪的蒸发(升华)。雪面蒸发是水面蒸发的一种特殊情况，当雪面上空气中的水汽压小于当时温度下的饱和水汽压时，雪面上产生蒸发。雪面蒸发是由固态水转化为气态的升华过程。积雪产生蒸发需要有足够的能量供给，提供能量主要有三种来源：①积雪底部的地面获得的地热通量；②从雪面上方的近地大气层中获得的感热通量；③从雪面中获得的净辐通量。但是，这三种能量造成的蒸发都十分有限。

二、土壤水分转换

在土壤覆盖区，土壤是到达地面的净雨(降雨扣除植被截留和蒸散发之后的量)的分配转换场所。土壤水包括可自由移动的自由水(包括重力水、毛管水和部分薄膜水)以及张力水(部分薄膜水和分子吸附水)。大气降水到达地面后，将首先满足土壤张力水分亏缺，多余部分才产生自由水(即径流)。张力水容量 WS_m 在空间上并不均匀，在 WS_m 小的地方将首先饱和并产生径流，因此必须考虑张力水容量分布的不均匀性。

设张力水容量在土壤深度方向上的分布为如下三次方抛物线：

$$WS=WS_m[(2f-1)^3+1]$$

或

$$f=0.5[1+(WS/WS_m-1)^{0.33}]$$

式中，$f=A/F$ 为 $WS<WS_m$ 的相对流域面积(标准化为 0.0～1.0)。按照土壤吸水的一般规律，在降水期，土壤由表面开始蓄满，逐渐向下发展。若某层之上土壤已经蓄满水量 WT_o，则入渗水分应补充更深层的缺水量，每层多余的水分产生自由水 R(即径流)为

$$R=0.5(b-a)+\frac{3}{8}WS_m\left[\left(\frac{b}{WS_m}-1\right)^{\frac{4}{3}}-\left(\frac{a}{WS_m}-1\right)^{\frac{4}{3}}\right]$$

其中，a、b 是土壤水分分布限，它们由 WT_o 和 PI 决定。a、b、WT_o、PI、ΔWT 和 R 之间的关系参如图 7-1 所示。

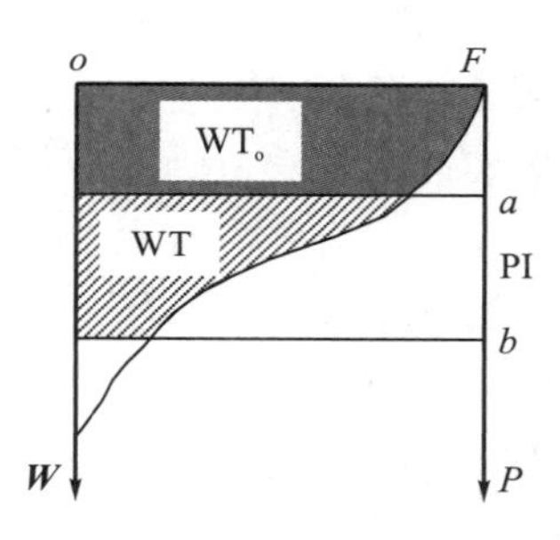

图 7-1 土壤蓄水产流量

土壤蒸发将首先消耗浅层土壤蓄水量，直接从土壤水分分布带上扣除深度为 EP″的水分，直至扣尽为止。这种算法等价于以蒸发面的相对含水量来计算实际蒸发：

$$ES=EP''\times W/WS_m$$

由于这一过程涉及土壤水分的补充和消耗的不同组合，可能使土壤水分成为不连续的几个带，计算上就比较复杂，但这种模型考虑了土壤水的垂直分布特性，模拟结果比较合理。

三、径流水源划分

自由水 R 代表降雨产生的总径流，按照汇流的路径，它可分为地面径流 R_s，壤中流 R_b，浅层地下径流 R_g 和深层地下径流 R_d。不透水面积 IM 上的降水还会形成直接径流 R_i。这里讨论将自由水划分成各种水源的方法。

在土壤渗透能力很大的林区，自由水首先满足深层地下径流，然后才是浅层地下径流和壤中流，在局部土层饱和的地区(洼地，沟边)，将形成可变不透水面积上的地表径流。因此径流划分也应按照此步骤进行。

深层地下水入渗量 R_d 由如下幂函数模拟：

$$R_d = F_D[1 - e^{(-Dx \cdot R)}]$$

或

$$R_d = F_D e^{-Dx \cdot Dh}$$

式中，F_D 为深层最大渗透系数；Dx 为渗透衰减指数；h 为地下水位高程(相对于河道水面)；Dh 为地下水位埋深(相对于地面高程)。F_D、Dx 越大，产生的深层地下径流越大，同时其他成分的径流也就越小。满足 R_d 后剩余的自由水 $R_f = (R - R_d)$ 才构成土壤中上层径流成分。

关于将 R_f 划分为地表径流 R_s，壤中流 R_b 和浅层地下径流 R_g 的方法，同标准的新安江三水源模型(赵人俊，1991)，这里不再复述，只是应注意到新安江模型的水源划分中有四个参数：SM、EX、KI、KG 分别代表自由水容量、分布指数、壤中流分配比例和地下径流比例。调整它们可以控制总出流中各水源的比例，以最好地拟合实际水文过程线。

四、土壤和地下水库调蓄

径流划分后得到直接径流 R_i，地表径流 R_s，壤中流 R_b，浅层地下径流 R_g 和深层地下径流 R_d 的时段水量，这些水源的汇流路径不一样，出流速度也极不相同(相差约四个数量级)。R_s、R_i 可在半小时内到达流域出口；R_b、R_g 可在 5 小时～20 天内出流，而 R_d 的汇流时间可长达三个月，所以应分别对各径流成分进行调蓄演算。这里采用线性水库作调蓄计算，如对于 R_s、R_b、R_g 及 R_d，有调蓄系数 C_s、C_b、C_g 和 C_d，各径流成分的出流量 $Q_k(t)$ 为

$$Q_k(t+1) = C_k \cdot Q_k(t) + CR \cdot (1 - C_k) \cdot [R_k(t) + R_k(t+1)]$$

式中，下标 k 代表 s、b、g、d；CR 是单位换算系数，即将各时段的流域平均径流深(mm)折算成出口断面的流量(m^3/s)；调蓄系数 C_k 越大，汇流历时越长，水文过程越平缓；对于地面径流 R_s，C_s 可取为 0，即在本时段内即可全部出流；而对深层地下径流 R_d，C_d 可以高达 0.999，出流过程可延续到三个月以上；而 C_b、C_g 则介于二者之间。

五、地面积雪与土壤冻融

对于寒冷地区，可能出现降雪和地面积雪，长时间的低温还会产生土壤水分冻结，冰雪积累和消融对径流形成具有决定性的影响，因此也需要进行模拟计算。

积雪是地球上一种具有许多独特性质的下垫面。它的强反射率、低热传导率以及雪面温度不可能超过0℃等特点，都是自然界其他下垫面所不具备的，影响着雪面与大气间的能量和水分交换。雪是一种固态降水，在许多高纬度或高山地区，由于气候寒冷，冬季降水以雪的形式为主，并形成积雪，覆盖大地可长达半年之久，直天春季气候转暖，才开始融化。

融雪是冰晶状的雪通过吸收太阳辐射能量或暖湿气流的能量而融化为液态水的过程。当积雪开始融化时，雪面融化的水向雪层内部入渗。融雪水或雨水在积雪中的入渗过程类似于水在土壤中的入渗过程，可以用类似的动力学方程描述。积雪和冻土中的水分运动与土壤中的水分运动的差异在于冰晶颗粒与液态水流之间，由于不断进行的冻、融过程而互相转化，液态水可以冻结成固态颗粒，固态颗粒也可以融化为液态水，构成一个较土壤水入渗过程复杂得多的系统。

雪面水文过程主要是积雪、融雪、雪面蒸发等。积雪融化过程是影响径流形成的一个重要因素，是春季径流的一个重要组成部分。雪面蒸发是由固态水转化为气态的升华过程。

在高山地区，冻土的冻融过程是影响径流形成的又一重要因素。冻土是指地面温度低于某一临界温度(冻土形成温度)后，土壤发生冻结，冻结将吸收土壤水分，成为固态水分积蓄，而在地面温度高于该临界温度后，地表冻土发生融化，补充土壤有效水分。

在长期出现低温的地区，地面土壤也会发生冻结。根据冻土存在的时间，可区分为三种类型：多年冻土、季节性冻土和瞬时冻土。不同国家对冻土类型的区分不完全一致。在中国，多年冻土的定义为冻结状态持续3年或以上的土(岩)层，其中年平均气温为−0.8～2.0℃的不连续冻土；季节冻土指冬季冻结，夏季完全融化，冻结时间超过一个月的土层或岩层，年平均气温为8.0～14℃，最低月平均气温低于0℃；瞬时冻土为冬季冻结持续时间小于一个月，年平均气温为18.5～22.0℃。影响冻土冻结与融化的因素主要有气温、纬度、高度、岩性、含水量、植被、坡向等。而气温是冻土生成、发育和演化的热量条件。

冻土地区地表水特征与冻土融化过程主要是受年内气温和太阳辐射的波动所制约。而气温和气候变化与所处的纬度、高度有关。高山地区的冻融过程趋势是冬季冻结，夏季融化，但不同的地区发生冻结与融化的具体时间不一致，同一地区不同的地形条件发生冻土的时间也不一致。

冻土对水文过程的影响表现在以下三个方面。

(1)不透水作用。冻土形成的不透水层(冻结层)引起了包气带厚度变化，改变了降雨径流的影响层。在解冻开始时，冻土不透水层接近地表，包气带厚度接近于零，降雨不下渗，直接形成径流，这时的径流系数接近于1.0。随着解冻深度的增加，包气带厚度增厚，入渗量增大，径流系数随之而减小，直到解冻完成，径流系数才不受冻土不透水层的影响。

(2)蓄水作用。土壤水分冻结后，增加了前期土壤蓄水量，类似于地下水库，长时期地调节土壤水分，并作为前期蓄水量而影响解冻期的降雨径流关系。在解冻过程中，包气带以融化锋面为界分为上下两层，上层蓄水量决定于降水入渗和蒸散发条件，下层决定于封冻时的土壤含水量。

(3)抑制蒸发作用。冻土解冻时，从地表热交换吸收的热量首先要满足冻土解冻时的耗热量，由于冻土层较厚，温度在冰点以下，使地表热交换作用显著减弱，从土壤提供地表蒸发的热量相对减少。

肖迪芳(1983)通过对北方地区受冻土影响地区的降雨径流关系的分析认为，在冻土影响下，降雨径流关系、产流量计算方法等，均与无冻期的降雨径流、计算方法有较大的差别。她将解冻期包气带分为解冻层(上层)和冻结层(下层)，解冻层的土壤水容量为开始时的0到解冻完后的WM之间是一个动态的变化过程，而冻结层则由WM变化到0。在产流量计算中，以解冻锋面为界，上下层蓄水容量取变动值，以不同的方法扣损：上层按蒸发能力扣损，下层按消退函数扣损，分层计算起始蓄水量后，就得到与无冻期产流计算相一致的模式。这种方法需要知道流域的解冻完成时间或最大冻结深度，而岷江上游目前无此类实测资料。

六、坡面侵蚀与泥沙输送

如果需要考虑降雨和径流形成的坡面侵蚀和泥沙输移，应该在水文模型中加入侵蚀泥沙模块，用以完成流域侵蚀和河流泥沙计算。

近40年来，通用土壤流失方程(universal soil loss equation，USLE，Wischmeier et al.，1978)成为众多土壤侵蚀预报经验模型的典范，受到许多国家的重视。由于USLE方程不考虑泥沙沉积，因此得到的为潜在土壤侵蚀量。其缺点就是当把它用于它所基于的开发条件以外的范围时，效率很低(Nearing et al.，1994)。所以USLE模型计算结果直接取决于各因子值确定的准确与否。应用于日侵蚀量评估的USLE方程如下：

$$\mathrm{PES}=\mathrm{RE}\cdot K_{\mathrm{s}}\cdot L\cdot S\cdot C\cdot \mathrm{PC}$$

式中，PES为日土壤侵蚀模数，单位为t/(hm^2·d)；RE为日降雨侵蚀力因子，单位为(MJ·mm/hm^2·h)；K_{s}为土壤可蚀性因子，单位为(t·h·hm^2/MJ·mm)；L和S分别为无量纲坡长和坡度因子；C为土地覆被和作物管理因子；PC为水土保持因子。

卢喜平(2005)在北碚歇马的紫色土丘陵区进行人工模拟降雨侵蚀力的试验，然后根据人工模拟降雨与自然降雨条件的相似性，将得到的侵蚀力公式引申为自然条件下的降雨 P 侵蚀力公式如下：

$$RE=2.2944P+0.066P^2$$

需要注意的是，上述公式得到的单位为(J・mm/m^2・min)，需要将其转换为(MJ・mm/hm^2・hr)，侵蚀性降雨的阈值取10mm/d。

土壤可蚀性因子 K_s主要有三种确定方法：直接观测法，诺谟图法和公式计算法。吕喜玺等(1992)和侯大斌(2001)通过土壤质地转换和EPIC模型中土壤可蚀性因子计算公式得到了我国南部和川渝地区土壤可蚀性值，对于紫色土，二者得到的结果分别为0.37和0.345，本模型中取0.37。

第二节　流域水文模型的分布式结构方法

流域水文模型作为降水－径流的分析工具，自20世纪70年代以来取得了很大的进展。目前国内普遍使用的大部分是基于蓄满产流理论的多水源降雨径流模型和基于下渗过程的干旱区水文模型(赵人俊，1992)。这些模型仅从模拟流域水文过程来看，已经可以获得较好的拟合效果，但由于它们均属于集总式水文模型，无法利用它们来分析流域内部自然因素的时空变化对水文过程的影响，也就难以很好地模拟森林植被变化对水文过程的影响，而分布式森林水文模型则能实现这一目标。分布式水文模型是基于流域地表要素空间变化的准三维数学模型，能够描述水分在SPAC系统中的分布传递过程。它可以定量表达各种环境要素和森林状态在流域中的变化，通过物理过程的数学计算仿真，模拟出流域内部的水分场。目前，国外在分布式水文模型方面的研究进展较大，以ANSWERS、SHE、SWAT、FLATWOODS、TOPMODEL等为代表的森林流域分布式水文模型已被较为广泛的使用。就国内来说，森林流域分布式水文模型的研究已经引起众多水文学者的关注，但真正能够用于实际的分布式水文模型尚未推出，仍需更多学者深入工作和贡献，对分布式流域水文模型设计中的要点进行讨论如下。

一、流域离散化方法

分布式水文模型的特点是按一定的原则将整个流域解集成具有均一性质的面状单元，再按各单元的空间关系及水力学联系进行水文模拟。流域离散化的基本原则有多种，Wood等(1988)提出的方法是将流域离散成典型单元面积(represent elemental areas，REA)，REA被定义为流域内的面状单元。当离散单元小至一定程度，单元内水文特征可看作是均一的。这种离散方法用于SHE模型中，

Wood认为该模型是完全的分布式物理模型。

另一种离散方法为水文响应单元方法(hydrological response unit，HRU)。流域被划分为具有相似水文特性的子区域，子区域内具有相同的土地覆盖、坡度坡向等。Kite和Kouwen(1992)指出在Hydrotel模型中的格网单元系统、USGS模型中的子流域系统、SRM模型中的高程分带就具有类似的性质。在这些软件中，HRU会产生明显的水文响应，单元位置只对水流流程有影响。

SWAT(soil and water analytical tools)模型将大的流域划分成性质相似的小区域，然后分析各小区域与整体的相互作用和相互影响，各个小区域是通过数据的聚类分析得到，用聚类方法消去小的或无关的地理特征，将详细的信息聚类成概化的值，使整个流域概化成性质相近的子流域集合。特定的信息可单独为每个小区域或整个流域输入。SWAT/GRASS软件接口程序可从高程、土地利用、土壤类型和地下水文数据中为SWAT获取空间分布参数。

Kouwen等(1993)描述了一种用于方格格网模型中的分组响应单元(grouped response unit，GRU)。GRU是一组具有相同土地覆盖的区域，一个方格格网可有许多不同的GRU。将不同GRU产生的径流量相加，然后汇流到河流中。WATFLOOD模型采用了这种分组响应单元的概念。例如，两个GRU内各种土地类型及其比例一样，降雨及初始条件一样，则不管其土地覆盖如何分布，它们将产生相同的产流量。Kouwen得出结论，与集总模型比较，基于土地覆盖、以GRU方法离散计算域的半分布式流域水文模型具有更好的适应性和修改便利。

在SLURP模型中，将流域离散成被称为聚合模拟区(aggregated simulation areas，ASA)的单元。一个ASA并不是性质均一的区域，而是一个性质差别相对较小的区域。例如，土地覆盖可从分辨率小至10m的卫星上观测到，使用这么小分辨率的点数据构建大尺度流域水文模型既不可行，也是不必要的，因此点群则聚合成更适合于模拟的小区域。这些ASA并不一定为正方形、长方形或其他规则形状区域，其形状常基于流域网络形状。对ASA的基本要求为ASA内的土地覆盖分布和高程已知，且其径流所汇入河段已知。在模拟计算时，流域内的河流系统应详细到一定程度，使每个ASA都能与流域出口相连。

TOPMODEL采用地形指数的方法来概化流域特征的空间变化，也属于半分布式模型类型。模型所需输入数据为实测的降雨与蒸发过程数据以及流域的地形数据。模型中至少需估算四类流域参数，用以描述流域的产流特征，这些参数是用径流来调试的。模型中虽然不直接需要土壤分布信息，但在估算地下水位和土壤含水量时需要土壤信息。蒸发量的正确估算对模型结果影响非常大，模型需要高分辨率的DEM数据，且模拟区不存在落水洞等水文地貌类型。

综合起来，采用矩形网格方式离散化流域具有最简单的逻辑关系，便于模型设计和参数内插，特别是与GIS的数据结构能够相容，是使用比较多的方式。它的主要问题是对于破碎地形的跟踪需要很高的分辨率，对于河流与流域边界的描述不自然。而子流域、响应单元、分组单元、代表单元等方法属于半分布式模型采用的技术，可以减少离散化单元的数目，降低计算量和工作量。但是这些方法都存在对子区域的概化假设，对流域水力学过程的仿真性降低。此外，还有一种选择是采用不规则三角形的网格(TIN)，它具有矩形网格的优点，又能贴近流域边界和水系走向，对流域地形的描述具有最高的精度，但是网格结构复杂，进行单元格内参数的插值比较复杂，对于系统的设计和计算机资源的要求更高。

二、空间处理模块

分布式水文模型除了需要解决各网格单元的水文过程计算以外，主要增加了流域空间地理属性的处理功能，或者借助于GIS系统完成模型所需要的空间数据输入。它们需要处理的主要环节涉及以下这些方面(王中根等，2002)。

(一)数字高程模型(DEM)的构建

研究区的DEM一般是对地形图的等高线手工数字化得到。底图比例尺与所研究的流域大小有关，一般选用1∶10万左右比例尺的地形图。每一条等高线所代表的高程值赋为属性值，利用GIS软件中“矢量—栅格”的转换功能将矢量图转为栅格形式，经高程值内插生成。流域内部的河网需要从同比例的地形图上将水系跟踪数字化得到。

在分布式水文模型设计中，需要按照流域河网来划分子流域，当子流域划分完成而且整个流域的出口确定以后，流域界限就可以完整勾画出来。流域内部地表径流在每个栅格单元的流动顺序以及支流汇合的情况也需要确定。这一系列工作是采用地形分析技术，通过DEM的计算处理来完成。

(二)DEM的预处理

DEM的预处理包括数据的平滑、凹陷点的填充。凹陷点指四周高中间低的一个或一组栅格点，为了创建一个具有“水文意义”的DEM，所有的凹陷点必须进行合适的处理。一般采用填充方法，使凹陷点的高程恒等于周围点的最小高程值。平滑处理主要是消除在栅格化、投影转换过程中高程数据重采样而产生的无效格网和凹陷点。但平滑处理对整个流域的DEM数值均有影响，而且不能消除大面积的凹陷点集。实际工作中可对初始的DEM采用9点一组的方式作平滑处理。

(三)格网流向及水流聚集格网的确定

经过预处理的DEM就可以用来计算格网内的水流流向以及水流的聚集点。这种算法被称8点判决(deterministic eight-neighbours)算法。该算法可以这样描述，中间的栅格单元水流流向定义为邻近 8 个格网点中坡度最陡的方向。

坡面水流运动的方向用不同的代码作编码。为了具体说明，这里建立了一个示范流域的栅格数据模型，图 7-2 表示格网单元高程值，图 7-3 中的箭头表示格网内水的流向(为了直观，用不同方向的箭头代替了编码值)。通过每个格网单元从高处向下游进行水流方向的寻径，得到整个流域格网单元之间连通性的水流动方向栅格点，坡面流网模型就建立起来了。与此同时，还确定了水聚集点格网的位置并计算汇聚于该点的上游格网，从而建立了水流聚集的栅格数据模型。

(四)流域河网的生成

当坡面流向格网数据模型和水流聚集点格网模型建立之后，就可以用来生成流域的河网。首先，要给定最小水道上游集水区面积阈值。上游集水面积大于阐值面积的格网点定义为水道的起始点。流域内积水区面积超过该阈值的格网点即定义为水道。但在很多情况下，DEM 内部可能存在着平坦区域，这些平坦区域可能原来就存在或通过凹陷点的填充后而形成的。在平坦区域内部，河道就无法产生，而联接平地两端边缘的水流聚集格网点形成与实际河道不符的伪河道。这种误差的产生，有多方面的原因，除了 8 点算法本身对平坦区处理有不足之处外，还有低山丘陵地形破碎，栅格数据结构在描述地面高程的非连续性变化方面存在着自身的缺陷，造成地形描述的不精确性。

解决这个问题有多种算法，Martz 等(1998)采用了平坦区的栅格单元搜索-高程微调(调高 0.001m)算法，可以改进确定平坦区域内的水流方向。更好的一种技术是美国德州奥斯丁大学 Maidment 提出的“嵌入(burn in)”算法。算法的思路可以用栅格叠加的方法解释，将手工数字化的流域河网转化成栅格形式，栅格的大小和建立的 DEM 的栅格大小相等，经过投影转换纳入到统一的坐标系中，通过叠加运算，将实际河网叠加到 DEM 上，保持 DEM 中河道所在格网的高程值不变，而其他非河道所在格网高程值整体增加一个微小修正值，这样，就相当于把实际河道嵌入到原 DEM 中，再用 8 点算法就可以准确地生成流域河网。采用这种算法后生成的流域河网和实际河道几乎完全重合(图 7-4)。河网生成的详细程度决定了生成的离散子流域数目，可以通过河道上游集水区面积阈值来控制。先给出一个初始阈值，比较生成的河道和实际河道的差别，再进行阈值调整，根据需要确定最终的阈值。

流域出口

97 95 93 91 87
99 98 96 93 90 85 80
103 101 100 98 96 93 88 82 77 73
105 103 101 100 98 96 93 86 79 74 69 65
108 107 106 105 103 102 100 99 96 92 85 76 70 65 59 55
109 108 107 106 85 103 101 100 98 94 90 82 73 65 59 55 50 46
111 109 108 107 106 104 103 101 99 96 92 86 77 67 59 53 49 43 38
113 111 109 108 107 105 103 102 100 97 93 88 81 71 61 55 49 42 36 31 27
114 114 114 112 110 109 107 106 104 102 100 99 96 91 84 75 66 57 50 43 35 29 24 23 22
114 114 114 113 111 109 108 106 105 103 101 99 97 93 87 78 70 61 53 44 36 31 27 24 24
114 114 114 114 112 111 109 107 106 105 103 101 99 98 95 90 82 74 66 56 48 38 31 30 29 28 29
115 114 114 114 113 112 110 109 107 106 104 103 101 99 98 95 92 86 77 70 61 52 43 34 31 30 31 34 35
115 114 114 114 113 112 110 108 107 105 104 102 100 99 97 95 92 88 80 73 66 56 47 38 32 31 32 37 41 42
115 115 115 114 114 114 113 111 110 108 106 105 103 101 100 98 96 94 92 86 79 74 68 60 50 41 34 31 32 38 45 49 52
115 115 115 114 114 114 113 111 109 108 106 105 103 101 99 96 94 92 89 85 78 73 69 64 55 45 38 32 32 37 44 50 56 60
116 115 115 115 114 114 113 111 109 108 106 105 103 101 99 95 93 90 86 82 78 73 69 65 59 50 41 37 34 36 42 50 56 61 64 66
117 116 116 115 114 114 114 112 110 108 106 105 102 100 98 95 92 88 85 80 76 72 68 65 60 52 44 39 37 37 41 49 56 62 66 69 71
118 117 116 115 115 114 114 112 110 108 106 105 103 101 98 94 90 86 82 78 74 71 66 62 57 51 45 40 38 38 40 47 55 62 68 71 74 76
120 119 118 116 115 115 114 113 111 109 107 105 103 101 99 94 90 86 81 77 74 70 66 62 57 52 47 43 39 38 38 44 53 60 67 72 75 78 80
121 120 119 118 117 116 114 114 112 110 108 106 104 102 99 94 90 86 83 79 75 71 68 64 60 56 52 49 45 41 39 42 48 58 65 71 76 79 82 84
122 122 121 120 119 117 116 115 114 113 110 108 106 103 101 97 92 89 85 83 79 76 73 70 68 65 62 58 54 50 47 44 45 51 60 68 74 78 82 85 88
122 122 121 120 119 118 117 115 114 113 111 108 106 104 101 98 94 91 88 86 83 79 77 75 73 71 69 65 61 56 52 49 49 54 61 69 75 80 84 88 91
122 122 122 122 122 121 120 118 117 116 115 114 112 110 108 106 103 101 98 95 93 91 89 86 83 80 78 75 72 69 64 59 54 52 52 55 61 69 76 81 87 91 92
122 122 122 122 122 122 121 120 119 118 117 116 115 114 112 109 107 105 103 101 99 98 96 94 93 90 86 82 79 75 71 66 61 56 53 54 56 62 71 78 83 89 92 92
122 122 122 122 122 122 121 120 119 118 117 116 115 114 113 111 109 107 105 103 102 101 100 98 96 94 91 87 82 77 72 67 61 56 53 55 58 64 73 79 85 91 93 93
122 122 122 122 122 122 122 121 120 119 118 117 116 115 113 112 110 108 107 105 104 103 101 100 99 96 93 90 84 79 72 66 61 57 55 56 61 67 75 81 88 93 94 94
123 122 122 122 122 122 122 121 120 119 118 117 116 115 114 113 111 110 108 107 106 104 103 101 100 97 94 92 87 79 71 64 61 59 58 59 64 72 77 83 90 93 94 95
122 122 122 122 122 122 122 122 122 121 120 119 118 117 116 115 114 113 112 111 109 108 107 105 104 102 100 98 95 92 86 77 68 62 60 60 60 63 69 75 81 87 92 94 95 96
122 122 122 122 122 122 122 122 122 121 120 119 118 117 116 115 114 114 113 111 110 108 107 106 104 102 100 98 95 91 83 74 65 61 61 61 62 67 73 79 84 89 93 95 96 96
122 122 122 122 122 122 122 122 122 121 120 119 118 117 116 115 115 114 113 111 110 108 107 106 104 102 100 97 94 89 80 70 64 61 61 62 67 72 77 83 88 91 94 96 97
123 122 122 122 122 122 122 122 122 122 121 120 119 118 117 117 116 115 114 113 111 110 108 107 106 104 101 99 97 93 88 77 68 64 61 62 67 72 76 82 87 91 93 96 98 98
123 123 122 122 122 122 122 122 122 122 121 120 119 118 117 117 116 116 115 114 114 112 111 109 108 107 105 103 101 99 96 92 87 76 67 64 63 66 71 76 82 87 90 93 95 98 99 99
123 123 123 123 122 122 122 122 121 120 119 118 117 117 116 115 115 114 114 113 111 110 108 107 106 104 102 100 98 95 91 84 74 68 66 67 70 76 82 87 91 93 95 98 99 99 99
123 123 123 123 123 122 122 122 121 120 119 118 117 117 116 115 114 114 113 112 111 109 108 107 106 105 103 101 99 96 94 91 83 71 68 68 69 74 80 87 91 94 96 98 99 100 100 100
124 123 123 123 123 122 121 121 120 118 117 116 115 115 114 113 112 111 110 109 108 107 105 104 103 101 100 97 94 91 88 80 71 68 69 72 76 83 90 93 95 97 99 101 102 102 101
125 124 124 124 123 123 122 122 120 118 118 116 115 114 114 113 112 111 109 108 107 106 104 102 101 100 98 97 93 89 87 83 76 70 68 70 75 80 86 92 95 97 99 101 103 103 103
125 125 124 124 123 123 122 122 120 119 117 116 115 114 114 113 111 110 108 107 105 103 101 99 98 95 92 90 86 84 82 78 75 71 70 73 78 83 89 93 96 99 101 103 105 106
126 125 125 124 124 123 122 122 121 119 118 116 115 114 114 112 111 109 108 106 105 103 101 99 96 92 91 88 84 82 78 76 75 73 73 76 80 85 91 95 98 101 103 105 107
127 127 126 126 125 124 123 123 122 121 120 118 117 115 114 114 113 111 109 108 107 105 103 101 100 97 94 91 89 85 81 77 76 75 75 75 77 82 88 92 97 100 102 105 106 107
128 128 127 126 126 125 124 123 122 121 120 119 118 116 115 114 113 112 110 108 107 106 104 102 101 99 97 94 92 88 83 79 76 76 76 77 80 85 90 95 99 101 104 106 107 107
129 129 128 128 127 126 125 124 123 122 121 120 119 118 116 115 114 112 111 110 108 107 105 103 102 100 99 97 94 91 86 80 76 76 76 79 84 88 92 97 100 103 105 107 107 107
130 130 129 129 128 127 126 125 124 123 122 121 120 119 118 117 115 114 113 111 109 108 106 104 103 101 100 98 95 91 86 80 76 77 80 83 88 91 95 99 102 104 106 107 107 107
130 130 130 129 129 128 127 126 125 124 123 122 122 121 120 118 117 115 114 113 111 109 107 105 103 102 100 97 94 90 86 81 79 81 85 88 92 95 98 101 104 106 107 107 107
130 130 130 130 129 129 129 128 127 126 125 124 123 122 121 121 119 118 117 115 113 111 108 106 104 102 100 97 93 88 84 83 83 86 90 92 95 98 101 104 106 107 107 107 107
130 130 130 130 130 130 129 129 129 128 127 126 125 124 123 122 122 120 119 117 115 112 109 107 104 102 99 96 92 88 85 85 87 91 94 96 98 101 105 107 107 107 107 107
130 130 130 130 130 130 130 130 129 129 129 128 127 126 125 124 123 122 121 119 117 114 111 108 105 102 99 95 92 89 88 88 91 95 97 100 102 105 107 107 107 107 107
130 130 130 130 130 130 130 130 130 130 130 129 129 128 127 126 125 124 124 123 121 119 116 113 110 107 103 99 95 92 90 90 91 95 98 101 103 106 107 107 107 107 107
130 130 130 130 130 130 130 130 130 130 130 130 129 129 128 127 126 125 124 123 121 119 115 111 108 104 99 95 92 91 92 93 97 100 103 106 107 107 107 107 107 108
130 130 130 130 130 130 130 130 130 130 130 130 130 129 129 128 127 126 125 124 123 121 117 113 110 106 101 97 93 92 93 95 98 101 105 107 107 107 108 108
130 130 130 130 130 130 130 130 130 130 130 130 130 130 130 129 129 127 126 125 123 122 119 114 111 107 103 98 96 95 95 96 98 101 106 107 107 107 108
130 130 130 130 130 130 130 130 130 130 130 130 130 130 130 129 128 127 125 124 122 119 115 112 108 104 100 98 97 97 97 98 102 106 107 107 107
130 130 130 130 130 130 130 130 130 130 130 130 130 130 130 129 128 127 125 124 122 120 116 112 109 104 100 99 98 98 98 99 102 106 107 107
130 130 130 130 130 130 130 130 130 130 130 130 130 130 130 130 129 127 126 125 123 121 118 115 112 108 105 101 99 98 98 99 100 103 106 107 107
130 130 130 130 130 130 130 130 130 130 130 130 130 130 130 130 129 128 126 125 123 122 120 117 114 111 108 105 101 99 99 99 99 100 103 105 107 107
130 130 130 130 130 130 130 130 130 130 130 130 130 130 129 129 127 126 124 123 122 120 118 116 114 110 107 104 101 99 99 99 100 101 103 105 106
130 130 130 130 130 130 130 130 130 130 130 130 129 129 128 127 125 123 122 121 120 119 117 115 113 109 106 104 101 99 99 99 100 101 103 104
130 130 130 130 130 130 130 129 129 129 129 128 127 126 124 123 121 120 119 118 117 116 114 111 108 106 104 102 100 100 100 100 101 102
130 130 130 130 130 130 130 129 128 128 127 126 125 124 122 120 119 117 116 115 115 114 112 109 107 106 105 103 102 101 100 100 101
130 130 130 130 130 130 129 128 127 126 125 124 123 122 120 118 116 115 114 114 114 113 110 107 107 106 106 105 103 102 101
130 130 130 130 130 130 129 128 126 125 124 122 122 120 119 116 114 114 114 114 113 112 110 108 107 107 107 106 105 103
130 130 130 130 130 130 129 128 126 125 123 122 122 120 119 117 115 114 114 114 114 112 111 109 108 107 107 107 106
130 130 130 130 130 130 129 128 126 125 123 122 122 121 120 119 117 116 115 114 114 113 111 110
130 130 130 130 130 129 128 127 126 124 123 122 122 121 120 119 117 116 115 114 113 112
130 130 130 130 130 129 128 128 127 126 125 124 123 123 122 121 119 118 116 115 114
130 130 130 130 130 130 129 129 128 127 126 125 124 124 123 122 121 120 118 116
130 130 130 130 130 130 130 129 129 129 128 126 125 124 123 122 122 121
130 130 130 130 130 130 130 130 130 129 128 126 125 124 123 122
130 130 130 130 130 130 130 130 130 130
130 130 130 130 130 130
130 130 130
130

图 7-2 示例流域数字高程模型

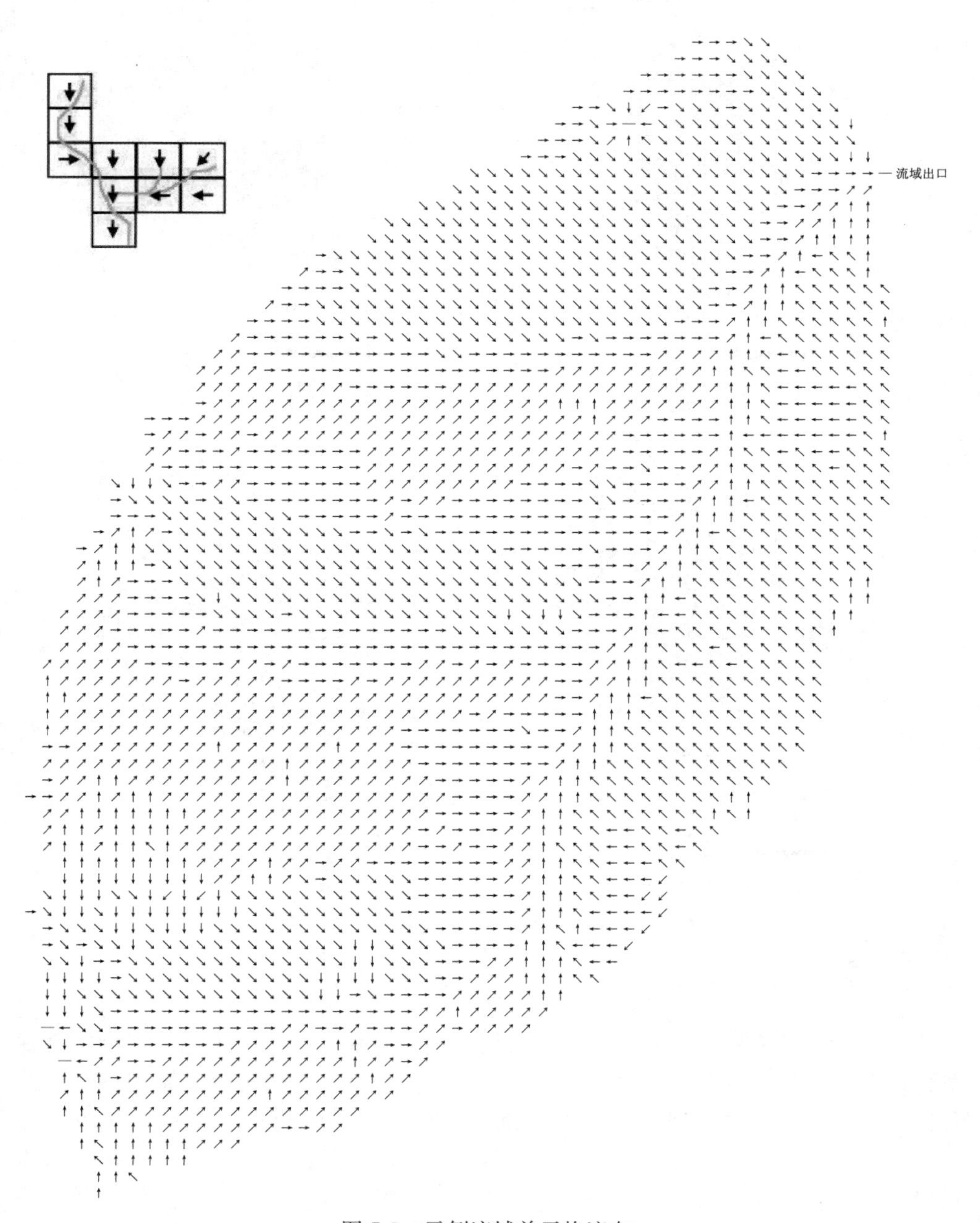

图 7-3　示例流域单元格流向

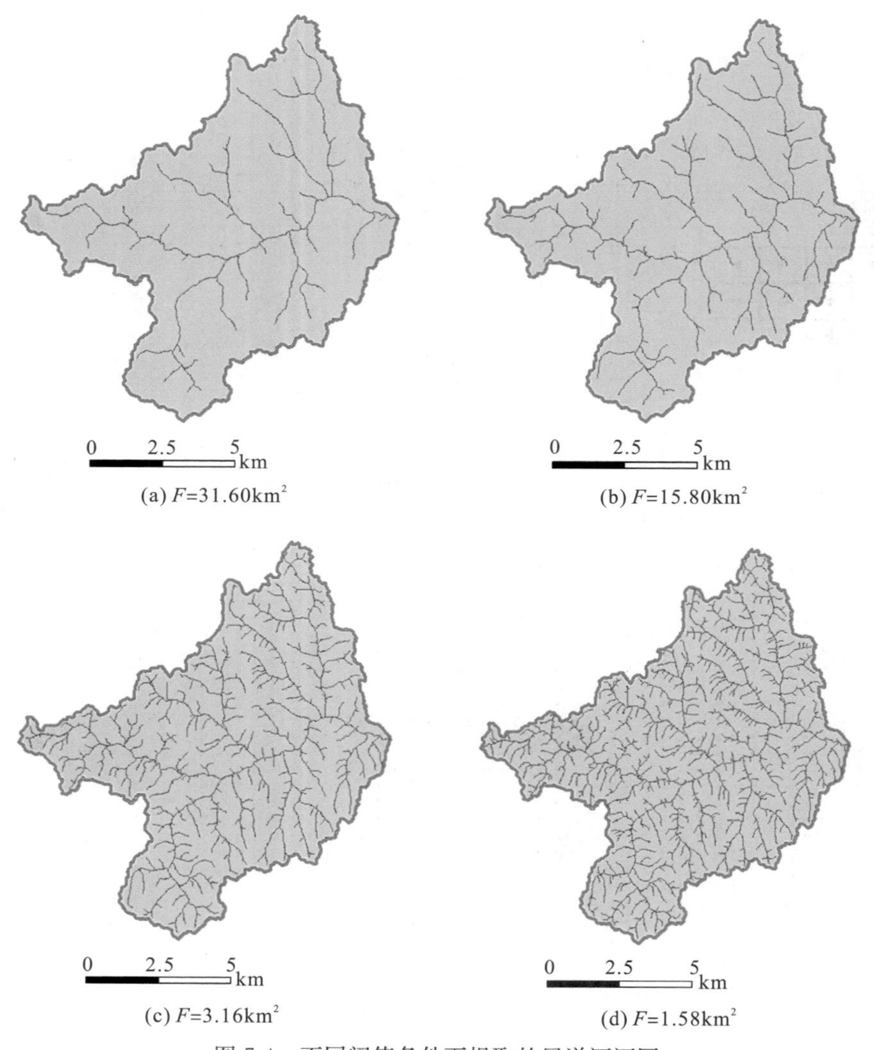

(a) F=31.60km^2　(b) F=15.80km^2

(c) F=3.16km^2　(d) F=1.58km^2

图 7-4　不同阈值条件下提取的尼洋河河网

（五）子流域的划分

当流域河网生成以后，就可以确定整个流域界限并进行子流域的划分，流域界限的确定可以帮助我们明确具体的研究范围，对研究范围内的区域进行分析以便提取模型运行所需要的相关参数。确定流域界限必须先要确定整个流域的出口，首先从流域的出口沿河道向上游搜索每一条河道的积水区范围，对搜索到的所有栅格所占区域的边界进行勾画就可以确定总的流域界限。子流域的划分首先要确定子流域的出口位置，可以有两种方法：如果子流域出口点的地理位置坐标已知，可以手工添加子流域的流域出口，子流域的范围就是汇聚于该点的上游所有栅格单元所占区域；如果不知道子流域出口点位置，那就以两个河道的交汇点作为流域出口，分别沿上游河道计算积水区面积来划分子流域。数值流域图、土壤分布图、植被覆盖图叠加运算以后就可以生成具有水文意义的水文模拟单元(如水文响应单元 HRU)。流域通过子流域的划分实现了空间离散化，模型在每个水文响应单元上运行，运行结果通过河道寻径的方法汇总到流域出口。在实际处理中，DEM 的范围应略大于实际的流域范围，这样有助于勾画出完整的流域界限。

(六)地理要素提取

流域(子流域或单元)地理属性一般可分为地形属性和水文属性，地形属性是可以从高程数据中直接计算的属性，如高程、坡度、坡向。水文属性是为了刻画水文过程的空间变化，而从地形属性和地面覆盖状态中得到的参数，水文属性可以通过物理要素或经验公式计算。Moore 等(1991)引用总结了 20 种具有水文学意义的地理属性，这些属性对于分布式水文模型的应用是必不可少的，而且都可以通过地形分析技术得到，如集水区面积、流域或子流域的坡度、坡长、平均高程、主河道的长度、坡度、宽度以及河道最低点高程、最高点高程、交汇网格坐标等。目前大多数 GIS 软件都具有常规的地形分析功能，可方便地利用 DEM 来计算地形属性。

(七)单元网格输入的插值

由于地理信息系统具有很高的空间分辨率，按照地理特征一致化原则确定的单元网格远小于水文气象观测网格。因此需要将水文气象站的观测数据按一定的模式内插(外推)到所建立的网格单元上。一般需要处理的项目有降水、气温和辐射，它们都是作为模型的输入过程(图 7-5)。

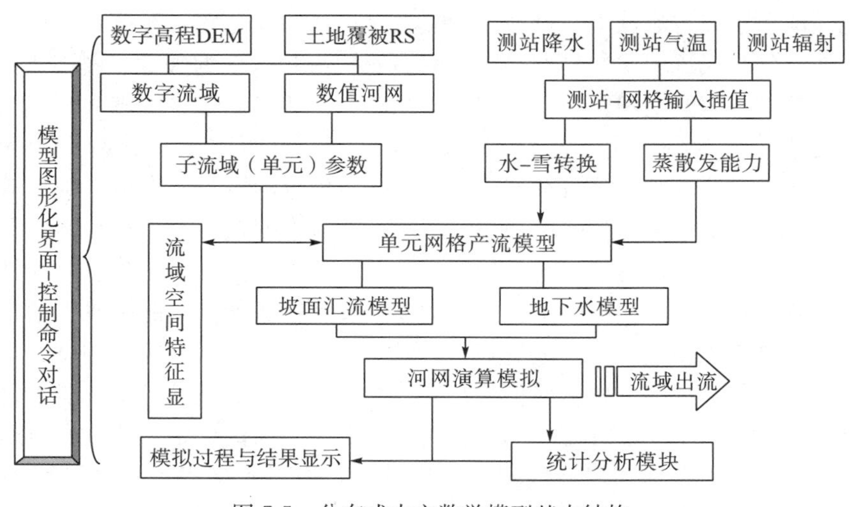

图 7-5 分布式水文数学模型基本结构

单元参数内插可以采用观测站数据的线性内插方法，此外，泰森多边形法、抛物线插值都可以用于区域的水文参数插值。但是，水文气象数据本身具有随高程分带的特性，在高程差异明显的流域，必须按照高程分布对单元参数进行校正，这对于温度计算比较简单，采用统一的气温垂直递减律进行计算也能满足要求，对于降水的修正则较为困难，它需要借助于区域的降水高程分布的研究结果。

三、水文模型与 RS/GIS 的结合

遥感(remote sensing，RS)是一种空间要素的观测与信息处理技术，监测的范围可遍布全球，监测的周期可以在几天之内完成。通过 RS 获取的空间地理信息具有周期短、信息量大和成本低的特点，是现代航天科学与计算机技术结合提供的一种重要的地球环境信息源。地理信息系统(geographic information system，GIS)是借助高速计算机来综合处理和分析空间数据的数字计算技术体系。能够对区域、流域、水系、高程、坡度、坡向和地面覆盖属性进行空间分析、三维图形化表达和分类统计，为研究者提供了有关区域宏观背景、综合判别和环境演变等方面比较全面和直观的地理空间信息。

作为一种信息源，RS 可以提供土壤、植被、地质、地貌、地形、土地利用和水系水体等许多有关下垫面条件的信息，也可以测定估算地面蒸散发、土壤含水量和云中水汽含量。栅格式的遥感数据与分布式流域水文模型的单元格式的一致性，给地面覆盖特征的理解和数据的使用都带来了便利。遥感获取的地面信息在确定产汇流特性或模型参数时是十分有用的，在对遥感影像作校正、增强、滤波、标定分类以后，可以转化为空间图形数据库，纳入到地理信息系统中去，成为分布式流域水文模型建模与参数率定时的基本数据。

地理信息系统与流域水文模型在功能上有很强的互补性，在技术途径上也有共通之处。分布式流域水文模型的单元网格数据与 GIS 中的矢量或栅格式数据格式相似，都以一定的空间分辨率来划分研究区。一些半分布式流域水文模型采用子单元内地面特性均一的概念，严格地讲就是用“响应单元”来划分流域。而 GIS 中用分层分类，然后叠加不同层或不同空间分辨的资料，也可以得出有地貌意义的响应单元。水文模型中增加空间变量以及状态变量的方式与 GIS 中数据层叠加的做法是一致的。另外，流域的地表水、壤中流和地下水流是以非线性偏微分方程为基础来描述的。但由于三维模型在大尺度区域计算上的困难，通常用准三维的空间离散化来处理得出近似解。方式上有规则的有限差矩形网格、不规则的有限元网格和不规则三角形网格。在 GIS 中通常都有处理这些不同类型网格数据的能力，在实施中非常方便。GIS 系统的一个很大的优点是它能在原有地理信息的基础上对空间数据和属性数据作分析计算，通过水文模型增强了 GIS 数据(包括状态变量)的时间系列资料，再加上 GIS 很强的图形显示功能，有利于水文

工作者研究流域特征的空间分布和对产汇流的影响. 并有助于了解降雨、土壤含水量以及产流面积在空间和时间上的变化，从而加深对产汇流等水文物理过程的认识，促进在水文科学中自身的发展。

水文数学模型与GIS两者的结合，目前有两种方式。一种是松散的结合，以用户程序为中介，以数据文件为交换，在GIS系统中加入若干命令模块，使之可以提供水文模型的参数，同时也用作水文模型输出结果的空间信息显示平台。另一种是紧密的结合，水文模型和GIS软件有统一的操作对话系统和数据结构模式，应用者可以直接进入GIS的数据结构和数据处理过程，即可以在GIS中建模，从而使模型结构和参数能迅速地成形和优化。这种结合方式是以GIS为平台的水文模拟专业软件包，或者说是具有GIS开发环境的流域水文模型。

与GIS结合的流域水文模型往往不是一个固定的模型结构。它们在实质上是一系列可被用户采用和修改的有关流域水文模拟的模块，用户可以在比较模拟结果的基础上进行模型结构和参数的调整和优化。

第三节　包含冻融作用的分布式水文模型

流域水文模型是根据系统工程的方法，按照径流形成的主要阶段，概化成流域功能单元，采用数学方法对各单元的状态参量、输入和输出变量进行描述，再根据产流和汇流的物理联系进行组织，构成一个结构完整的、逻辑协调的、水量平衡的、空间上相互关联的、时间上可以递推的系统动力学体系。在系统输入(如降水、辐射等)的激励下，对系统输出(如径流、蒸发散、系统水分蓄贮变化量)进行模拟仿真。流域水文模型仿真的水平和效果取决于模型的结构与参数，所以模型的结构与参数问题是构建模型首要考虑的问题。

本节介绍一种基于流域网格单元计算的分布式水文模型，该模型在一般分布式流域水文模拟的基础上，考虑到了森林分布与结构特点，可以单独处理林冠截留、根系吸水和蒸腾作用，并且设计了地下水动态模拟单元，比较适合于森林分布和湿地环境的水文过程模拟需要。利用该模型并按照暗针叶林生态系统的生长情况，通过实地调查与试验获取该区的植被、气象、土壤、水文等参数，对生态系统的水文过程进行模拟和验证，并通过改变流域系统的降雨输入、土地覆被类型和气象条件等参数的方式揭示水文过程对降水输入和环境条件变化的响应，阐述环境变化对水文过程的影响规律。

一、模型结构

模型的结构代表了对流域系统水文规律的认知和概括，一般用一系列方程式来描述河流及地表控制条件对水分运动的影响，以状态变量来反映其时空动态特点以及各部分间质能的传送与转换关系。

流域尺度的分布式水文模型从水平方向上把流域坡面分解成若干均匀的栅格单元(或子流域)，在林冠一土壤一地下垂直方向上分层来描述气象、土壤、植被等参数的空间分布。其中，土壤层分为上层非饱和带和下层饱和带(浅层地下水带)，非饱和带根据流域的土壤水分物理性质自上而下再分成若干层(这里分为3层)。模型以各栅格中的水量为状态变量，通过输入气象、植被、土壤等参数来模拟出各单元格的入渗、产流、蒸散，并能很好地处理降雨、气温、植被、冻土和地形等因素对水文过程的影响(网格划分和模型结构如图7-6和图7-7所示)。

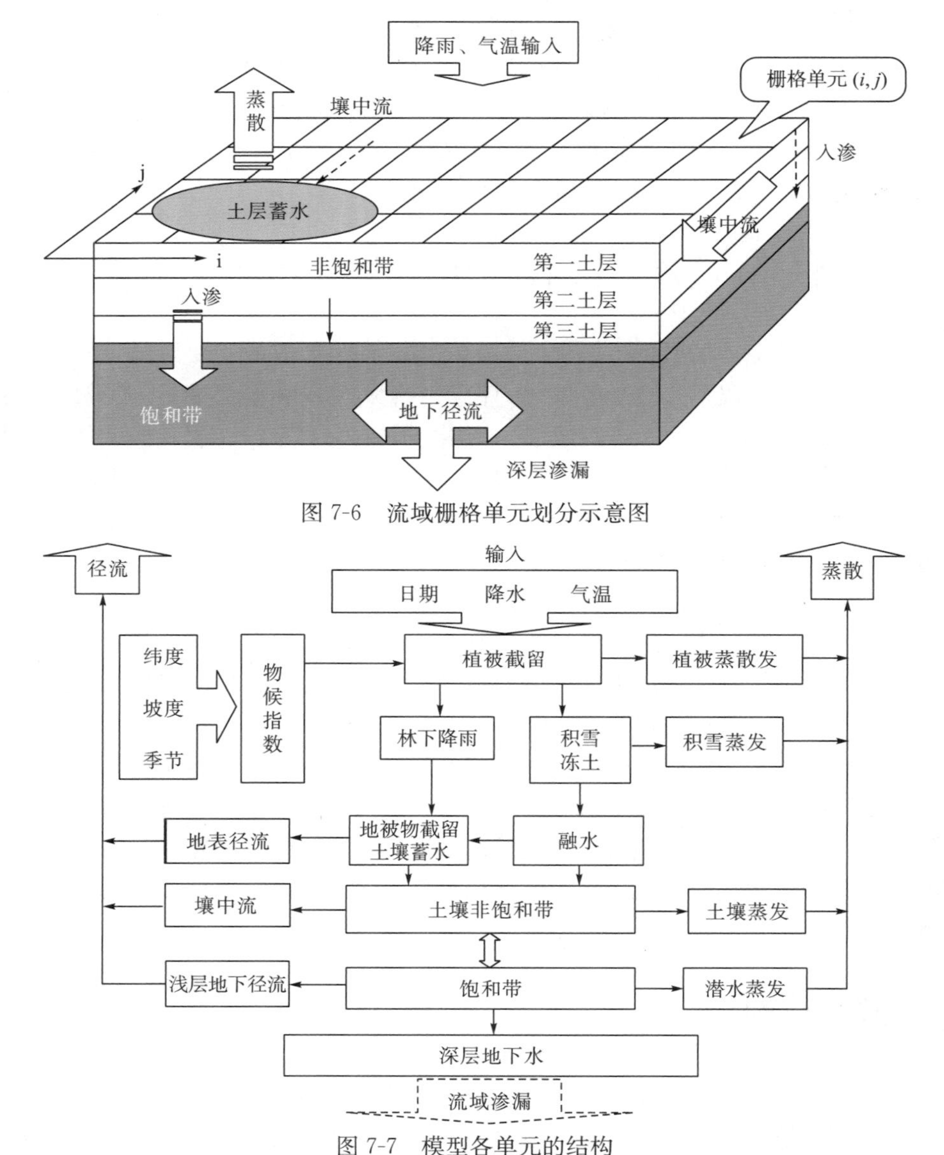

图7-6 流域栅格单元划分示意图

图7-7 模型各单元的结构

二、主要模块算法

模型输入主要包括大气降水、气温等气象参数，植被及土地利用类型、比例、面积等地表覆被参数，水力传导度、孔隙度、饱和含水量、田间持水量、土层蓄水量等土壤水分参数。模型输出主要有：流域总蒸散发、流域出口径流、浅层地下水径流、时段和日流量、林冠截留量。

模型设计流程可以分为两个阶段：①单元格内水量平衡计算确定某一时段内的水分收支；②整个流域水文网的壤中(侧向)流和地下水位动态的计算。就某一个单元格而言，计算采用 5 个计算模块(图 7-8)，分述如下。

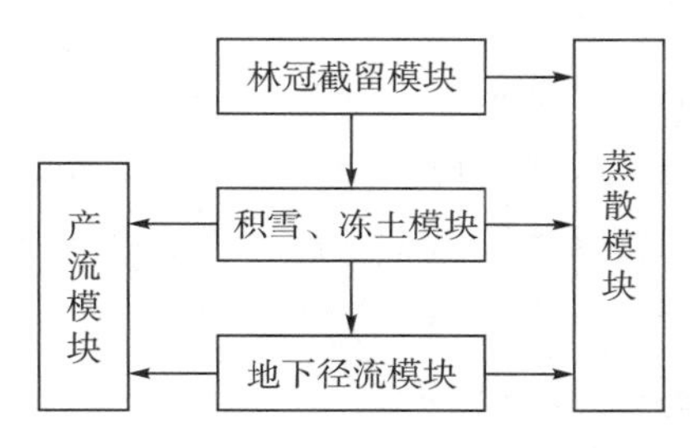

图 7-8　单元产流模块组成

(一)林冠截留模块

考虑到林冠层随植被类型和季节的变动而变化，该模型用物候指数(phenological index，PI)这一状态变量来描述林冠层的变动。

$$\mathrm{PI}=a+b\times\sin\frac{\mathrm{Doy}-91}{366}$$

式中，Doy 为序列日数(Julia day)；a，b 为系数。

林冠降雨截留(I，单位为 mm)根据林冠特征和季节来求算。

针叶林：$I=0.508+0.12\times P^{0.7}$；

阔叶林：$I=1.016+0.06\times P^{0.7}$。

式中，P 为降雨量，单位为 mm。

当 $P>P_{\mathrm{m}}$时：$I=P_{\mathrm{m}}$；$P<P_{\mathrm{m}}$时：$I=P$。

P_{m}为林冠最大截留量，随季节和植被类型的变化而变化($P_{\mathrm{m}}=\mathrm{PI}\times L_{\mathrm{m}}$)，$L_{\mathrm{m}}$是代表林地类型的参数，对于针叶林、阔叶林和灌草地，L_{m}分别取 7.62mm/d、2.03mm/d 和 1.27mm/d。

(二)积雪、冻土模块

在高纬度地区或高山带，气候寒冷，融雪及融冰是河流的重要补给水源，降雪、积雪及冰雪冻融过程是流域水文的重要特性。水文过程中冰雪的介入，使流域水文过程同时受水量平衡和热量平衡的控制，热量或温度成为必须考虑的水文因素，需要特别考虑如下一些与温度和冰雪有关的基本问题。

1. 降雨与降雪的区分

在山区，由于温度的垂直分带性，不同高程上的温度不同。一场降水在较低的地方可能以液态降水的形式出现，在较高的地方则会以固态降水的形式出现。降雨可以立即进入土壤或产生径流；而降雪则视地面温度而定，可能立即融化，与降雨发生同样的过程，也可能冻结，形成积雪，待融雪条件满足时融化。流域面上雨雪的物理性质造成降水在水文循环过程中的差别。

2. 积雪与融雪的判断

降雪如果不能立即融化，就形成积雪。积雪在什么条件下融化，决定于流域积雪的热状态和热量平衡。如果积雪没有达到融化的条件，则积雪储存在流域内，积雪形成一个特定的蓄水体。这个蓄水体对流域水文过程起着一定的调蓄作用，其蓄量即积雪量的估计是流域水量平衡的重要组成。

3. 融雪速率及融雪量的估计

当融雪条件满足时，积雪开始融化。需要计算融雪强度或速率以及在一定时段内的融雪量，以便确定流域水分的输入过程和对此输入的响应。融雪强度和融雪量决定于积雪的状态和融雪的热量平衡条件。

类似地，在地面温度低于零度的地方，土壤发生冻结，冻结将吸收土壤水分，成为固态水分积蓄，而在地面温度升高到零度以上之后，地表冻土发生融化，补充土壤有效水分。解决积雪冻土积累与消融的关键是地面温度，因此需要进行以下处理。

(1)根据气象站点的气温资料和气温-高程关系，进行区域插值获得每个网格单元上的气温以及各单元地表温度；

(2)根据观测站的降水资料和降水-高程关系，插值并作修正得出各个网格点上的降水；

(3)根据网格降水和气温，按临界气温标准判别每个网格上的降雪量和降雨量；

(4)如果气温(地温)低于0℃，计算网格积雪水量(积雪厚度)；如果网格为冻土网格，则推算冻结水量(冻土厚度)；

(5)如果气温(地温)高于0℃；计算单元融雪量和冻土消融量。

实际上，气温等于0℃并不能判别地面积雪冻结和消融，决定冻结消融的温度称为临界温度。建议用积雪形成温度参数T_s和冻土形成温度参数T_w来决定降落到流域下垫面上的降水的形式以及形成冻土的条件。用融雪速率系数M_s和冻

土融冰速率系数 M_i 来决定融水径流速率。模型中用气温 T_a 和地温 T_g 来决定降水形式和土壤水分物理状态。如果 $T_a<T_s$，则降水 P_t 为降雪，并在地面堆积；如果 $T_a<T_w$，土壤水分以一恒定速率结冰。当温度上升，积雪和冻土融化，融水渗入土层。

积雪：$T_g<T_s$：$\text{Snow}=P_t$

冻土：$T_g<T_w$：$\text{Frost}=(T_w-T_g)\times F_r$

融雪：$T_g>T_s$：$W_{snow}=(T_s-T_g)\times M_s$

融冰：$T_g>T_w$：$W_{ice}=(T_w-T_g)\times M_i$

其中，F_r 为地表土壤冻结速率。

实际上，地表面温度(T_g)通常不等于大气温度(T_a)，大部分时候地表温度都高于气温，采用气象站气温 T_a 来推算地表温度 T_g 需要作校正。

(三)蒸散模块

对于只有气温观测数据的输入，流域蒸散能力由 Hamon's 方程(1963)来求算：

$$\text{ET}=0.1651\times D_L\times\rho$$

式中，D_L 日内时间长度，计为日出到日落的时间的 1/12；ρ 为日均温下的饱和水汽压密度，单位为 g/m^3，用下式计算：

$$\rho=216.7e_s/(T_a+273.3)$$

式中，e_s 为饱和水汽压，($=6.108e^{17.28T_a/(T_a+237.3)}$)。

在具有水面蒸发观测 E_W 的情况下，还可以直接采用它来作为流域蒸散发能力指标。如果可以获得观测站的辐射数据，则采用彭曼公式计算流域蒸散发能力 ET 比采用 Hamons 公式的结果更好。

各单元格的总蒸散发量可由 ET 和土壤含水量 WT 来计算：

$$E=\text{ET}\,\frac{\text{WT}}{\text{WM}}$$

式中，WM 为土壤蓄水容量。在土壤分层，并且有树木生长时，考虑到树木根系层的分布深度，还将计算的总蒸散发量分别取自于不同深度的土层。

(四)产流模块

降水进入土壤，首先满足土壤张力水分亏缺，多余部分产生自由水(即径流)。对于土壤蓄水能力分布不均匀的流域(或单元格)，其水分分配模式如图 7-9。图中，f 为等于或小于流域某一点土壤蓄水容量 WM 的流域面积；F 为流域总面积。假设时刻 t 时的流域土壤初始含水量为 W_0，降雨量为 $P(t)$，均匀分布于流域各栅格单元内。降雨量大于土壤蓄水容量的面积将首先达到饱和而产流[$R(t)$]，而土壤蓄水容量大于降雨量的地区并不饱和，降雨只是增加了土壤的含水量(增加量为 ΔW)。随着降雨量的增加，更多的水分达到地面，也就使得更多的地区达到饱和。这就是标准的蓄满产流模式(新安江水文模型)的计算理论，模型中即以这种变源面积产流理论作为基础来计算时刻 t 时的产流：

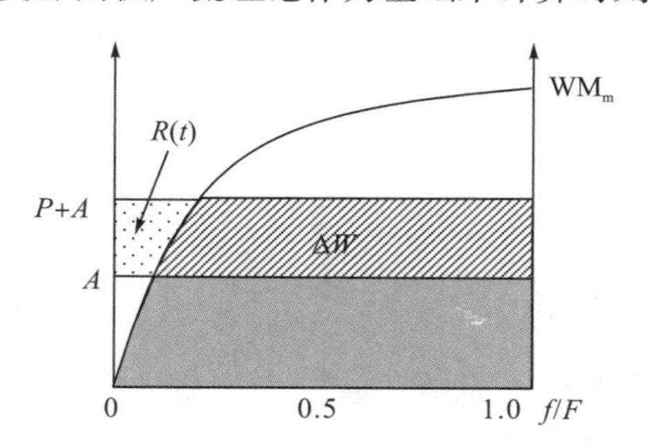

图 7-9 土壤蓄满产流模式图

$$R(t)=(B-A)+\mathrm{WM}[(1-A/\mathrm{WM_m})^{(1+Kb)}-(1-B/\mathrm{WM_m})^{(1+Kb)}]$$

式中，$A=\mathrm{WM_m}[1-(1-W_o/\mathrm{WM})^{[1/(1+Kb)]}]$；$B=A+P(t)$；$\mathrm{WM_m}$为 WM 的最大值[$=(1+K_b)\mathrm{WM}$]。

若 $A+P(t)<\mathrm{WM_m}$，则单元格地表是部分饱和的，产流用上式求算。当 $A+P(t)>\mathrm{WM_m}$，则整个单元地表是饱和的，产流用下式计算：

$$R(t)=W_o+P(t)-\mathrm{WM}$$

以上是标准新安江水文模型的产流计算模式，它实际上与前面的产流计算方法是完全一致的，只是所采用的土壤水分布曲线的类型不同。

鉴于网格划分的尺度(一般大于 10m)远大于张力水的作用范围，水分在非饱和带内各栅格间不进行水平交换运动。当土壤水分大于田间持水量时，水分只发生垂直向下运动。

(五)地下径流模块

深层地下径流量 $G(t)$用饱和带泄流系数来描述，模型中采用如下指数方程计算：

$$G(t)=\mathrm{Drain}\times\exp(-\mathrm{Dind}\times\mathrm{Depth})$$

式中，Drain 和 Dind 分别为地下水出流系数和分布曲线指数系数；Depth 是浅层地下水(即饱和带)埋深。

该模型可以反映饱和带与非饱和带间的水分传递交换量。地下水运动状态需要用饱和带和非饱和带界面的波动来描述，并利用多孔介质饱和流模型来模拟。

$$\frac{\partial}{\partial x}\left(K_x\frac{\partial H}{\partial x}\right)+\frac{\partial}{\partial y}\left(K_y\frac{\partial H}{\partial y}\right)-S=C\frac{\partial H}{\partial t}$$

式中，K_x、K_y分别为 x、y 方向上的水力传导度；H 为水头；S 为来自于降雨入渗或地下水的源或汇；C 为多孔介质比水容量。

为了计算变动界面下的地下水动态，前式可分为以下两步来求解，第一步计算相邻栅格单元间的径流量，第二步计算各单元格地下水径流通量引起的地下水位增量。

根据 Darcy 定律，栅格单元(i, j)在 x 方向和 y 方向上的径流通量分别为

$$\Delta \text{flow}_x = A_x K_x [H(i+1) - H(i)]/[L(i+1) - L(i)] + A_x K_x [H(i-1) - H(i)]/[L(i-1) - L(i)]$$

$$\Delta \text{flow}_y = A_y K_y [H(j+1) - H(j)]/[L(j+1) - L(j)] + A_y K_y [H(j-1) - H(j)]/[L(j-1) - L(j)]$$

式中，A_x和A_y分别为单元格(i, j)在 x 和 y 方向上的截面面积；$L(i)$、$L(j)$分别为 i、j 的坐标。则单元的水量增量为

$$S = \Delta \text{flow}_x + \Delta \text{flow}_y + \text{Up}_{\text{drain}} - G(t)$$

式中，Up_{drain}为饱和带与非饱和带间的交换量；$G(t)$为地下深层岩层渗透量，即深层地下水出流量。

土壤层水分的动态输入与排出使地下水位也时刻处于动态变化中。模型模拟地下水位状态是通过饱和带与非饱和带间界面的水量平衡来描述的。假设非饱和带初始含水量为 W_o，由于入渗使得土壤含水量从 W_o向土壤饱和含水量 W_{sat}增加，土壤的排水过程即是土壤含水量从 W_{sat}向田间持水量 W_{field}的降低过程。由此，地下水位的增量 D_w由下式计算：

$$S>0 \text{ 时}，D_w = S/(W_{\text{sat}} - W_o)；$$

$$S<0 \text{ 时}，D_w = S/(W_{\text{sat}} - W_{\text{field}})$$

则时间 $t + \Delta t$ 时的地下水位 STG 为

$$\text{STG}(t + \Delta t) = \text{STG}(t) + D_w$$

（六）坡地侵蚀产沙模块

研究的区域为丘陵区小流域，山区侵蚀以坡面侵蚀为主，USLE 模型（Wischmeier and Smith，1960）考虑因素比较全面，发展成熟，在国内外得到广泛应用，比较适合于研究区网格单元的侵蚀模拟，其公式为

$$A_i = R \cdot K \cdot L \cdot S \cdot C \cdot P$$

式中，A_i为单元土壤侵蚀量，单位为 t/d；R 为降雨侵蚀力因子，为降雨强度与降雨量的度量；K 为土壤可蚀性因子；L 为坡长因子；S 为坡度因子；C 为作物（管理）因子；P 为水土保持措施因子。

通用土壤流失方程中各个因子的计算如下。

（1）降雨侵蚀力因子（R）：卢喜平（2006）在北碚歇马的紫色土丘陵区进行人工模拟降雨侵蚀力的试验，发现 R 和降雨的最佳表达关系式为

$$R = 2.2944P + 0.066P^2 \tag{6-8}$$

式中，R 为次降雨侵蚀力，单位为 J * mm/m² * min；P 为次降雨量，单位为 mm。

（2）土壤可蚀性因子（K）：直接测定 K 值要求条件苛刻，一般用土壤性质推

算土壤 K 值，最常用的方法使用可蚀性诺谟图。自从 1956 年 Wischmeier 等提出 USLE 方程以来，土壤可蚀性 K 值作为方程中的重要组成参数，K 值的计算方法问题得到广大学者的关注和深入研究，提出了不同的土壤可蚀性评价指标和方法。大体可归纳为土壤理化性质测定法、仪器测定法、小区观测法和数字模型等。由于此前还未见对西藏土壤可蚀性的专门研究报道，基础资料极少。考虑到 K 值计算的科学性和可操作性，选取 Sharply 和 Williams 等 1990 年在 EPIC(erosion productivity impact calculator)模型中提出的下述计算公式：

$$K=\{0.2+\exp[-0.0256SAN(1-SIL/100)]\}\times[SIL/(CLA+SIL)]^{0.3}\times\{1.0-0.025C/[C+\exp(3.72-2.95C)]\}\times\{1.0-0.7SN_1/[SN_1+\exp(-5.51+22.9SN_1)]\}$$

式中，SAN 为砂粒含量，单位为%；SIL 为粉粒含量，单位为%；CLA 为黏粒含量，单位为%；C 为有机碳含量，单位为%；$SN_1=1-SAN/100$。

在此公式中，要求土壤颗粒分析标准为美国制，而西藏土壤普查中土壤颗粒分析采用的是国际制，因此必须由国际制转换为美国制。转换过程应用了 $y=ax^b$ 和 $y=ax^2+bx+c$ 在计算机上模拟实现，其复相关系数 R^2 均在 0.99 以上，结果可靠。根据转换而来的资料代入公式，得到西藏主要土类的土壤可蚀性 K 值(表 7-1)。

表 7-1 西藏土壤质地与可蚀性 K 值

土壤类型	层次	土壤沙粒粒径			K 值
		2～0.05	0.05～0.002	<0.002	
高山荒漠土	A	77.58	19.33	3.09	0.2164
	B	81.49	15.02	3.49	0.1586
高山寒漠土	A	65.34	24.87	9.79	0.3388
	B	64.89	25.44	9.67	0.3473
高山草原土	A	66.86	21.42	11.72	0.3009
	B	65.35	21.76	12.89	0.3122
高山草甸－草原土	A	62.40	23.13	14.47	0.3322
	B	62.45	23.91	13.64	0.3444
亚高山草原土	A	58.80	28.18	13.02	0.3965
	B	59.07	27.22	13.71	0.3911
亚高山草甸草原土	A	58.75	28.76	12.49	0.4015
	B	61.92	26.20	11.88	0.3629
高山草甸土	A	53.40	32.76	13.84	0.4696
	B	54.96	30.47	14.57	0.4382

续表

土壤类型	层次	土壤沙粒粒径			K 值
		2～0.05	0.05～0.002	<0.002	
亚高山草甸土	A	50.96	34.21	14.83	0.4994
	B	50.58	33.26	16.16	0.4946
盐碱土	A	13.91	40.79	45.30	0.8991
	B	6.97	57.73	35.30	1.2309
沼泽土	A	51.88	31.70	16.42	0.4669
	B	54.66	29.95	15.39	0.4339
草甸土	A	57.12	30.42	12.46	0.4258
	B	57.42	29.95	12.63	0.4259
灰化土	A	59.04	25.16	15.80	0.3653
	B	49.20	28.60	22.20	0.4493
深棕壤	A	52.25	32.63	15.12	0.4747
	B	51.51	33.40	15.09	0.4874
棕壤	A	56.93	30.84	12.23	0.4306
	B	57.63	30.43	11.94	0.4233
黄棕壤	A	54.65	31.47	13.88	0.4492
	B	55.89	31.20	12.91	0.4399
黄壤	A	61.39	25.86	12.75	0.3604
	B	66.63	23.06	10.31	0.3106
红壤	A	56.22	28.08	15.70	0.4069
	B	65.47	21.63	12.90	0.3060
褐土	A	55.88	30.88	13.24	0.5057
	B	55.16	30.20	14.64	0.5077

(3)坡长、坡度因子(L，S)：根据前人的研究(Wischmeier et al.，1978；Sanjay et al，2001)，坡长(L)和坡度(S)可通过下式计算：

$$L=(r/22.13)^m$$

$$S=(0.43+0.30s+0.043s^2)/6.613$$

式中，r 为栅格大小，此处取值 1000m；m 为坡度指数；s 为坡度百分比。

利用 Wischmeier 和 Smith(1978)提出的不同坡度选用不同的指数对 m 赋值。坡度级分为 4 级：<1%；1%～3%；3%～4.5%；≥4.5%。相应的 m 值分别为 0.2、0.3、0.4、0.5。利用这种方法，将坡度值输入可得 m 值图。

(4)作物(管理)因子和水土保持措施因子(C，P)：C 值主要受植被覆盖度

(V)和土地利用现状的制约，这里将参考江忠善等(1996)研究，结合研究区小流域的实际情况利用如下公式计算 C 因子：

$C=1$　　$V=0$

$C=0.6508-\log 0.3436$　　$0<V<78.3\%$

$C=0$　　$V>78.3\%$

水土保持防治措施因子 P 是采用专门措施后的土壤流失量与顺坡种植时的土壤流失量的比值，其范围为 0~1，0 代表根本不发生侵蚀的地区，而 1 代表未采取任何控制措施的地区。通常的侵蚀控制措施有等高耕作、修梯田等。P 因子具体计算公式也是特定保持措施下的土壤流失量与相应未采取实施保持措施的顺坡耕作地的土壤流失量之比。本书参考刘宝元(1998)研究确定研究区小流域的 P 值：自然植被和坡耕地 P 因子为 1，农村居民点为 1，灌木丛和果园为 0.8，梯田为 0.35。

(七)泥沙输移及沉积模块

流域出口产沙最直接的影响因子为流域降雨侵蚀量、径流及流域泥沙库容量，流域泥沙的输移通过径流与泥沙库容量确定。流域土壤侵蚀量与流域泥沙库容量构成流域出口泥沙的来源。其中，流域土壤侵蚀量一部分沉积于坡脚；另一部分被坡面流携带进入塘库沟道，进入塘库沟道的这部分侵蚀量构成流域泥沙库泥沙来源，进入塘库沟道的土壤侵蚀量与泥沙库原有库容量一起反映流域侵蚀的可输移量，这个量也是出口端可能最大泥沙输出量。径流是泥沙输移的动力因子，反映泥沙的输移能力，径流可挟带的最大泥沙量可由泥沙挟沙能力公式计算，该计算值也构成流域出口端可能最大泥沙输出量。流域泥沙库进入塘库沟道的土壤侵蚀量与出口端泥沙输出量的差值就是流域泥沙库的变动量，反映流域泥沙库的沉积或冲刷情况。流域出口泥沙流失量与流域出口流量成正相关，与库内沉积的泥沙总量也成正相关。

通过拟合发现，山丘区小流域出口端泥沙输出量 Qs 与流域出口流量 Q 的二次函数及泥沙库容量 V 的幂函数相关性最好，其计算公式可表示为

$$Qs=k_1\cdot(a\cdot V^b+c)\cdot(d\cdot Q^2+e\cdot Q+f)$$

式中，V 为泥沙库内的泥沙沉积量，单位为 t；k_1为泥沙系数；a、b、c、d、e、f 为拟合参数。

泥沙库容量 V 与径流泥沙挟沙能力 S_m 是出口端泥沙输出量 Qs 的最大值，构成 Qs 计算的两个约束条件：

$$Qs<S_m$$

$$Qs<V$$

式中，S_m为流域出口水流泥沙夹沙能力，单位为 t/d，可参考张瑞瑾公式(张瑞瑾，1963)计算：

$$S_m=k_2\cdot U^3/(g\cdot H\cdot\omega)$$

式中，U 为流域出口水流流速；ω 为泥沙沉降速度；k_2 为系数；U 为水流的垂线平均流速；g 为重力加速度；H 为水深。

在模拟计算中，库内流速 U(m/s)需要通过流量 Q(m^3/s)来计算，一般可以建立如下关于流量和流速的线性关系：

$$U=k_3\cdot Q$$

式中，k_3 为流量、流速关系系数。

泥沙库容量 V 通过下式计算：

$$V=V_{t-1}+I_{S(t-1)}-Q_{S(t-1)}$$

式中，V_{t-1} 为泥沙沉积库前一日的泥沙沉积量，单位为 t；$I_{S(t-1)}$ 为前一日入库流域侵蚀量，单位为 t；$Q_{S(t-1)}$ 为前一日流域出口泥沙流失量，单位为 t。入库流域侵蚀量与流域侵蚀量 A 的关系为

$$I_S=k_4\cdot A$$

式中，k_4 为进入泥沙库的流域侵蚀量比率系数。

三、模型参数

模型参数是对模拟系统具体特点的量化，模型参数的选取与率定在一定程度上决定了模型的精度与适用性。模型选用的参数不但可以分别代表系统的时空尺度、单元组成、耦合关系以及质能传递函数等特征，而且还是分析和预测系统不同时空尺度上格局动态的基础。

这里介绍的分布式水文模型所需参数较少且均具有一定的物理意义，分别代表了森林流域的主要特征。模型的主要参数有：①流域土地利用方式(林地、农业用地、居民地、城市用地、裸地、水面等)的比例、面积；②流域蒸散参数(蒸散折算系数、植被蒸腾在不同土层内的耗水权重、土壤蒸发系数、积雪蒸发系数等)；③土壤水分运动参数(土壤孔隙度、饱和含水量、田间持水量、水力传导度、比水容量、土层蓄水量等)；④积雪温度、冻土温度、融雪速率系数及融冰速率系数；⑤水源分配(壤中流、浅层与深层地下水)与汇流(壤中流和浅层地下径流消退系数等)以及地下水位初始高程等。其中，单元格土地利用方式与土壤垂直分层等参数是决定该模型实现分布特性的主要参数。

模型中的流域植被分布、地理特征等分布式参数是随流域特征而不同的，需要通过遥感影像和实地调查获得。但部分参数可以根据试验和模拟结果优选来确定。作为一个说明性实例，贡嘎山海螺沟的黄崩溜小沟流域栅格单元划分情况如图 7-10 所示，植被分布情况见表 7-2。在野外和室内试验获取的各栅格单元内的植被、土壤等实测数据的基础上，利用黄崩溜沟流域 1995～1996 年实测的气象、水文等资料对模型参数进行了率定，参数率定值列入表 7-3。

图 7-1 的流域网格选取为粗网格。对于实际应用来说，应该尽可能地选择较

细的网格划分。而与GIS的DEM结合的网格可以更复杂，以充分反映地形和土地覆盖的变化为宜。

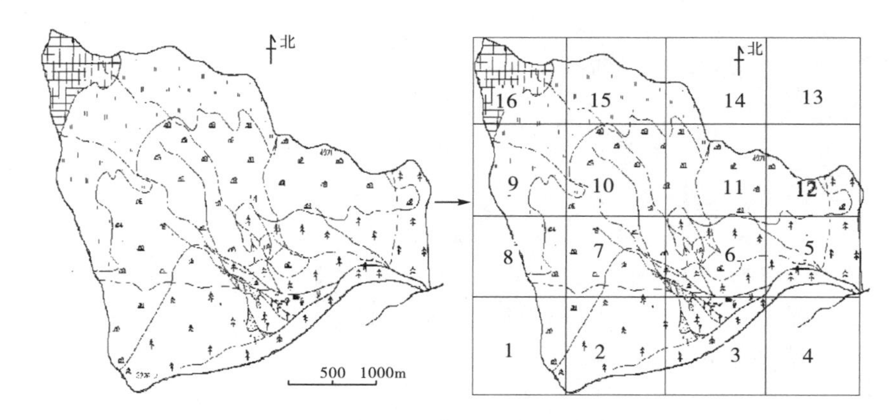

图7-10 海螺沟黄崩溜流域栅格单元划分

表7-2 海螺沟黄崩溜流域单元格土地覆被参数

单元编号	针叶林面积比/%	阔叶林面积比/%	混交林面积比/%	灌草地面积比/%	居民地面积比/%	商业地面积比/%	水体面积比/%	有效单元面积/km²
1	25	0	0	75	0	0	0	0.15
2	100	0	0	0	0	0	0	0.66
3	95	5	0	0	0	0	0	0.36
4	90	0	10	0	0	0	0	0.00
5	80	0	20	0	0	0	0	0.66
6	80	0	10	10	0	0	0	0.73
7	0	0	20	80	0	0	0	0.73
8	0	0	0	100	0	0	0	0.36
9	0	0	0	100	0	0	0	0.66
10	0	0	0	100	0	0	0	0.73
11	0	0	0	100	0	0	0	0.69
12	20	0	0	80	0	0	0	0.36
13	0	0	0	0	0	0	0	0.00
14	0	0	0	100	0	0	0	0.11
15	0	0	100	100	0	0	0	0.66
16	0	0	0	100	0	0	0	0.62

表7-3 海螺沟黄崩溜沟流域模型参数率定值

参数	参数含义	参数值
Latitude	纬度	29.5°N
Delt_r,delt_c	栅格单元大小(长，宽)	950m,750m
Nrow,Ncol	栅格行列数	4,4

续表

参数	参数含义	参数值
E_K	蒸散折算系数	0.60
$E_1 \sim E_3$	蒸腾在第1～3土层内的耗水权重	0.65,0.25,0.10
E_s	土壤蒸发系数	0.15
T_s	积雪开始温度	−1.00℃
T_w	冻土开始温度	−3.00℃
M_s	融雪速率	0.60mm/℃
M_w	融冰速率	0.10mm/d
KE_{snow}	积雪蒸发系数	0.10
K	水力传导度	5.00m/d
Porous	土壤孔隙度	0.55
W_{sat}	土壤饱和含水量	0.50
W_{field}	田间持水量	0.30
Wiltpoint	凋萎系数	0.05
$Thick_1 \sim Thick_3$	1～3土层的蓄水量	300,400,500mm
C_s	壤中流消退系数	0.80
C_g	浅层地下水消退系数	0.95
Drncoef	地下径流出流系数	1.80
Dpdrncoef	深层地下水排泄系数	1.80
D_{ind}	土壤水分分布曲线幂指数	0.60
Up_{drain}	饱和非饱和带水分交换系数	0.99

在控制模拟年径流总量与实测径流总量基本吻合的基础上，用确定性系数 D_y 来评定模型的有效性。确定性系数 D_y 由下式计算：

$$D_y = 1 - \frac{S_e^2}{\sigma_y^2}$$

$$S_e = \sqrt{\frac{\sum (y_i - y)^2}{n}} \qquad \sigma_y = \sqrt{\frac{\sum (y_i - \bar{y})^2}{n}}$$

式中，S_e为预报误差的均方差；σ_y为实测值均方差；y_i为实测值；y 为计算值；$\bar{y}$ 为实测值均值；n 为模拟的时段数。在两年率定周期内，模型的确定性系数分别为0.65和0.82(表7-4)。

表7-4 海螺沟黄崩溜沟流域模型率定结果(1995～1996年)

年份	实测值/mm				模拟值/mm				确定性系数 D_y
	总量	日均	最大	最小	总量	日均	最大	最小	
1995	966.8	2.65	12.2	0.14	956.3	2.62	11.45	0.74	0.65
1996	1068.1	2.92	10.36	0.05	1072.7	2.93	10.38	0.55	0.82

注：1995年1～4月径流缺测，表中统计为5～12月

四、模型对话界面

该分布式水文模型采用 DelphiPasscal 语言编写，在 Borland Delphi 7 系统下编译成可执行程序。由于该模型结合了子流域的 DEM 数据和 LUCC 数据，为了增加模型系统的可视化能力，便于查看流域地形和土地覆被图像，而且不用安装传统的 ArcGIS 系统，本模型嵌入了具有空间图像处理能力的袖珍 Sufer 软件，因此需要在运行本模型的计算机中安装 Sufer 8 以上的软件(大约 30MB)(图 7-11)。

图 7-11 分布式水文模型主界面

在启动模型之后，在屏幕中央显示如上系统主界面，其中左上方为操作菜单，左边为快捷按钮，左上角为子流域列表框，中央窗口为结果显示区。

可以利用操作菜单或者快捷按钮进行模型参数显示与修改、模型输入文件路径显示与修改、各个子流域的地形、坡度和土地利用类型显示，也可以显示已经计算过的各个子流域的结果(径流过程、输沙过程、冻土积雪过程、径流统计表、侵蚀泥沙统计表)。或者直接点击“模拟计算”按钮开始进行计算，在计算的过程中，计算的进度(计算的子流域编号和计算的日数)用进度条显示在“模拟计算”按钮之下。

例如点击“流域地表图”按钮，系统模型将在主窗口出现页面标签，分别是“阴影地形图”、“坡度图”和“土地利用图”。用鼠标点击“阴影地形图”页面标签，将显示如图 7-12 所示。

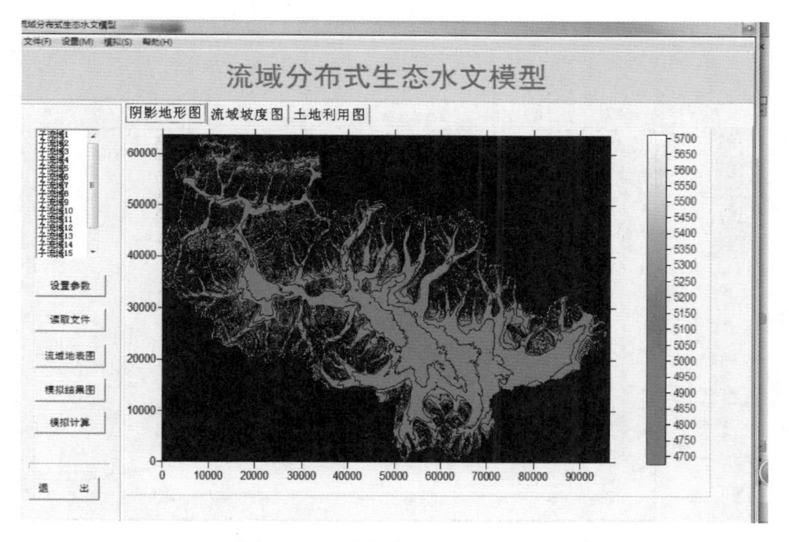

图 7-12　子流域的阴影地形图

在这个图形显示下，如果用鼠标在子流域列表框中双击其中任何一个子流域名称，将在主窗口中显示该子流域的地形图。

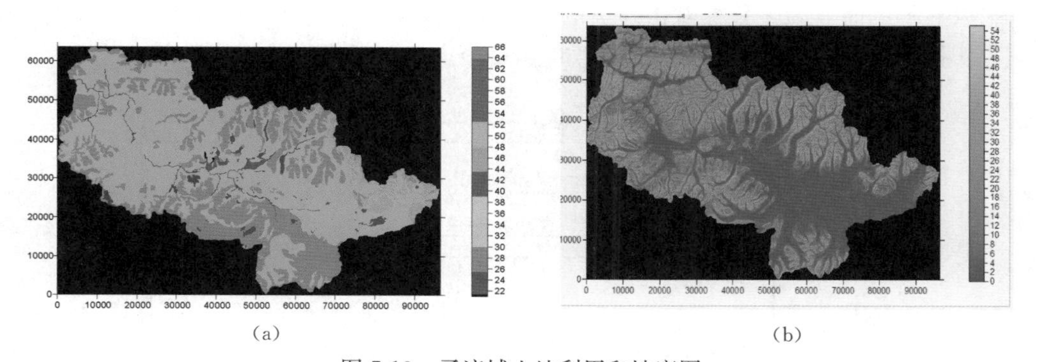

图 7-13　子流域土地利用和坡度图

同样地，点击主窗口的土地利用标签或者坡度图标签，将在窗口中出现子流域的这两种属性显示(图 7-13)，用鼠标在子流域列表框中双击一个子流域名称，将切换显示该子流域的图形。

点击“模拟计算”快捷按钮，系统将开始进行计算，计算过程将分别对各个子流域进行单独的降雨径流和侵蚀产沙相关的计算，各个子流域计算完成之后，还要进行全流域的河网汇流计算。最后的结果分别存在 Output 目录中，并且在主窗口显示相关计算结果。对于一个流域的主要计算结果(径流过程、输沙过程、积雪冻土过程、结果统计等)的显示界面如图 7-14～图 7-17 所示。

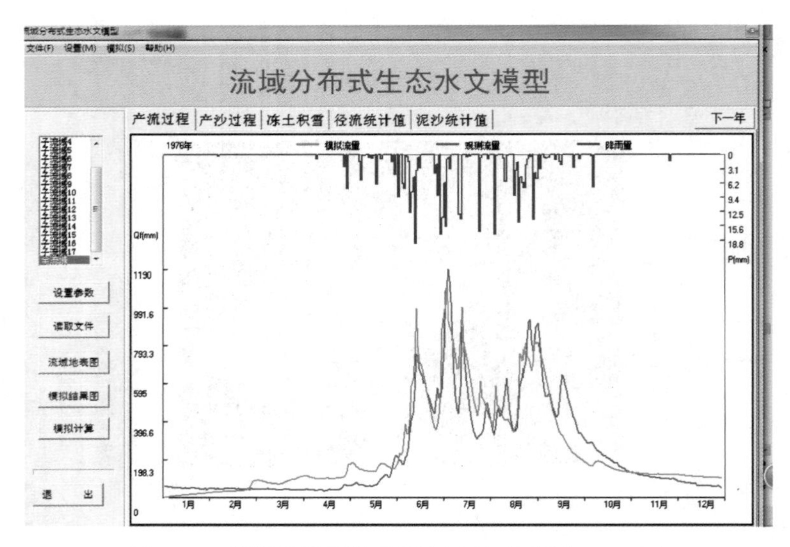

图 7-14 模拟计算的降雨径流过程(拉萨站 1976 年)

在这个计算结果显示窗口中，用鼠标点击上面的页面标签，可以分别显示一个子流域的产沙过程、冻土积雪、径流统计、泥沙统计等结果。同样地，在一个结果显示的时候，用鼠标双击左边的子流域列表框中的一个子流域名称，可以随时切换到该子流域的结果显示上，如图 7-15～图 7-17 所示。

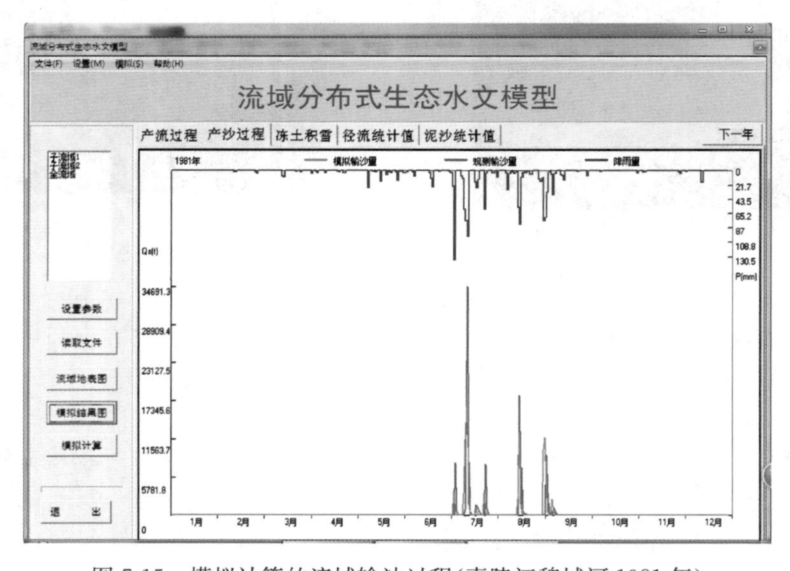

图 7-15 模拟计算的流域输沙过程(嘉陵江魏城河 1981 年)

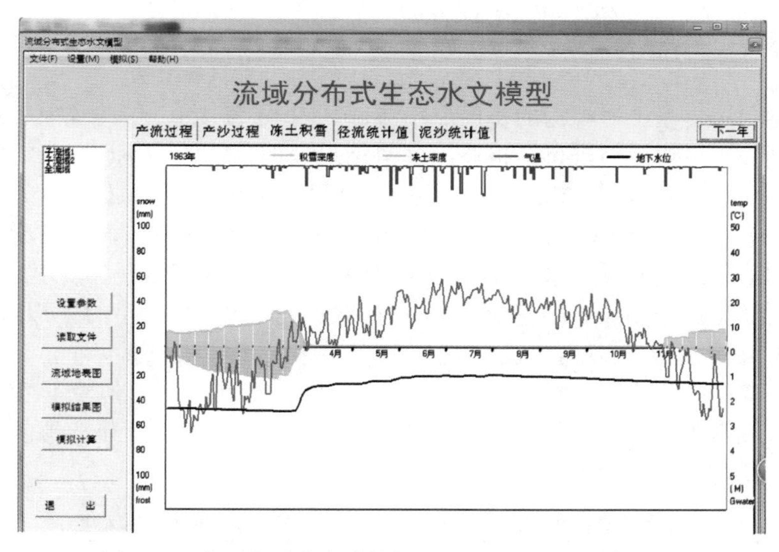

图 7-16　典型寒区小流域模拟的积雪冻土过程(1966 年)

文件(F)　设置(M)　模拟(S)　帮助(H)

流域分布式生态水文模型

产流过程 | 产沙过程 | 冻土积雪　径流统计值 | 泥沙统计值　　下一年

年月	天数	实测平均流	模拟平均流	流量平均差	流量标准差	相关系数	实测径流深	模拟径流深	降雨量	蒸发量	截留雨量	土壤排水量
01-1981	31	0.009	0.041	0.032	0.000	-0.779	0.281	1.272	1.650	17.777	0.168	0.022
02-1981	28	0.012	0.074	0.062	0.000	-0.240	0.330	2.079	12.850	17.170	0.723	0.174
03-1981	31	0.009	0.111	0.101	0.000	0.067	0.290	3.426	23.400	23.353	1.252	0.318
04-1981	30	0.000	0.146	0.146	0.000	0.990	0.000	4.383	26.450	28.132	1.473	0.360
05-1981	31	0.017	0.385	0.368	0.001	0.186	0.524	11.942	76.900	52.122	4.602	1.052
06-1981	30	0.197	0.417	0.221	0.003	0.047	5.902	12.517	64.100	71.920	4.413	0.880
07-1981	31	9.423	9.415	-0.008	4.690	0.734	292.118	291.864	533.350	116.447	19.688	31.913
08-1981	31	5.399	6.434	1.035	2.930	0.692	167.357	199.439	339.250	73.313	15.211	24.194
09-1981	30	5.000	5.872	0.872	4.414	0.465	149.990	176.156	188.400	53.331	4.826	22.892
10-1981	31	0.077	0.263	0.186	0.000	0.925	2.394	8.160	7.000	36.746	0.614	0.444
11-1981	30	0.053	0.218	0.165	0.000	0.413	1.581	6.538	12.300	10.787	0.772	0.630
12-1981	31	0.040	0.296	0.256	0.001	0.621	1.246	9.182	20.150	15.197	1.107	1.013
1981全年	365	1.704	1.992	0.288	0.083	0.720	622.014	726.959	1305.800	516.294	54.849	83.893

设置参数　读取文件　流域地表图　模拟结果图　模拟计算　退　出

图 7-17　模拟结果统计表

五、模型检验

水文模型的时间步长 Δt 可以在 1～24h 之间设置，取决于输入的变量(降雨和气温)的时间间隔，一般可以采用日时段(24h)步长。系统输入某时段的降水量和气温，即可以计算出流域出口输出的径流过程，同时也可以得到流域总出流的径流组成、水分动态、地下水位变化和流域蒸散量等。

(一)贡嘎山 3000m 站小流域验证

这里利用贡嘎山海螺沟的黄崩溜小流域 2000 年和 2001 年的气象、水文、植被、土壤等资料对模型进行了检验。模拟结果表明：2000 年和 2001 年两年的流域出口年总径流模拟值分别为 994.2mm、1095.2mm，年径流系数分别为 0.55 和 0.56。从两年的模拟结果来看，对 2001 年的模拟效果较好，年径流总量模拟值与实测值间的绝对误差和相对误差分别为 75.3mm 和 7.38%，实测径流过程与模拟的径流过程相关系数达到 0.78；比较而言，对 2000 年的模拟效果较差，年径流总量模拟值与实测值间的绝对误差和相对误差分别达到了 98.6mm 和 11.0%，实测径流过程与模拟径流过程的相关系数为 0.67。但总的看来，对黄崩溜沟流域两年的模拟还是能较好地吻合实际径流过程的，两年模拟的确定性系数分别达到了 0.61 和 0.75(表 7-5 和图 7-18)。

表 7-5 模型在黄崩溜沟流域的模拟效果检验(2000～2001 年)

年份	实测值/mm				模拟值/mm				确定性系数 D_y	相关系数 r^2
	总量	日均	最大	最小	总量	日均	最大	最小.		
2000	895.6	2.45	10.00	0.00	994.2	2.72	10.76	0.42	0.61	0.67
2001	1019.9	2.79	13.40	0.00	1095.2	3.45	16.53	0.54	0.75	0.78

另外，由于该暗针叶林流域几乎很少出现地表径流，所以流域出口断面径流的主要成分是壤中流和浅层地下水径流。从流域出口断面径流的组成成分季节变化来看，干季的径流成分主要是浅层地下水径流组成的基流，而壤中流比例很小。干季的浅层地下水径流和壤中流分别占干季总径流的 76.7%和 23.3%。而在湿季，则恰恰相反，随着雨季的来临，由降雨形成的径流成分(主要是壤中流)占据了流域出口断面径流成分主导地位，此期浅层地下水径流和壤中流占湿季总径流的比例分别变为 28.4%和 74.3%。从全年的径流组分来看，壤中流和浅层地下水径流量分别占年总径流量的 62.8%和 37.2%(表 7-6)。

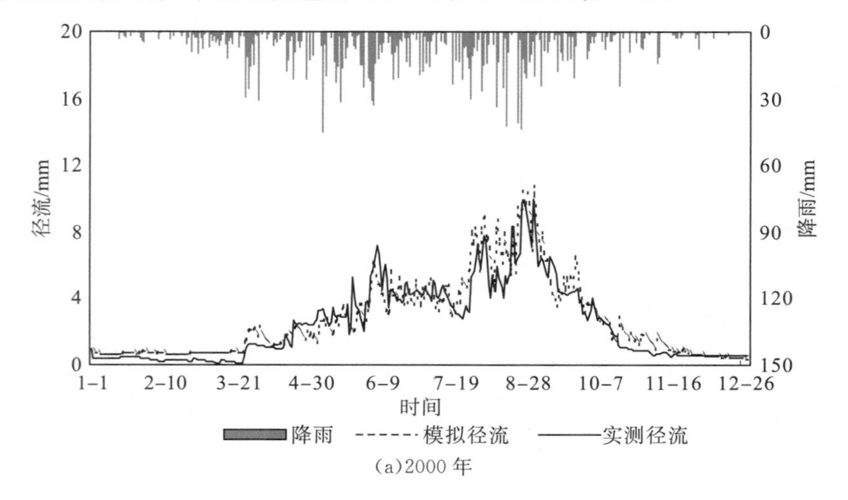

(a)2000 年

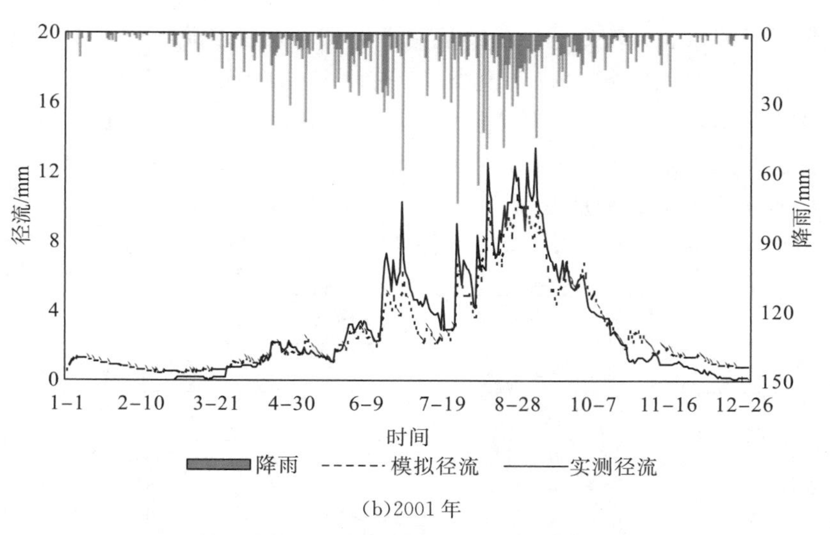

(b)2001 年

图 7-18　黄崩溜沟流域实测与模拟径流过程

表 7-6　黄崩溜沟流域水文过程的历年模拟结果统计

年份	降雨 P/mm	径流 R/mm	壤中流 R_s/mm	地下径流 R_g/mm	饱和非饱和带交换 UD/mm	蒸散 AET/mm	林冠截留 I/mm	深层渗漏 L/mm
1989	1922.9	1142.5	740.4	402.1	379.5	280.1	274.2	226.2
1990	2070.8	1224.4	817.7	406.6	452.8	285.3	272.9	288.2
1991	1947.2	1196.0	790.4	405.6	424.3	291.9	281.3	177.9
1992	1867.1	1126.3	717.4	408.9	427.9	282.6	276.0	182.2
1993	1820.9	1097.5	690.6	406.8	429.3	292.8	277.8	152.9
1994	1824.2	1118.7	722.8	395.9	395.5	285.3	271.6	148.6
1995	1941.1	1145.3	729.2	416.1	455.9	296.2	281.8	217.9
1996	1822.9	1072.7	674.4	398.3	376.0	294.5	275.6	180.1
1997	2175.4	1366.2	933.7	432.5	451.6	283.6	275.7	249.9
1998	1929.1	1191.8	797.8	394.0	381.0	294.3	275.2	167.9
1999	2117.6	1295.5	905.9	389.6	398.6	295.2	273.6	253.3
2000	1809.1	994.2	613.5	380.7	424.3	305.7	277.1	232.1
2001	1939.0	1095.2	698.2	397.0	435.1	324.5	284.7	234.3
平均	1937.5	1158.9	756.3	402.6	417.8	293.2	276.7	208.6
变异系数/%	1.7	2.5	3.4	0.9	1.9	1.1	3.8	5.6

为反映暗针叶林流域较长时段内的水文过程，采用与表 7-2 相同的参数，利用模型对黄崩溜沟流域 1989～2000 年的水文过程进行了模拟，模拟结果见表 7-6 及各水文要素的年际动态图(图 7-19～图 7-20)。从历年的模拟结果来看，流域断

面出口年总径流量和径流组分中壤中流量受降雨输入的较大影响，变动幅度也较大，而其他水文要素的年际波动较小。其中，流域断面出口年总径流量变动为994.2～1366.2mm，年平均总径流量为1158.9mm，加上深层地下渗漏水量，流域年平均总径流量是1367.5mm，年径流系数为0.71；径流组分中的壤中流、浅层地下水径流的年总量分别变动为613.5～933.7mm和380.7～432.5mm，年平均分别为756.3mm和402.6mm，分别占年均总径流量的65.3%和34.7%。

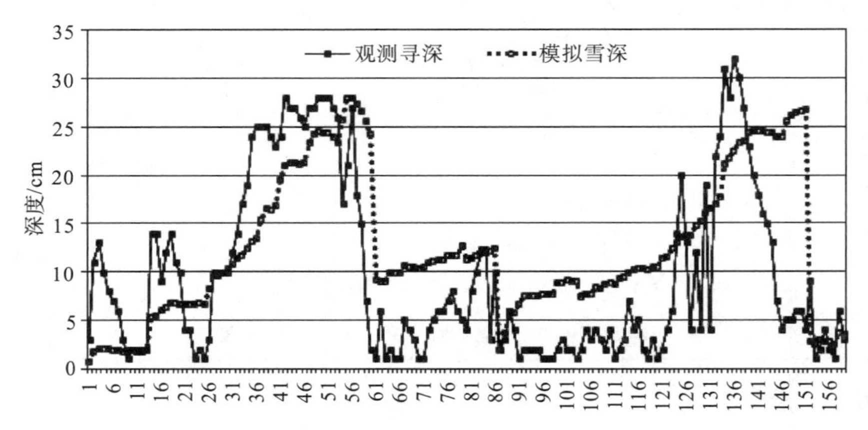

图 7-19　模拟雪深与实测雪深

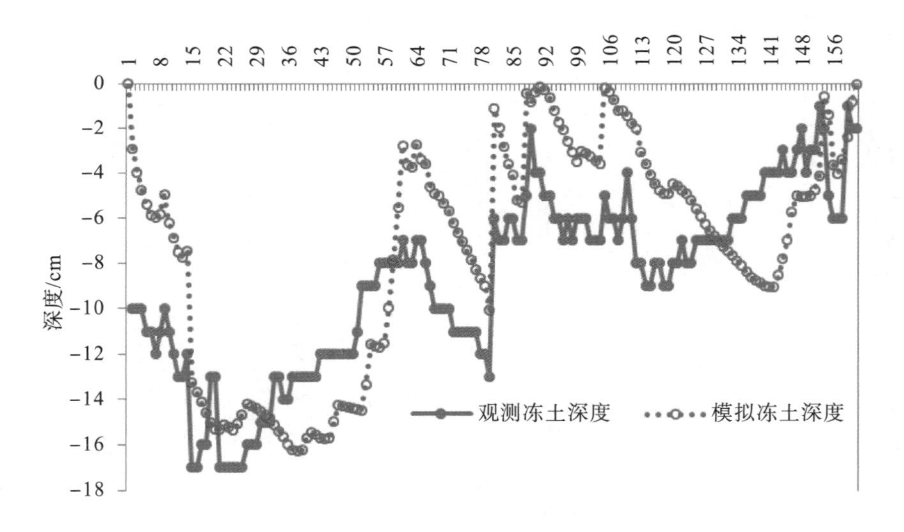

图 7-20　模拟冻土深度与实测冻土深度

(二)西藏拉萨河流域验证

模型还选取了拉萨河流域作为高寒地区大尺度流域的典型流域进行模型的验证。利用拉萨河流域1977年和1980年的气象、水文、植被、土壤等资料对模型进行了检验。模拟结果表明：1977 年和 1980 年两年的流域出口年总径流模拟值分别为 133.7mm、189.1mm，年径流系数分别为 0.25 和 0.33。从两年的模拟结果来看，两年的模拟效果都较好，1977 年和 1980 年径流总量模拟值与实测值间的相对误差分别为 5%和 1.09%，实测径流过程与模拟的径流过程相关系数分别达到 0.97 和 0.98；两年模拟的确定性系数也分别达到了 0.941 和 0.968。总的看来，两年的模拟效果吻合实际径流过程，并且大尺度流域的模拟效果比小尺度流域好(图 7-21 和表 7-7)。

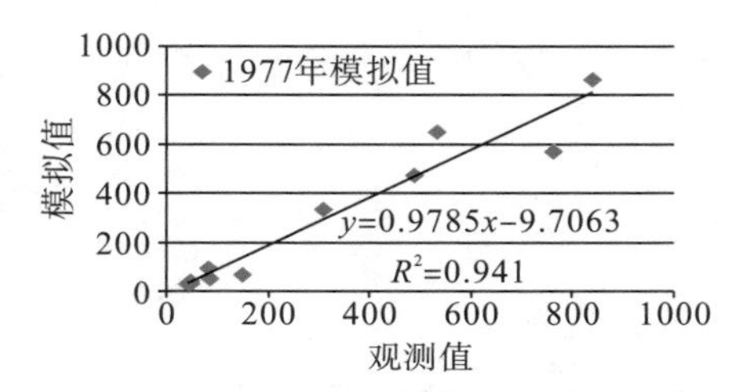

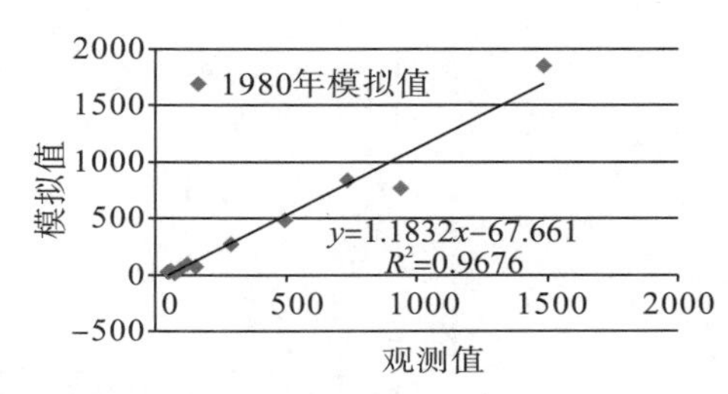

图 7-21　拉萨河流域出口各月流量(m^3/s)对比图(1977～1980 年)

表 7-7　1977 年和 1980 年拉萨河流域模拟流量与实测流量对照表

年	月	1月	2月	3月	4月	5月	6月	7月	8月	9月	10月	11月	12月
1977年	实测流量/(m^3/s)	48.9	46.5	43.2	42.8	84.0	487.4	764.5	839.4	532.3	310.5	150.0	86.0
	模拟流量/(m^3/s)	40.2	30.2	25.4	31.7	95.4	473.4	571.1	868.8	651.3	335.1	70.5	52.1
1980年	实测流量/(m^3/s)	61.3	53.1	48.9	73.8	123.4	496.5	937.9	1487.8	735.5	290.6	154.5	96.1
	模拟流量/(m^3/s)	42.1	31.1	25.2	22.6	101.6	484.9	771.4	1854.6	838.5	273.1	82.6	55.2

图 7-22 为 1982 年拉萨河流域冻土过程线图，灰线表示冻土深度，绿线表示气温，黑线表示地下水位。由图可知，4～10 月为 1982 年拉萨河流域的解冻期，此时冻土深度为零，11～3 月，为冰冻期，冻土深度呈抛物线性，模拟图比较直观具体地反映了 1982 年拉萨河流域的冻融过程。

拉萨河流域主要是以高寒草地为主，流域出口断面径流的主要成分是壤中流。从流域出口断面径流的组成成分季节变化来看，枯水季的径流成分主要是地表径流，而壤中流比例很小。而在丰水期，受到冰雪融化、冻土解冻、降水增加的影响，壤中流占的比重逐渐增大，从全年看，降雨量(362mm)小于蒸发量(409mm)，径流的主要补给来源于雪水和冻土水，7 月达到拉萨河流域径流峰值，正好是拉萨河流域夏汛的时期，这与降雨量呈明显相关性。

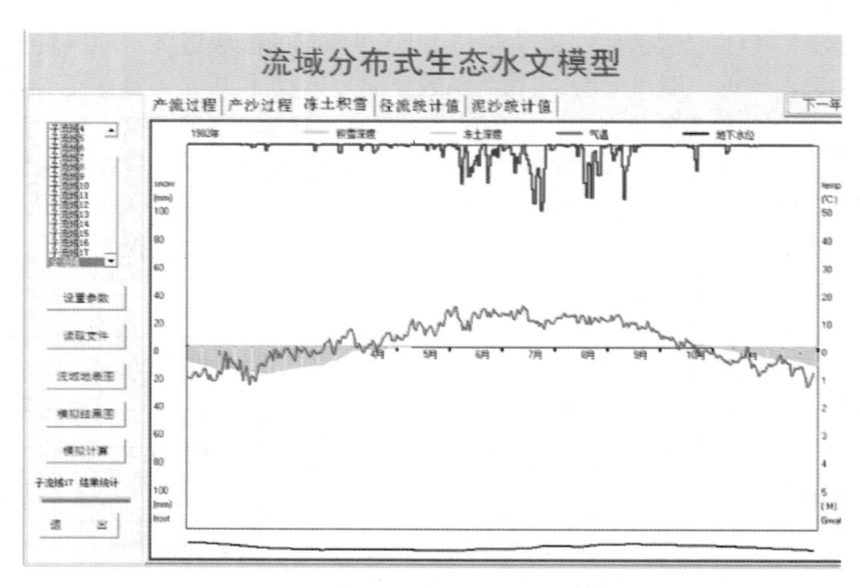

图 7-22 模拟计算的拉萨河流域冻土过程

(三)侵蚀泥沙计算验证

为了验证本模型对小流域坡地侵蚀泥沙模拟的效果，选择了具有泥沙观测资料的嘉陵江小流域魏城河的刘家河站数据，对 1981～1985 年的水文过程进行模拟检验，所得结果如图 7-23 所示。

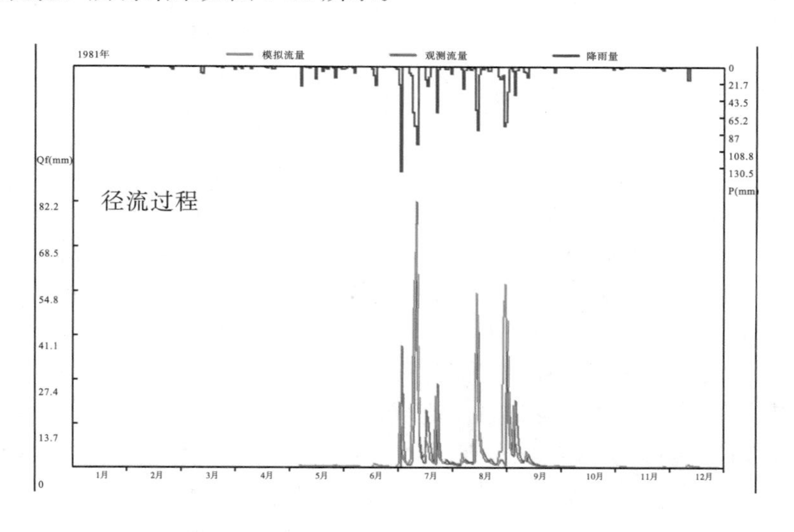

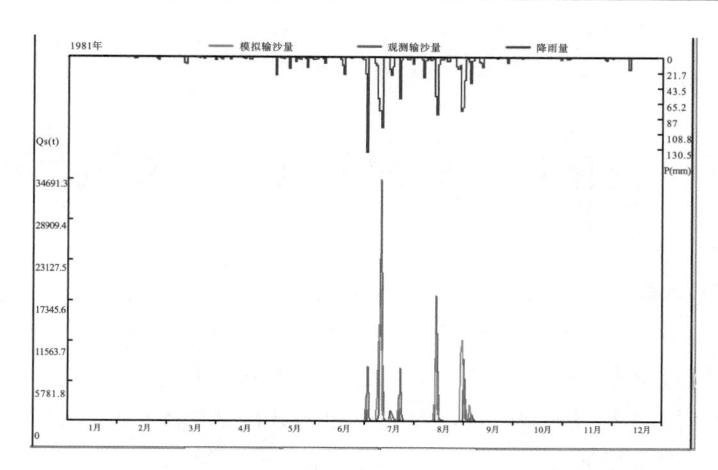

图 7-23　刘家河站模拟和观测水文过程对比(1981)

第八章　变化环境对高原河流水文过程的影响

为了定量地研究气候和植被变化对高原水文特征的影响，这里选择西藏拉萨河流域作为研究对象，采用研发的分布式流域水文模型，对不同气候和植被变化下的河川径流过程进行模拟，比较分析各情景下的径流特征。该流域地处西藏中部，是西藏高原河流的典型代表，对它的模拟分析结果可以反映西藏主要河流在变化环境下的响应特征。

拉萨河为雅鲁藏布江中游左岸的一级支流，发源于念青唐古拉山中段南麓，流域范围在东经 90°05′～93°20′、北纬 29°20′～31°15′，流域面积 32588km²，是雅鲁藏布江最大的支流，主要由降水、地下水、冰雪融水补给，分别占径流总量的 46%、28%、26%。拉萨河拉萨水文站以上流域集水面积 26225km²，占整个拉萨河流域面积的 80.5%。流域内包括拉萨、墨竹工卡、当雄三个气象站以及拉萨、唐加、旁多三个水文站。研究区气候属高原温带半干旱气候，干湿季节分明，流域年均温 5.3℃。年均降水量约 500mm，受印度洋暖湿气流影响降水多集中于夏季，空气年温差小，日温差较大，辐射强度大。流域内植被多为山地灌丛草原、高山草原、草甸及垫状植被等，土壤以山地灌丛草原土、高山草甸土及亚高山草甸土为主，分布规律具有明显的垂直带谱特点，土地利用类型多为牧草地（图 8-1）。流域平均海拔在 4900m 左右，在山地斜坡间夹有盆地或河谷平原，如

图 8-1　拉萨河流域土地覆被图

澎波盆地、拉萨河谷平原等，河源区及流域周边有季节性冻土及冰川发育(共有冰川 885 条，面积 690.53km^2)，成为河流重要的补给水源。另外，降水量年内分配具有明显的“干季”和“雨季”特征，年内分配极不均匀。该区年均蒸发量为 2205.6mm，平均相对湿度为 45%，最大积雪厚度达 11cm。流域内水资源丰富，拉萨河多年平均流量为 288m^3/s，年径流总量为 90.82 亿 m^3，径流的年际变化较小，但年内由于季节间补给的不同而有很大的变化。最大月径流量多出现在 7~8 月，最大月径流量约占年径流量的 26.8%，最小月径流量多出现在 2 月，约占年径流量的 1.4%。

第一节　气候变化对高原典型流域水文过程的影响

一、气候变化情景设定

政府间气候变化专门委员会(Intergovernmental Panel on Climate Change, IPCC)第四次评估报告(间称 IPCC 报告)根据不同的气候模型给出 21 世纪末地球表面平均温度增加的最佳估计值及其可能性范围为+1.1~6.4℃，其中对代表低、中和高值的 B1(+1.8℃)、A1B(+2.8℃)和 A2(+3.4℃)3 种最可能情景尤其关注。相对于大气温度估计，大气降水改变的估计更加复杂和不确定。IPCC 报告给出 A1B 情景下青藏高原年降水量将增加 10%(IPCC, 2007)。本章的气候变化情景设定只考虑气候因素中温度和降水两个因子的变化。参照 IPCC 报告，根据 B1、A1B 和 A2 分别设定了 3 种气候变化情景：①情景 1(B1)：在 1982 年拉萨河实测日降水和日均气温数据的基础上，降水同比例增加 5%，同时日均温度增加 1.8℃；②情景 2(A1B)：在 1982 年拉萨河实测日降水和日均气温数据的基础上，降水同比例增加 10%，同时日均温度增加 2.8℃；③情景 3(A2)：在 1982 年拉萨河实测日降水和日均气温数据的基础上，降水同比例增加 15%，同时日均温度增加 3.4℃。以 1982 年的流域其他数据作为模型的数据输入，再和 1982 年拉萨河流域现状(情景设定为：现状 CK)进行对比，从年径流量、月径流量、径流成分、地面冻土深度变化、次洪径流过程等方面来研究各情景对拉萨河水文过程的影响，见表 8-1。

表 8-1　气候变化各情景参数

情景	温度变化/℃	降水变化/%
CK	0	0
B1	1.8	5
A1B	2.8	10
A2	3.4	15

二、气候变化下的河流水文响应

(一)气候变化对年径流量的影响

采用分布式流域水文模型对拉萨河流域径流变化进行模拟计算，结果见表 8-2。与现状相比，从情景 CK 至情景 A2 年径流量呈明显递增趋势，情景 A2 模拟年经流量比现状高出 12%。从逐月径流量看，变化最大的不是降水最丰沛、径流量最大的 6、7 月，而是在春季的 4、5 月，这两个月的气温逐渐升高，冻融层开始融化。表明在设定的气候变暖、降水增加情景下，径流对气温的敏感性强，虽然蒸散发损失加大，但受冻土融化的作用，流域年径流深还是有明显增加，其中气温和降水的叠加作用产生效应尤其明显。

表 8-2 拉萨河流域各种气候变化情景下的逐月流量 (单位：m^3/s)

情景	月份												全年
	1月	2月	3月	4月	5月	6月	7月	8月	9月	10月	11月	12月	
CK	37.13	28.56	23.93	24.15	31.54	268.93	592.86	495.50	439.49	87.00	54.85	47.17	178.61
B1	38.34	29.24	24.57	28.88	36.67	272.86	594.33	495.14	440.17	90.51	58.23	48.97	180.84
A1B	39.03	29.63	25.04	32.92	39.44	284.99	618.06	515.20	460.16	97.85	62.58	50.00	188.97
A2	39.44	29.88	25.36	35.44	41.07	302.99	646.05	544.77	491.49	104.61	65.60	50.60	199.21

从以年为时间尺度上对 1976～1982 年的平均流量进行分析可以看出，降雨量与年径流量具有显著正相关性(图 8-2 和表 8-3)，说明拉萨河的径流来源主要还是降水。

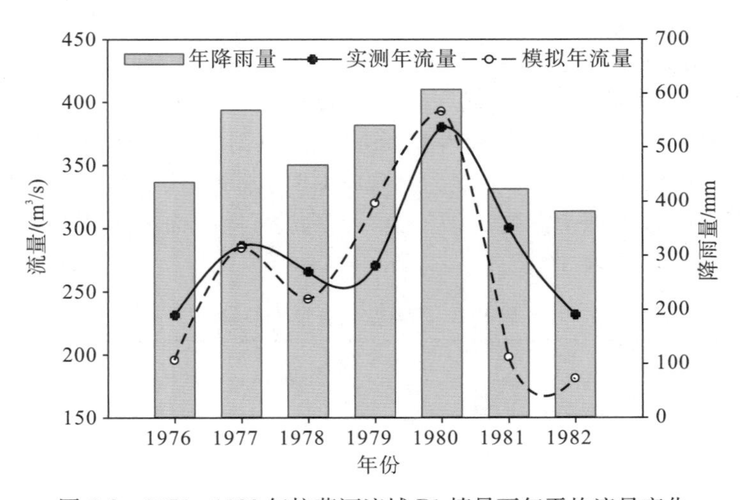

图 8-2 1976～1982 年拉萨河流域 B1 情景下年平均流量变化

表 8-3　A1B 情景下 1976～1982 年径流要素统计　（单位：mm）

参数	实测年径流量	模拟年径流量	年降雨量	蒸发量	土壤排水量	地下水量
均值	280.9	259.1	488.8	437.1	33.9	23.3
标准差	50.6	77.6	83.9	14.5	13.6	1.4
最小值	231.3	180.8	380.7	421.9	18.8	21.1
最大值	379.9	392.2	607.1	458.6	53.1	24.9

（二）气候变化对洪水过程的影响

采用在设定气候变化情景，模拟拉萨河 1982 年典型洪水（7.27 洪水）过程中，与现状相比，从情景 CK 至情景 A2 洪峰流量逐渐加大，洪水总量也有所增加，这主要反映出夏季降水量对洪水流量的贡献，见表 8-4 和图 8-3。

表 8-4　1982 年拉萨河流域未来各种情景下的洪水流量　（单位：m^3/s）

情景	日期												
	7-23	7-24	7-25	7-26	7-27	7-28	7-29	7-30	7-31	8-01	8-02	8-03	8-04
CK	824.6	831.7	986.9	1248.4	1313.3	1181.0	1068.6	1010.3	947.4	883.9	818.3	749.5	680.9
B1	832.0	835.7	998.2	1271.0	1330.4	1183.4	1059.7	999.9	937.1	874.3	809.4	741.4	673.6
A1B	871.0	872.6	1047.4	1336.0	1389.6	1230.5	1096.4	1034.0	968.8	903.9	836.8	766.6	696.5
A2	904.9	908.4	1082.8	1382.1	1454.8	1287.8	1147.2	1081.8	1013.9	946.2	876.3	803.0	729.6

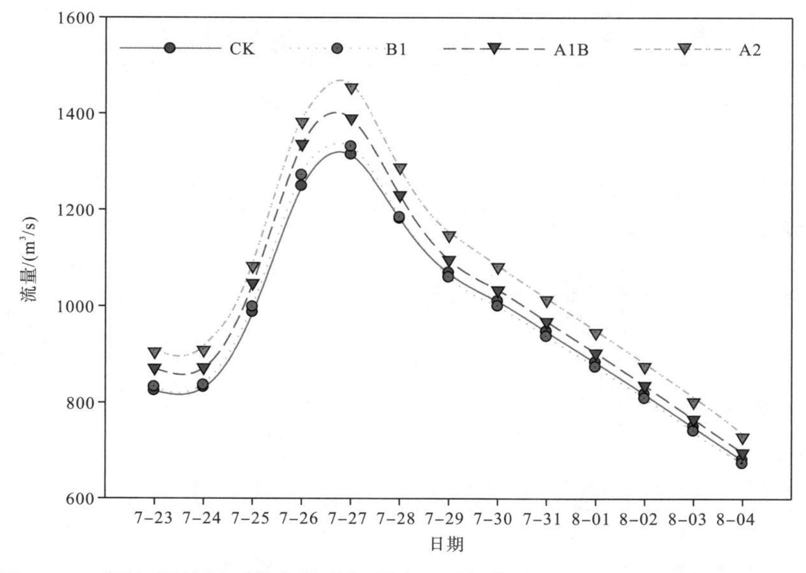

图 8-3　不同气候情景下模拟拉萨河洪水过程图[1982 年典型洪水（7.27 洪水）]

(三)气候变化对径流成分的影响

在模拟的径流过程中，可以对各个径流成分进行单独统计分析。从各个情景下的径流成分(图 8-4)中，可以看出壤中流和地下径流是总径流的主要构成来源，但随着气候变暖的趋势加大，地下径流的组成分额逐渐减小，壤中流的组分逐渐增加。从情景 CK 至情景 A2，壤中流量和地下径流量均呈递增趋势，其中壤中流径流递增幅度大于地下径流，情景 A2 模拟的壤中流比现状均高出约 18%，而地下径流比现状高出 5%，表明气候变化对于各径流成分而言，影响最大的是壤中流(表 8-5)。

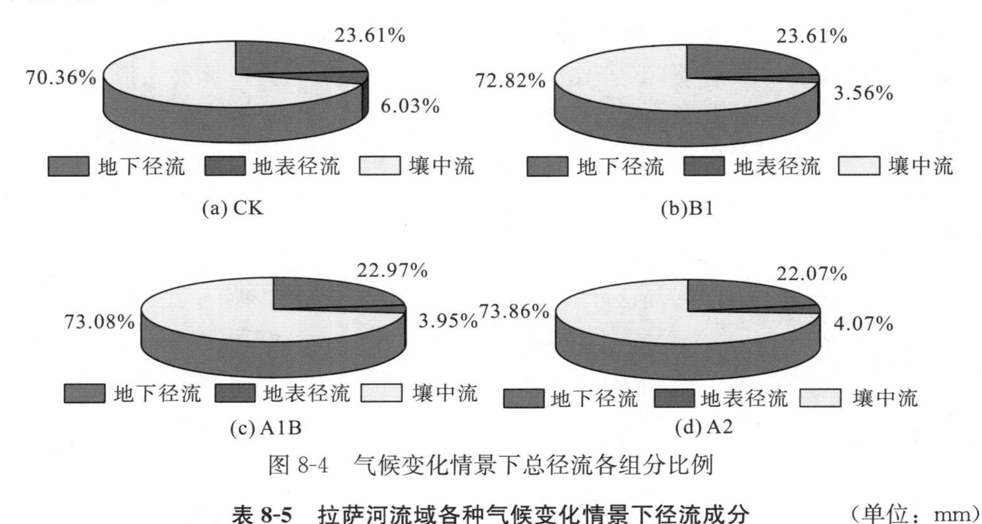

图 8-4 气候变化情景下总径流各组分比例

表 8-5 拉萨河流域各种气候变化情景下径流成分 (单位：mm)

径流成分	情景	1月	2月	3月	4月	5月	6月	7月	8月	9月	10月	11月	12月	全年
总径流	CK	1.55	1.08	1.00	0.97	1.30	10.79	24.72	20.73	17.79	3.64	2.22	1.98	87.78
	B1	1.61	1.11	1.03	1.15	1.51	10.93	24.73	20.70	17.82	3.78	2.35	2.05	88.76
	A1B	1.64	1.12	1.05	1.31	1.63	11.44	25.68	21.53	18.64	4.08	2.53	2.10	92.73
	A2	1.65	1.13	1.06	1.41	1.70	12.17	26.94	22.79	19.91	4.36	2.65	2.12	97.88
地表径流	CK	0.80	0.40	0.23	0.13	0.38	3.87	2.81	3.52	5.17	1.45	0.44	0.43	5.27
	B1	0.86	0.42	0.21	0.25	0.41	4.27	3.91	2.76	4.59	1.31	0.46	0.41	2.19
	A1B	0.89	0.43	0.18	0.31	0.37	4.24	3.83	2.91	4.82	1.20	0.59	0.42	2.66
	A2	0.90	0.43	0.17	0.34	0.38	4.31	3.92	3.02	5.17	1.19	0.69	0.42	3.03
壤中流	CK	0.00	0.00	0.00	0.09	0.41	12.26	24.42	14.43	10.07	0.11	0.00	0.00	61.78
	B1	0.00	0.00	0.01	0.29	0.56	12.80	25.54	15.17	10.68	0.34	0.00	0.00	65.37
	A1B	0.00	0.00	0.02	0.46	0.61	13.25	26.38	15.83	11.25	0.72	0.00	0.00	68.53
	A2	0.00	0.00	0.03	0.56	0.66	14.02	27.69	16.94	12.14	0.99	0.00	0.00	73.03

续表

径流成分	情景	1月	2月	3月	4月	5月	6月	7月	8月	9月	10月	11月	12月	全年
地下径流	CK	0.75	0.68	0.77	1.01	1.27	2.40	3.11	2.78	2.55	2.08	1.78	1.55	20.73
	B1	0.75	0.69	0.81	1.11	1.36	2.40	3.10	2.77	2.55	2.13	1.89	1.64	21.20
	A1B	0.75	0.69	0.85	1.16	1.39	2.43	3.13	2.79	2.57	2.16	1.94	1.68	21.54
	A2	0.75	0.70	0.86	1.19	1.42	2.46	3.17	2.83	2.60	2.18	1.96	1.70	21.82

(四)气候变化对冻土深度的影响

采用分布式流域水文模型计算流域的平均冻土深度，从逐月冻结深度数据看，冻土主要出现在冬季(11～翌年1月)和春季(2～4月)。如表8-6和图8-5所示，与现状相比，从情景CK至情景A1B冻土深度呈明显递减趋势，情景A1B模拟的冻土深度比现状低了69%，其中春季变化幅度最大，与这3个月的气温逐渐升高幅度成正比。这一方面说明在气候变暖、降水增加的情景下，西藏高原特殊的地理环境中冻融过程对气温的敏感性强，随着气温的加大，流域冻土深度明显减少，其中气温升高的月份冻土深度减少尤其明显。

表8-6　拉萨河流域各种气候变化情景下的逐月冻土深度　　(单位：cm)

情景	月份											
	1月	2月	3月	4月	5月	6月	7月	8月	9月	10月	11月	12月
CK	35.68	45.07	33.39	7.75	0.94	0.01	0.00	0.00	0.00	0.20	6.92	23.01
B1	25.76	30.47	13.83	1.27	0.08	0.00	0.00	0.00	0.00	0.03	2.99	14.24
A1B	20.27	22.28	6.46	0.39	0.02	0.00	0.000	0.00	0.00	0.01	1.64	10.05
A2	17.08	17.63	3.74	0.17	0.01	0.00	0.00	0.00	0.00	0.01	1.11	7.87

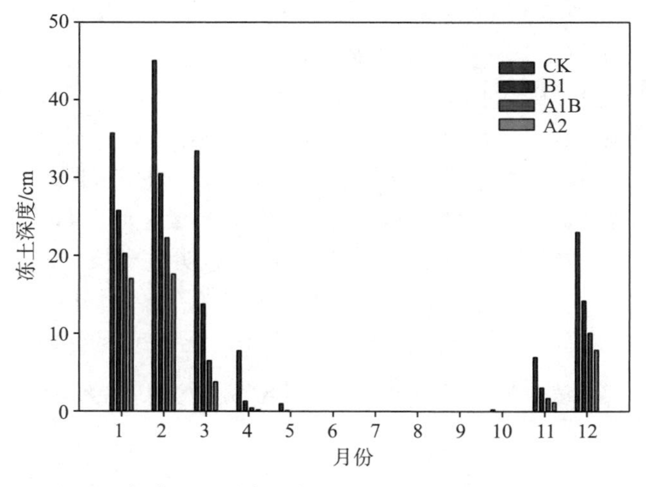

图8-5　拉萨河流域各种气候变化情景下冻土深度比较

第二节　植被覆盖变化对高原典型流域水文过程的影响

一、植被覆被情景设定

拉萨河流域内植被多为山地灌丛草原、高山草原、草甸及垫状植被等，土壤以山地灌丛草原土、高山草甸土及亚高山草甸土为主，分布规律具有明显的垂直带谱特点。土地利用类型多为牧草地，当地居民以放牧为主要生活来源。但是在1980年以后，牧民饲养的牲畜数量上升，出现了过度放牧的现象，导致部分牧草退化。2005年以后采取了一系列的保护牧草的措施，如退牧还草、围栏保护、草地改良等，逐步修复了草地生态系统，草原和草甸的植被盖度开始上升。因此，设定了6种情景模式。

情景1：草地退化10%，变为耕地；

情景2：草地退化20%，变为耕地；

情景3：草地退化10%，变为裸地；

情景4：草地退化20%，变为裸地；

情景5：草地10%变为林地；

情景6：草地20%变为林地。

二、植被覆被情景下的河流水文响应

（一）对径流量的影响

由表8-7和图8-6中可以看出，草地退化由高到低，变化程度由10%到20%，年径流逐渐增加，而草地变为林地，年径流量减小，这说明林地比草地削减地表径流的效应更好。而林地变化程度10%到20%，年径流逐渐减小，说明森林植被覆盖度越大，水土保持越好，径流量越小，这是由于地表覆盖条件是决定净雨(降雨扣除植被截留和蒸散发之后到达地面的水量)分配的转换场所。森林具有更大的降水拦截率和蒸散发量，将会减少净雨量，同时增大地下水补给量。另外，月径流上，各情景模式在丰水期，月径流量明显增长；而在枯水期，土壤冻结，径流量降低，但变化幅度远较春季和夏季要低。另外从全年模拟结果上看，土地覆被对径流量的影响远远小于气候变化对径流量的影响。

表8-7　拉萨河流域各种土地情景下的逐月流量　(单位：m^3/s)

情景	月份												全年
	1月	2月	3月	4月	5月	6月	7月	8月	9月	10月	11月	12月	
现状	37.13	28.56	23.93	24.15	31.54	268.93	592.86	495.50	439.49	87.00	54.85	47.17	177.59

续表

情景	月份												全年
	1月	2月	3月	4月	5月	6月	7月	8月	9月	10月	11月	12月	
情景1	38.17	29.39	24.66	24.81	32.16	261.87	584.78	496.02	446.97	89.14	56.32	48.50	178.74
情景2	38.01	29.29	24.58	24.74	32.23	273.59	606.67	512.08	461.77	90.40	56.48	48.57	184.24
情景3	38.12	29.34	24.61	24.75	32.21	271.99	602.43	509.30	459.30	90.15	56.42	48.53	183.28
情景4	38.16	29.37	24.62	24.75	32.18	275.22	610.24	516.35	465.62	90.76	56.55	48.64	185.42
情景5	35.66	27.52	23.13	23.28	30.28	248.69	552.50	464.54	417.74	83.54	52.89	45.52	168.05
情景6	35.57	27.47	23.10	23.24	30.17	244.26	543.95	456.53	409.69	82.77	52.72	45.38	165.50

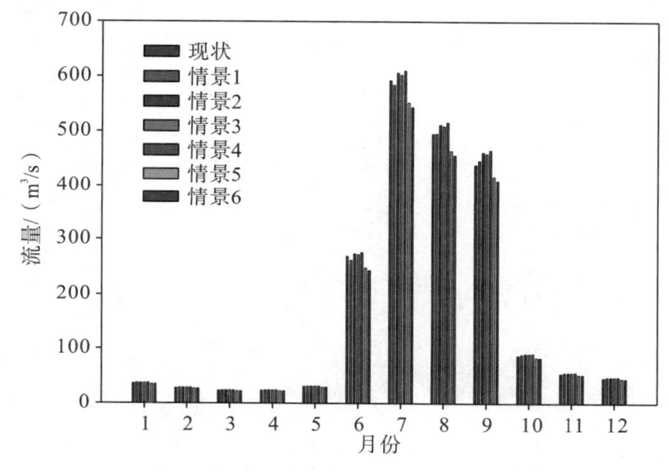

图 8-6　拉萨河各种草地变化情景下径流比较[1982 年典型洪水(7.27 洪水)]

(二)对洪水过程的影响

在 1982 年典型洪水(7・27 洪水)过程分析中，草地退化程度由低到高，洪水流量比现状增加。草地退化越严重，增加现象越明显，草地变成林地的比例增加，洪峰流量出现递减，洪水坦化，说明禁牧还草和种植防护林可有效削减洪峰，减少洪水灾害，见表 8-8 和图 8-7。

表 8-8　拉萨河流域 1982 年各种土地情景下的洪水流量过程　　(单位：m^3/s)

情景	日期												
	7-23	7-24	7-25	7-26	7-27	7-28	7-29	7-30	7-31	8-01	8-02	8-03	8-04
现状	824.57	831.68	986.86	1248.36	1313.27	1180.99	1068.65	1010.28	947.36	883.94	818.30	749.53	680.89
情景1	794.72	814.18	987.68	1245.86	1288.66	1150.21	1052.43	1003.52	943.38	880.98	815.67	747.01	678.51
情景2	833.70	848.32	1024.11	1293.47	1341.08	1194.20	1085.43	1031.90	968.99	904.48	837.28	766.74	696.38
情景3	827.64	842.41	1016.33	1280.20	1327.76	1184.73	1078.48	1025.97	963.71	899.72	832.99	762.90	692.95
情景4	836.20	852.20	1028.74	1297.73	1346.74	1201.91	1095.52	1042.36	979.16	914.17	846.37	775.14	704.04
情景5	763.54	775.01	936.85	1182.72	1222.48	1083.82	982.43	933.58	876.44	817.95	757.10	693.27	629.64
情景6	753.83	764.60	925.33	1169.63	1207.32	1066.87	965.02	916.47	860.09	802.52	742.69	679.98	617.51

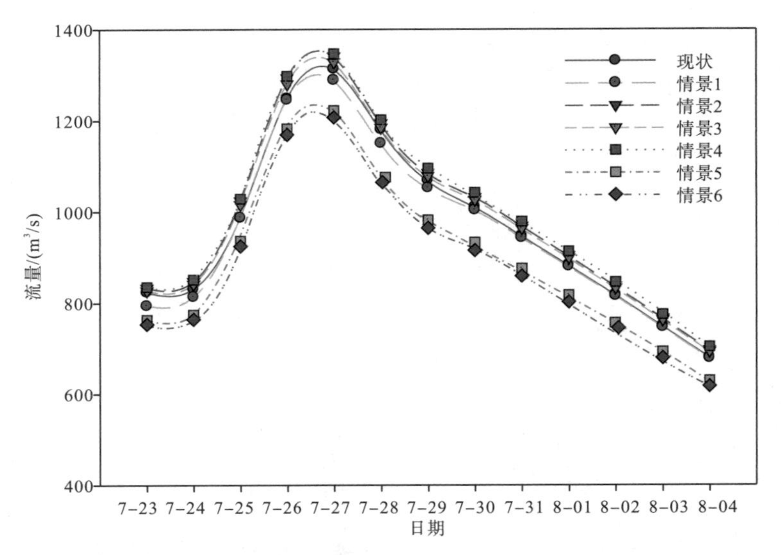

图 8-7 不同土地覆盖情景下拉萨河洪水过程图[1982 年典型洪水(7.27 洪水)]

(三)对土壤水分的影响

由表 8-9 和图 8-8 可以看出，对于情景 1～情景 4，随着草地退化程度的增加，土壤入渗补给水量逐渐增加。在高寒地区，草地的退化减少了植被蒸发量，也减小了植被的截流作用，使降水直接入渗到土壤中形成壤中流，并且随着植被覆盖度的降低，土壤开始融化和冻结的时间均不断提前，地温变化速率增大，对气温的响应程度增高。随着植被盖度降低，土壤水分对温度变化的响应越为强烈，活动层水分变化速率增大，且加剧由于温度引起的土壤剖面水分交换，尤其是完全融化期。因此可以看出，壤中流增加幅度在丰水期变化更明显。情景 5、情景 6，草地变为林地由 10%变为 20%，土壤入渗逐渐减小，林地比草地具有更强的蒸腾作用、固水性和冠层截留能力，因此壤中流逐渐减少。这些说明高盖度植被有利于土壤维持水分及活动层土壤水热状况的稳定性。在未来全球变暖的情况下，怎样合理布置防护林、草地以及耕地对于西藏河源地区的保护具有重要意义。

表 8-9 拉萨河流域 1982 年各种土地情景下的逐月土壤入渗量 (单位：mm)

情景	月份												全年
	1月	2月	3月	4月	5月	6月	7月	8月	9月	10月	11月	12月	
现状	0.00	0.00	0.00	0.09	0.41	12.26	24.42	14.43	10.07	0.11	0.00	0.00	61.78
情景 1	0.00	0.00	0.00	0.07	0.32	11.60	24.63	14.85	10.47	0.09	0.00	0.00	62.02
情景 2	0.00	0.00	0.00	0.07	0.36	12.68	26.01	15.70	11.09	0.09	0.00	0.00	65.98
情景 3	0.00	0.00	0.00	0.07	0.35	12.87	26.40	15.99	11.29	0.09	0.00	0.00	67.07
情景 4	0.00	0.00	0.00	0.07	0.35	13.00	26.66	16.14	11.41	0.09	0.00	0.00	67.71

续表

情景	月份												全年
	1月	2月	3月	4月	5月	6月	7月	8月	9月	10月	11月	12月	
情景5	0.00	0.00	0.00	0.06	0.33	11.14	22.96	13.79	9.71	0.08	0.00	0.00	58.07
情景6	0.00	0.00	0.00	0.06	0.33	10.89	22.54	13.49	9.49	0.08	0.00	0.00	56.88

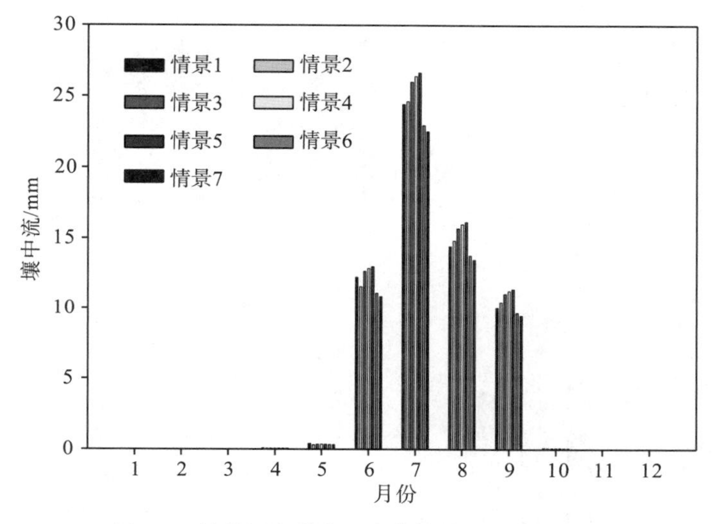

图 8-8　拉萨河各种草地变化情景下壤中流比较

(四)对冻土深度的影响

由表 8-10 和图 8-9 可以看出，在设计的 6 种情景下，土地覆被类型的变化对于冻土深度的影响较弱，要远远小于气候变化(温度)对于冻土深度的影响。从全年来看覆被变化之后冻土深度变化不明显，但个别季节依然有较大变化。耕地和裸地冻土平均全年深度高于草地林地的，退化越严重，冻土深度变化趋势也越大。随着植被盖度的降低，冻结过程和融化过程变得迅速，季节冻土冻结开始时间和多年冻土活动层的融化开始时间显著提前，从而形成了季节冻土冻结深度积分增加。不同植被类型对冬季降温过程和春季升温过程温度的影响不同，植被对融化过程和冻结过程的影响更明显。冻结和融化后一段时期内土壤温度变化幅度在整个冻融周期年里也是最大的，而活动层完全冻结后，植被对活动层温度的影响作用逐渐减小，同时与现状比较，林草地冻土深度变化幅度较小，说明草地和林地等植被具有抑制土壤温度变化幅度的作用，从而保证下覆冻土的稳定性，抑制其受到气候变化的影响。

表 8-10　拉萨河流域各种土地情景下的逐月平均冻土深度　（单位：cm）

情景	月份											
	1 月	2 月	3 月	4 月	5 月	6 月	7 月	8 月	9 月	10 月	11 月	12 月
现状	34.78	44.20	33.10	7.93	0.81	0.01	0.00	0.00	0.00	0.18	6.92	22.82
情景 1	35.11	44.54	33.74	9.35	1.33	0.01	0.00	0.00	0.00	0.24	7.23	23.18
情景 2	35.68	45.07	33.39	7.75	0.94	0.01	0.00	0.00	0.00	0.20	6.92	23.01
情景 3	35.10	44.53	33.73	9.35	1.33	0.01	0.00	0.00	0.00	0.24	7.22	23.17
情景 4	35.10	44.54	33.73	9.35	1.33	0.01	0.00	0.00	0.00	0.24	7.26	23.20
情景 5	34.58	43.87	33.23	9.21	1.31	0.01	0.00	0.00	0.00	0.24	7.15	22.85
情景 6	34.41	43.65	33.07	9.16	1.30	0.01	0.00	0.00	0.00	0.24	7.11	22.74

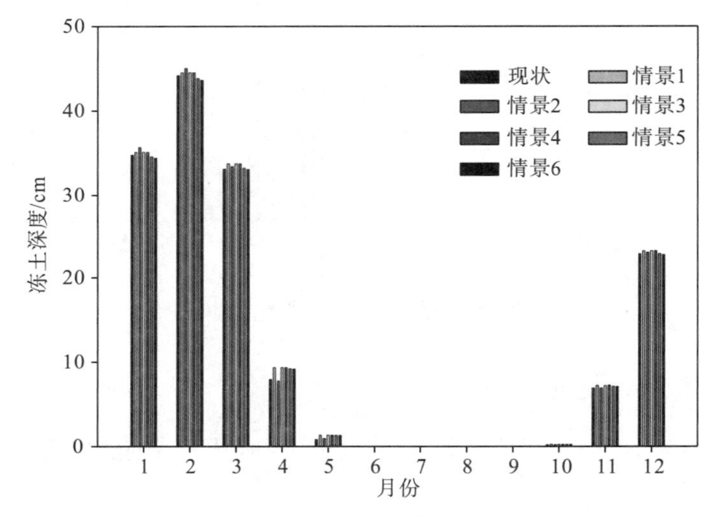

图 8-9　拉萨河流域各种草地变化情景下冻土深度比较

第三节　气候与人类活动联合影响下的径流变化

一、气候与植被变化的情景设定

西藏高原处在气候变化和人类活动的双重影响下，流域水循环过程变得更为复杂，1955～2010 年西藏的平均气温和降水总体上呈上升趋势，草原植被前期呈现退化特点，后期开始出现恢复趋势，为此我们设定气候与人类活动联合影响下的径流变化的情景如下。

1)历史情景(1980 年以前，代表天然背景)；

2)当前情景(代表 2010 年之后，温度 $T+1.5$，降水 $P+5\%$，植被覆盖 $V=$

现状)；

3)未来最可能情景(代表2030年后：$T+2.5$，$P+10\%$，$V+5\%$)；

4)未来最理想情景($T+2.5$，$P+15\%$，$V+10\%$)；

5)未来最不利情景($T+1.5$，$P+5\%$，$V-10\%$)。

采用以上设计情景对拉萨河的径流变化进行模拟分析，预测在未来气候与人类活动综合影响之下的西藏河流的水文响应。

二、气候变化与人类活动联合影响下的水文响应

(一)对径流量的影响

由表8-11和图8-10中可以看出，在历史情景下，年平均流量为254.09m^3/s，为各情景模式最小，说明在全球变暖、降雨量增加的情形下年径流量呈上升趋势；在当前和未来不利情景下，设定了相同的温度和降雨，当前情景的年径流量要大于未来不利情景下的径流量，说明在未来草地退化情形下，净雨(降雨扣除植被截留和蒸散发之后的量)形成的自由水增加，年径流量增加；在未来可能和未来理想情景下，降雨量越大，年径流量越高，降雨量的大小直接决定了外部输入水量的多少，而草地虽然具有含蓄水源的作用，但相比降水量的影响要小。各个情景下的全年总径流量大小顺序为：未来理想>未来可能>未来不利>当前>历史。随着降雨量的增加，年径流逐渐增大，而在气温升高，蒸发量增多的情形下，依然不影响径流量与降雨量的正比关系。从增幅效果上看，丰水期降雨量与径流量的增幅较为明显。因此，在未来气候变化方面，降水变化对流域径流量的影响较大。

表8-11　拉萨河流域未来各种情景下的逐月流量　(单位：m^3/s)

情景	月份												全年
	1月	2月	3月	4月	5月	6月	7月	8月	9月	10月	11月	12月	
历史	35.01	27.93	24.18	24.90	78.74	351.08	604.11	957.45	609.47	200.71	65.61	51.54	254.09
当前	34.94	27.66	23.95	26.96	82.80	335.90	587.81	969.28	632.95	226.86	70.56	51.73	257.50
未来可能	35.37	27.91	24.25	29.31	87.91	342.58	598.22	999.20	660.01	244.93	75.69	52.65	266.43
未来理想	35.66	28.07	24.37	29.99	93.36	365.40	643.12	1101.73	714.56	262.27	78.41	53.25	287.60
未来不利	35.92	28.44	24.65	27.89	86.74	353.26	608.3	977.91	632.93	224.54	71.52	53.08	262

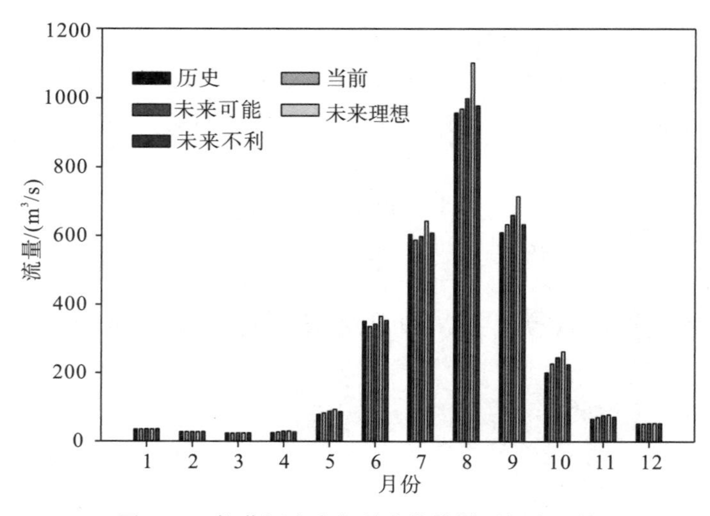

图 8-10 拉萨河未来各种变化情景下径流比较

(二)对洪水过程的影响

从表 8-12 和图 8-11 可看出，降雨量和植被情况决定了洪水峰值的大小，降雨量越大，植被退化越严重，洪水峰值越高，因此降雨增加 15%的未来理想和植被退化 10%的未来不利情景在模拟结果中出现在前两位。而降雨适度增加的当前情景和植被增加 5%的未来可能情景中，洪水变化较为平缓，未来理想的峰值>未来不利的峰值，说明在未来洪水过程中降雨量对洪水过程的贡献依然很大。

表 8-12 拉萨河流域未来各种情景下的洪水流量 (单位：m^3/s)

情景	日期												
	7-23	7-24	7-25	7-26	7-27	7-28	7-29	7-30	7-31	8-01	8-02	8-03	8-04
历史	824.6	831.7	986.9	1248.4	1313.3	1181.0	1068.6	1010.3	947.4	883.9	818.3	749.5	680.9
当前	792	803.9	977.4	1242.2	1279.6	1129.3	1018.1	967.1	908	847.6	784.8	718.8	653
未来可能	810.0	819.0	996.0	1263.8	1298.5	1140.8	1022.0	970.1	910.6	850.0	787.0	720.8	654.8
未来理想	860.9	872.4	1061.5	1361.5	1417.8	1223.5	1093.8	1037.9	974.1	909.4	842.1	771.4	700.7
未来不利	838.8	843.5	1006.6	1280.5	1342.9	1196.8	1073.4	1013.2	949.7	886.1	820.3	751.5	682.7

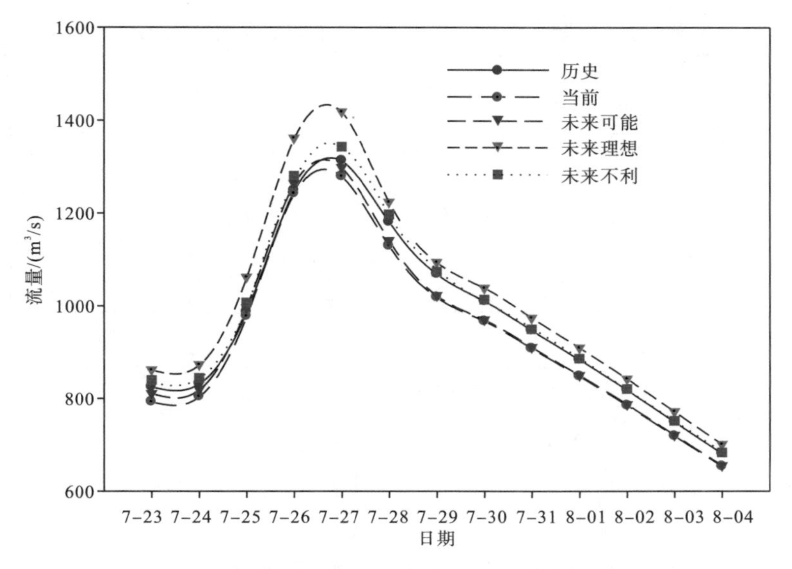

图 8-11　拉萨河未来各种变化情景下洪水过程比较

(三)对土壤水分的影响

由表 8-13 和图 8-12 可以看出，这 5 种情景下的全年壤中流大小为：未来理想>未来可能>未来不利>当前>历史，历史情景中全年壤中流为 61.78mm，在所有情景中最低，其余情景壤中流流量均大于历史情景，并且三种未来情景均大于当前和历史情景，说明了在全球变化的大背景下，壤中流是逐渐增加的；在当前情景与未来不利情景的比较中，壤中流要小于未来不利情景设定，说明在温度和降水增加一定的情况下，植被覆被面积与壤中流成反比；在未来可能和未来理想的情景设定中，它们的温度、降雨量均比当前情景要高，在未来理想情景中，$T+2.5$，$P+15\%$，$V+10\%$，其中降雨与植被主要影响了上层包气带的蓄水量。因此在与未来可能情景的比较中，在温度相同、解冻锋面以下蓄水量认为一致的情形下，降雨与壤中流成正比，而在未来可能中虽然降雨和植被均比最理想减少 5%，植被覆被的减少有利于降水入渗形成壤中流，但由第七章和第八章可知，拉萨河流域气候变化对壤中流的影响要比植被对壤中流的影响大，从图 8-13 可以看出，丰水期(6～9 月)降水越多，壤中流增加越明显，这是由于降雨量与上层包气带的土壤含水量成明显正相关，温度的升高、冻土融化、包气带中的含水量和土壤入渗增大，因此未来理想>未来可能。

表 8-13　拉萨河流域未来各种情景下的逐月壤中流补给量　(单位：mm)

情景	月份												全年
	1月	2月	3月	4月	5月	6月	7月	8月	9月	10月	11月	12月	
历史	0	0	0.00	0.09	0.41	12.26	24.42	14.42	10.07	0.11	0	0	61.78
当前	0	0	0.00	0.18	0.43	11.78	24.13	14.77	10.55	0.23	0	0	62.072
未来可能	0	0	0.01	0.30	0.51	12.35	24.23	15.35	10.32	0.47	0	0	63.559
未来理想	0	0	0.01	0.33	0.51	12.19	24.95	15.73	11.48	0.57	0	0	65.786
未来不利	0	0	0.00	0.24	0.52	12.25	24.41	14.53	10.25	0.26	0	0	62.476

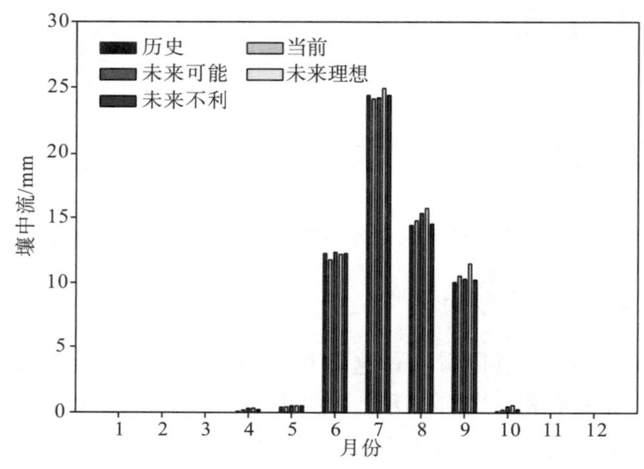

图 8-12　拉萨河未来各种变化情景下壤中流比较

(四)对冻土深度的影响

由 8-14 表和图 8-13 可以看出，历史情景下，最大冻土深度为 39.29cm，为各情景最高，这主要与情景设定中的温度有关，温度越高冻土深度越小；在当前情景模式中，冻土深度为 27.44cm，比未来可能(20.26cm)和未来理想(20.25cm)大，这与冻结深度与温度成反比相一致；在未来不利情景下，与温度增幅相同的当前情景相比较，植被覆被退化 10%的不利情景下的冻土深度大于当前情景，这说明植被对地温有增加效果。从 5 种情景看，土地覆被类型的变化对于冻土深度的影响远远小于温度对于冻土深度的影响。从全年来看，草地退化之后冻土深度有小幅增加，说明草地对地温有增加效果。从个别季节看，草地退化对冬季冻结过程和春季升温过程温度的影响不同，即活动层随着温度降低，植被对活动层的影响减小，同时植被对融化过程的影响比对冻结过程的影响更明显。从未来气候变化的角度看，温度依然是影响冻土深度的主要因素，气温增加，冻土深度变小。

表 8-14　拉萨河流域未来各种情景下的逐月冻土深度　（单位：cm）

情景	月份											
	1月	2月	3月	4月	5月	6月	7月	8月	9月	10月	11月	12月
历史	32.90	39.29	27.12	8.40	0.72	0.02	0.00	0.00	0.00	0.21	4.22	20.08
当前	25.11	27.44	13.24	2.12	0.09	0.00	0.00	0.00	0.00	0.05	1.94	14.10
未来可能	19.89	20.26	7.79	1.00	0.02	0.00	0.00	0.00	0.00	0.03	1.21	10.90
未来理想	19.88	20.25	7.79	0.99	0.02	0.00	0.00	0.00	0.00	0.03	1.20	10.85
未来不利	24.87	27.57	14.32	2.85	0.11	0.00	0.00	0.00	0.00	0.07	2.17	14.35

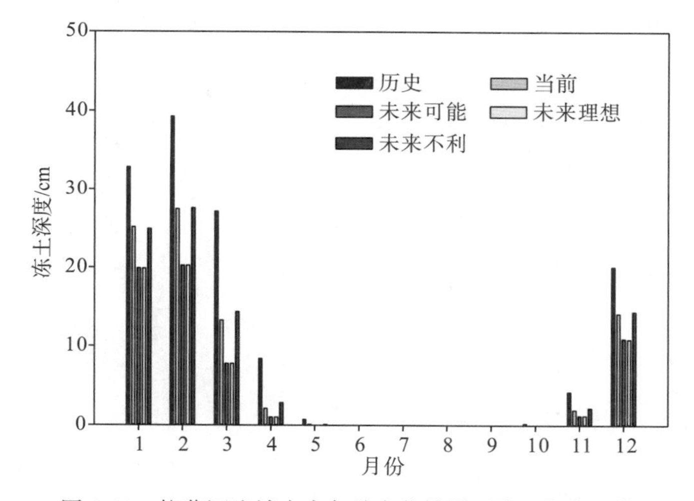

图 8-13　拉萨河流域未来各种变化情景下冻土深度比较

以上通过水文模拟探讨了气候变化对拉萨河流域的水文效应。建立了 3 种气候变化情景代表 21 世纪末的气候变化，利用已构建的拉萨河流域尺度分布式生态水文模型，模拟并分析探讨各气候变化情景下的流域水文效应。结果表明，设定的气候变化(气温上升、降雨增加)可明显增加研究区蒸散发量和径流量，温度的上升导致冬季变短，融化期变长，解冻期提前，土壤水在丰水期上升幅度明显。另受降水增加的影响，总径流和壤中流均显著增加，而地下径流成分则无明显变化，设定的气候变化情景对研究区典型洪水(1982 年 7 月 27 日)径流过程均有明显放大作用。

本章通过模型模拟并探讨了草地退化、恢复和建立人工林对拉萨河流域地区的水文效应。结果表明，禁牧可增加流域年总径流量，但其中地下水径流成分增加不明显，从年内过程来看，禁牧还草可降低湿季径流量，增加旱季径流，禁牧还有降低洪峰的水文效应。

本章通过对未来理想、可能、不利情景设定的模拟并探讨了气候变化和人类活动联合影响下拉萨河流域的水文效应。草地退化(未来不利情景)明显减少了研究区自由水形成径流；未来可能和未来理想情景下，气温升高增加了活动层的土壤水含量，另外受降雨量增加的影响，年径流量均大于历史情景和当前情景，且枯水期变化不大，丰水期变化明显，温度、降水和植被是影响水文过程的主要因素，且气候要素的影响权重大于植被因素。

参考文献

边多，杨志刚，李林，等. 2006. 近30年来西藏那曲地区湖泊变化对气候波动的响应. 地理学报，61(5)：510-518.

陈浩，南卓铜，等. 2013. 黑河上游山区典型站的水热过程模拟研究. 冰川冻土，35(01)：126-137.

陈涛，杨武年，徐瑶. 2011. 基于RS和GIS的藏北地区草地退化动态监测与驱动力分析——以申扎县为例. 西南师范大学学报(自然科学版)，(05)：134-139.

陈志明. 1981. 西藏高原湖泊的成因. 海洋与湖沼，(2).

达瓦次仁，巴桑赤烈，白玛，等. 2008. 尼洋河流域水文特性分析. 水文，28(4)：92-94.

戴睿，刘志红，娄梦筠，等. 2012. 西藏地区50年气候变化特征. 干旱区资源与环境，26(12)：97-101.

戴睿，刘志红，娄梦筠，等. 2013. 藏北那曲地区草地退化时空特征分析. 草地学报，(01)：37-41，99.

杜鹃，杨太保，何毅. 2014. 1990-2011年色林错流域湖泊-冰川变化对气候的响应. 干旱区资源与环境，(12)：88-93.

杜军. 2004. 西藏高原近40年的气温变化. 地理学报，56(6)：682-690.

杜军，马玉才. 2004. 西藏高原降水变化趋势的气候分析. 地理学报，59(3)：376-382.

范广洲，华维，黄先伦，等. 2008. 青藏高原植被变化对区域气候影响研究进展. 高原山地气象研究，28(1)：72-79.

冯松，汤懋苍，王冬梅. 1998. 青藏高原是我国气候变化启动区的新证据. 科学通报，43(6)：633-636.

高清竹，段敏杰，万运帆，等. 2010. 藏北地区生态与环境敏感性评价. 生态学报，30(15)：4129-4136.

侯大斌. 2001. 川渝地区土壤可蚀性评价. 成都：四川农业大学硕士学位论文.

胡和平，叶柏生，周余华，等. 2006. 考虑冻土的陆面过程模型及其在青藏高原GAME/Tibet试验中的应用. 中国科学D辑，36(8)：755-766.

胡宏昌，王根绪，王一博，等. 2008. 江河源区典型多年冻土和季节冻土和季节冻土区水热过程对这被盖度的响应. 科学通报，53(1)：1-9.

华维，范广洲，周定文，等. 2008. 青藏高原植被变化与地表热源及中国降水关系的初步分析. 中国科学D辑，38(6)：732-740.

黄大友，陈玉梁，徐伟. 2012. 西藏高原湖泊的基本特征及放射性元素调查. 四川地质学报，32(2)：100-103.

黄俊雄，徐宗学，巩同梁. 2007. 雅鲁藏布江径流演变规律及其驱动因子分析. 水文，27(5)：31-35.

江忠善，王志强，刘志. 1996. 黄土丘陵区小流域土壤侵蚀空间变化定量研究. 土壤侵蚀与水土保持学报，2(1)：1-9.

康尔泗. 1998. 寒区和干旱区水文研究的回顾和展望. 冰川冻土，20(3)：238-244.

李林，杨秀海，扎西央宗，等. 2013. 羌塘自然保护区湖泊变化及其原因分析. 干旱区研究，30(03)：419-423.

李述训，南卓铜，赵林. 2012. 冻融作用对地气系统能量交换的影响分析. 冰川冻土，24(5)：506-511.

李新，程国栋. 1999. 高海拔多年冻土对全球变化的响应模型. 中国科学，D辑，19(2)：185-192.

李亚琴. 2011. 青藏高原年降水的变化特征研究. 高原山地气象研究，31(03)：39-42.

林振耀，赵昕奕. 1996. 青藏高原气温降水变化的空间特征. 中国科学D辑，26(4)：354-358.

刘宝元，史培军. 1998. WEPP水蚀预报流域模型. 水土保持通报，18(5)：6-12.

刘登忠. 1992. 西藏高原湖泊萎缩的遥感图像分析. 国土资源遥感，(4)：1-6.
刘光生，王根绪，胡宏昌，等. 2009. 青藏高原多年冻土区植被盖度对活动层水热过程的影响. 冰川冻土，31(1)：89-95.
刘光生，王根绪，白炜，等. 2012. 青藏高原沼泽草甸活动层土壤热状况对增温的响应. 冰川冻土，34(3).
刘帅，于贵瑞，浅沼顺，等. 2009. 蒙古高原中部草地土壤冻融过程及土壤含水量分布. 土壤学报，46(1)：46-51.
刘天仇. 1998. 西藏高原河流水资源特征及其应用前景. 西藏大学学报，13(3)：14-20.
刘务林，朱雪林，李炳章，等. 2013. 中国西藏高原湿地. 北京：中国林业出版社.
刘兴元，龙瑞军. 2013. 藏北高寒草地生态补偿机制与方案. 生态学报，(11)：3404-3414.
刘杨，赵林，李韧. 2013. 基于SHAW模型的青藏高原唐古拉地区活动层土壤水热特征模拟. 冰川冻土，(02)：280-290.
卢喜平. 2006. 紫色土丘陵区降雨侵蚀力模拟研究. 重庆：西南大学硕士学位论文.
卢喜平，史东梅，吕刚，等. 2005. 紫色土坡地果草种植模式的水土流失特征研究. 水土保持学报，19(2)：21-25.
吕喜玺，沈荣明. 1992. 土壤可蚀性因子K值的初步研究. 水土保持学报，6(1)：63-70.
吕新苗，康世昌，朱立平，等. 2009. 西藏纳木错植物物候及其对气候的响应. 山地学报，27(6)：648-654.
洛珠尼玛，王建群，徐幸仪. 2012. 拉萨河流域水循环要素演变趋势分析，水资源保护，28(1)：51-88.
南卓铜，李述训，程国栋. 2004. 未来50与100a青藏高原多年冻土变化情景预测. 中国科学，34(6)：528-534.
潘保田，李吉均. 1996. 青藏高原——全球气候变化的驱动机与放大器. 兰州大学学报(自然科学版)，32(1)：108-115.
普布卓玛，格央，伏阳虎. 2005. 西藏高原气候概况及未来气候趋势. 西藏科技，(11)：45-48.
秦大河，丁一汇，王绍武，等. 2002. 中国西部环境演变及其影响研究. 地学前缘，(2)：321-328.
施雅风，刘时银，上官冬辉，等. 2006. 近30a青藏高原气候与冰川变化中的两种特殊现象. 气候变化研究进展，2(4)：154-160.
宋善允，王鹏祥. 2013. 西藏气候. 北京：气象出版社.
苏珍，刘宗香，王文悌，等. 1999. 青藏高原冰川对气候变化的响应及趋势预测. 地球科学进展，14(6)：607-612.
孙鸿烈. 1994. 青藏高原的形成与演化. 上海：科学技术出版社.
孙菽芬. 2005. 陆面过程的物理、生化机理和参数化模型. 北京：气象出版社.
田原，余成群，雒昆利，等. 2014. 西藏地区天然水的水化学性质和元素特征. 地理学报，(07)：969-982.
万玮，肖鹏峰，冯学智，等. 2010. 近30年来青藏高原羌塘地区东南部湖泊变化遥感分析. 湖泊科学，(06)：874-881.
王澄海，师锐. 2007. 青藏高原西部陆面过程特征的模拟分析. 冰川冻土，29(1)：73-81.
王根绪，李元寿，王一博. 2007. 长江源区高寒生态与气候变化对河流径流过程的影响分析. 冰川冻土，(4)：159-167.
王宁练，张祥松. 1992. 近百年来山地冰川波动与气候变化. 冰川冻土，14(3)：244-150.
王绍令，赵秀锋，郭东信，等. 1996. 青藏高原冻土对气候变化的响应. 冰川冻土，(S1)：157-165.
王涛，沈渭寿，欧阳琰，等. 2014. 1982—2010年西藏草地生长季时空变化特征. 草地学报，22(1)：46-51

王中根，刘昌明，左其亭，等. 2002. 基于DEM的分布式水文模型构建方法，地理科学进展，21(5)：430-439.

吴征镒. 1991. 中国种子植物属的分布类型. 云南植物研究，增刊Ⅳ：1-139.

西藏自治区统计局. 2013. 西藏统计年鉴. 北京：中国统计出版社.

西藏自治区土地管理局，西藏自治区畜牧局. 1994. 西藏自治区草地资源. 北京：科学出版社.

西藏自治区土地管理局. 1994. 西藏自治区土种志. 北京：科学出版社.

西尼村B M，李诚有. 1981. 关于亚洲高原第四纪冰川问题. 地理科学进展，1958(1).

肖迪芳，陈培竹. 1983. 冻土影响下的降雨径流关系. 水文，(6)：10-16.

徐近之. 1960. 威廉米著“不成层岩体气候地形学”简介. 地质论评，20(5)：197-197.

徐学祖，王家澄，张立新. 2001. 冻土物理学. 北京：科学出版社.

徐瑶，何政伟，陈涛. 2012. 藏北申扎县植被退化的遥感分析. 贵州农业科学，(04)：76-78.

徐影，丁一汇，李栋梁. 2003. 青藏地区未来百年气候变化. 高原气象，22(05)：451-457.

徐宗学，巩同梁，赵芳芳. 2006. 近40年来西藏高原气候变化特征分析，亚热带资源与环境学报，11(1)：24-32.

阳勇，陈仁升，吉喜斌，等. 2010. 黑河高山草甸冻土带水热传输过程. 水科学进展，21：30-35.

杨梅学，姚檀栋，何元庆. 2002. 青藏高原土壤水热空间分布特征及冻融过程在季节转换中的作用. 山地学报，20(5)：553-558.

杨针娘，刘新仁，曾群柱，等. 2000. 中国寒区水文. 北京：科学出版社.

杨志刚，卓玛，路红亚，等. 2014. 1961-2010年西藏雅鲁藏布江流域降水量变化特征及其对径流的影响分析. 冰川冻土，36(1)：166-172.

姚檀栋，刘时银，蒲健辰，等. 2004. 高亚洲冰川的近期退缩及其对西北水资源的影响. 中国科学D辑，34(6)：535-543.

姚檀栋. 2002. 青藏高原中部冰冻圈动态变化. 北京：地质出版社.

叶庆华，姚檀栋，郑红星，等. 2008. 西藏玛旁雍错流域冰川与湖泊变化及其对气候变化的响应. 地理研究，(05)：1178-1190.

岳广阳，赵林，赵拥华，等. 2013. 青藏高原西大滩多年冻土活动层土壤性状与地表植被的关系. 冰川冻土，(03)：565-573.

张瑞瑾. 1963. 论重力理论兼论输悬移质运动过程，水力学报，(3)：11-23.

张志斌，杨莹，张小平，等. 2014. 我国西南地区风速变化及其影响因素，生态学报，34(2)：1-11.

赵军. 2001. COUPMODEL模拟土壤水热变化过程的研究. 农业系统科学与综合研究，17：250-252.

赵林，程国栋，李述训，等. 2000. 青藏高原五道梁附近多年冻土活动层冻结和融化过程. 科学通报，45(11)：1205-1211.

赵人俊. 1991. 流域水文模拟. 北京：水利电力出版社.

赵勇，钱永甫. 2007. 青藏高原地表热力异常与我国江淮地区夏季降水的关系. 大气科学，31(1)：145-154.

中国科学院青藏高原综合科学考察队. 1982. 西藏自然地理. 北京：科学出版社.

中国科学院青藏高原综合科学考察队. 1983. 西藏地貌. 北京：科学出版社.

中国科学院青藏高原综合科学考察队. 1984. 西藏河流与湖泊. 北京：科学出版社.

中国科学院青藏高原综合科学考察队. 1984. 西藏气候. 北京：科学出版社.

中国科学院青藏高原综合科学考察队. 1988. 西藏植被. 北京：科学出版社.

周幼吾，2000. 中国冻土. 北京：科学出版社.

朱立平，谢曼平，吴艳红. 2010. 西藏纳木错1971～2004年湖泊面积变化及其原因的定量分析. 科学通报，55(18)：1789-1798.

邹进上，张降秋，王玲. 1995. 西藏地区降水特征及长期气候变化，南京大学学报，31(4)：691-695.

Beven K J，Kirkby M J . 1979. A physically based，variable contributing area model of basin hydrology. Hydrological Sciences Bulletin，24(1)：43-69.

Chen R S，Lu S H，Kang E S，et al. 2008. A distributed water-heat coupled model for mountainous watershed of an inland river basin of Northwest China(I)model structure and equations. Environmental Geology，53(6)：1299-1309.

Dickinson R E. 1986. Biosphere/Atmosphere Transfer Scheme (BATS) for the NCAR Community Climate Model. Technical Report.

Fan J，Cao Y，Yan Y，et al. 2012. Freezing-thawing cycles effect on the water soluble organic carbon，nitrogen and microbial biomass of alpine grassland soil inNorthern Tibet. African Journal of Microbiology Research，6(3)：562-567.

Flerchinger G，Saxton K. 1989. Simultaneous heat and water model of a freezing snow-residue-soil system I. Theory and development. Trans. ASAE，32(2)：565-571.

Grayson R B，Blöschl G，Moore I D，et al. 1995. Distributed parameter hydrologic modelling using vector elevation data：thales and tapes-c//Singh V P. Computer Models of Watershed Hydrology，Water Resources，Highlands Ranch，CO.

Guglielmin M C J，Evans E，Cannone N. 2008. Active layer thermal regime under different vegetation conditions in permafrost areas. A case study at Signy Island (Maritime Antarctica). Geoderma，144(1 - 2)：73-85.

Hansson K，Simunek J，Mizoguchi M，et al. 2004. Water flow and heat transport in frozen soil. Vadose Zone Journal，3(2)：693-704.

Huntington E. 1906. Pangong：a glacial lake in the Tibetan Plateau. Journal of Geology，14 (7)：599-617.

Jansson P E，Moon D S. 2001. A coupled model of water，heat and mass transfer using object orientation to improve flexibility and functionality. Environmental Modelling & Software，16(1)：37-46.

Kite G W，Kouwen N. 1992. Watershed modeling using land classification. Water Resource Research，28 (12)：3193-3200.

Kouwen N E D，Pietroniro S A，Donald J R，et al. 1993. Grouped response units for distributed hydrologic modeling. J. Water Resour. Plann. Manage.，119：289-305.

Kouwen N. 1988. Watelood：a micro-computer based flood forecasting system based on real-time weather radar. Can. Water Res. J.，13：62-77.

Li X，Cheng GD. 1999. A GIS aided response model of high altitude permafrost to global change. Science in China，Series D.，42(1)：72-79.

Martz L W，Garbrecht J. 1998. The treatment of flat areas and depressions in automated drainage analysis of raster digital elevation models. Hydro Process，12：843-855.

Moore I D，Grayson R B，Ladson A R. 1991. Digital terrain modelling：a review of hydrological. Geomorphological and Biological Applications. Hydrological Processes，5(1)：3-30.

Osterkamp T E，Romanovsky V E. 1997. Freezing of the active layer on the coastal plain of the Alaskan Arctic. Permafrost and Periglacial Processes，8(1)：23-44.

Perfect E，Williams P J. 1980. Thermally induced water migration in frozen soil . Cold Regions Science & Technology，3(2)：101-109.

Philip J，De Vries D. 1957. Moisture movement in porous materials under temperature gradients. Eos. Transactions American GeophysicalUnion，38(2)：222-232.

Pomeroy J W, Gray D M, Brown T, et al. 2007. The cold regions hydrological model: a platform for basing process representation and model structure on physical evidence. Hydrological Processes, 21(19): 2650-2667.

Rigon R, Bertoldi G, Over T M. 2006. GEOtop: A distributed hydrological model with coupled water and energy budgets. Journal of Hydrometeorology, 7(3): 371-388.

Sellers P J. 1986. Simple biosphere model (SiB) for use within general circulation models. Journal of the Atmospheric Sciences, 43 (6): 505-531.

Tian F, Hu H, Lei Z, et al. 2006. Extension of the Representative Elementary Watershed approach for cold regions via explicit treatment of energy related processes. Hydrology and Earth System Sciences Discussions, 10(5): 619-644.

Todini E, Ciarapica L, Ciarapica L. 2002. The Topkal Model. Mathematical Models of Large Watershed Hydrology.

Wang L, Koike T, Yang K, et al. 2010. Frozen soil parameterization in a distributed biosphere hydrological model. Hydrology and Earth System Sciences, 14(3): 557-571.

Wischmeier W H, Smith D D. 1960. A universal soil loss equation to guide conservation farm planning. Trans. 7th International Cong. Soil Sci, I: 418-425.

Wischmeier W H, Simth D D. 1978. Agricultural Handbook No. 537. Science and Education Administration, United States Department of Agriculture.

Wood E F, Lettenmaier D P, Zartarian V G. 1992. A land surface hydrology parameterization with subgrid variability for general circulation models. Journal of Geophysical Research Atmospheres, 97(D3): 2717-2728.

Wood E, Sivapalan F M, Beven K. 1988. Effects of spatial variability and scale with implications to hydrological modelling. J. Hydrol., 102(1-4): 29-47.

Xu L, Lettenmaier DP, Wood E F, et al. 1994. A simplehydrologically based model of land surface water and energy fluxes for general circulation models. Journal of Geophysical Research: Atmospheres (1984 - 2012), 99(D7): 14415-14428.

Yu H Y, Luedeling E, Xu J C. 2010. Winter and spring warming result in delayed spring phenology on the Tibetan Plateau. PNAS, 107(51): 22151-22156.

Zhang G L, Zhang Y J, Dong J W, et al. 2013. Green-up dates in the Tibetan Plateau have continuously advanced from 1982 to 2011. PNAS, 110(11): 4309-4314.

Zhang T, Stamnes K. 1998. Impact of climatic factors on the active layer and permafrost at Barrow, Alaska. Permafrost and Periglacial Processes, 9(3): 229-246.

Zhao L, Cheng G, Li S et al. 2000. Thawing and freezing processes of active layer in Wudaoliang region of Tibetan Plateau. Chinese Science Bulletin, 45(23): 2181-2187.